人工智能导论

主　编　师瑞峰　滕　婧
副主编　吴　华　黄　仙　周　蓉　高宏彪

中国水利水电出版社
www.waterpub.com.cn
·北京·

内 容 提 要

人工智能作为一门独立学科自20世纪中叶诞生以来，先后经历了多次跌宕起伏与技术变革，特别是进入21世纪后，深度学习与智能感知、计算机视觉、脑认知科学的快速发展，使得人工智能应用呈现井喷式发展。

本书作为人工智能学科入门的导论课教材，概述了人工智能相关的智能信息处理、脑与认知科学、演化计算与群智能优化、博弈论与智能决策、机器学习及AI芯片、计算机视觉及电力智能机器人等领域的发展史、基本原理与应用案例。通过梳理各分支方向的发展历程，使读者了解并掌握相关方向发展的脉络，为今后深入学习奠定基础。

本书既可作为人工智能与计算机大类专业的入门导论教材，也可以作为人工智能应用需要的相关技术人员快速了解学科方向的参考图书。

图书在版编目（CIP）数据

人工智能导论 / 师瑞峰，滕婧主编. -- 北京 : 中国水利水电出版社，2023.7
专业导论系列教材
ISBN 978-7-5226-1262-1

Ⅰ. ①人… Ⅱ. ①师… ②滕… Ⅲ. ①人工智能－高等学校－教材 Ⅳ. ①TP18

中国国家版本馆CIP数据核字(2023)第015198号

书　　名	专业导论系列教材 **人工智能导论** RENGONG ZHINENG DAOLUN
作　　者	主　编　师瑞峰　滕　婧 副主编　吴　华　黄　仙　周　蓉　高宏彪
出版发行	中国水利水电出版社 （北京市海淀区玉渊潭南路1号D座　100038） 网址：www.waterpub.com.cn E-mail：sales@mwr.gov.cn 电话：（010）68545888（营销中心）
经　　售	北京科水图书销售有限公司 电话：（010）68545874、63202643 全国各地新华书店和相关出版物销售网点
排　　版	中国水利水电出版社微机排版中心
印　　刷	天津嘉恒印务有限公司
规　　格	184mm×260mm　16开本　11.75印张　286千字
版　　次	2023年7月第1版　2023年7月第1次印刷
定　　价	**58.00**元

丛书编委会

丛书序

为全面贯彻全国教育大会、全国高校思想政治工作会议以及新时代全国高等学校本科教育工作会议精神，深入落实教育部《关于加快建设高水平本科教育全面提高人才培养能力的意见》等文件要求，主动适应国家能源发展战略和经济社会发展对人才的新需求，华北电力大学规划并推出了这套专业导论教材。

大学生在四年学习过程中要修习几十门课程，做大量实验，参加丰富多彩的课外活动，可谓忙碌而充实。但调研显示，一旦谈起对自己所学专业的认识，即使是即将毕业的学生，有很多人依然懵懵懂懂，难以准确概括本专业的主要工作领域、内容、地位和今后发展方向。尽管每位大学生在入学之初都接受了专业教育，但以报告形式进行的专业教育受时间所限，难以系统地帮学生建立起对专业的整体认知。从 2016 年开始，我校新能源科学与工程专业依托“全国新能源科学与工程专业联盟”，联合多所高校开始编制《新能源专业导论》教材，并开设专业导论课程。2018 年教材正式出版以来，又带动了一批高校开设“新能源专业导论”课程，得到了广大老师和学生的高度评价。实践证明，开设专业导论课程可以有效地补上专业教育的短板。基于此，我校扩大专业导论课程开设的范围，同时启动配套教材建设。这套专业导论教材正是这一规划建设的系列成果。

学校统一规划并组织建设这套教材的主要目的，一是帮助新生全面认识和了解专业、激发专业兴趣，树立专业认同感。二是使学生明确大学期间专业知识结构和能力、素养的发展方向，为大学四年学习生涯和之后的人生发展提供基本指导。

围绕教材建设，我们制定了以下建设目标：第一，以立德树人为根本，将价值引领有机融入教材建设，帮助大学生扣好人生的第一粒扣子；第二，完整呈现专业知识结构和课程体系，使学生建立起对专业的整体认知；第三，挖掘专业领域内能激发学生创新意识和探索精神的素材，培养学生的创新意识和探索精神；第四，系统介绍大学阶段需重点培养的能力和素质，为学生全面发展指明方向。

这套专业导论教材以工科专业为主，同时涵盖了文科和理科专业，其中既有新兴专业，也有我校传统优势专业。这些专业发展历史不同、学科基础不同、所面向的产业不同，在遵循共同建设目标的前提下，我们鼓励教材编写者大胆探索和创新，使教材体现出专业特色。

为保证教材建设质量，我们对编者进行了严格挑选并提出了高标准要求：一是要求主编对专业有系统、全面和深入的认识；二是要求编者有很强的文字功底，能够很好地平衡内容的专业性和语言的通俗性；三是要求编者具有较强的思政意识和课程价值元素的挖掘能力。

专业导论教材建设的要求高、难度大，这套教材肯定还存在需要进一步完善和提升之处，希望读者批评指正，以便不断改进。我们抛砖引玉，期待有更多的兄弟高校加入到专业导论教材建设中，共同打造一批精品专业导论教材。

王增平

2020年6月28日

前言

现代计算机的发展兴起于20世纪40年代，进入21世纪后，伴随着计算机技术、微电子技术、传感技术、激光技术、卫星通信技术、移动通信技术、航空航天技术、多媒体技术、网络技术、新能源和新材料等新技术的迅速发展与广泛应用，将人类社会推入到高度信息化的智能时代。同时，随着科学技术的发展，人工智能也从以往相对单一的研究与应用跨学科走进了各行各业，人工智能及其衍生的一系列技术集群也将带领人类由信息社会逐步迈向智能社会。目前，在技术层面上，已能够通过机器实现类似乃至超越人类感知、认知、行为预测、趋势判断等智能的系统，相信在不远的将来必定会深刻影响着每一个人。

本书由师瑞峰编写第1、第4章，滕婧编写第2章，高宏彪编写第3章，黄仙编写第5章，吴华编写第6、第8章，周蓉编写第7章。全书由师瑞峰、滕婧负责统稿，李雨婷、唐文秀等研究生参与了部分图表绘制与资料整理。

本书作为学习和了解人工智能学科的基础入门导论教材，从人工智能起源、智能信息处理、脑与认知科学、智能优化、智能博弈、机器学习、计算机视觉、智能硬件等八个方面对人工智能技术的发展与应用进行了介绍，使读者可以了解和建立这些领域的基础认知，为深入理解人工智能学科、全面规划后续专业课程学习提供借鉴。

由于笔者水平有限，不足之处在所难免，欢迎广大读者斧正。

作者

2023年6月

目录

第 1 章

绪　论

1.1　人工智能的兴起

什么是智能？它的本质是什么？这是古今中外许多哲学家们一直努力探寻的问题，但时至今日仍然没有获得完美的解答。这个问题与物质的本质、宇宙的起源、生命的本质一同被列为自然界四大奥秘之一。

就智能的本质而言，它发祥于生物界生存、繁衍的一种自发行为；随着人类智能的出现，衍生为人类理解和学习事物的能力，并主要侧重于人类思考、理解、分析、决策的能力体现，而非执行落实的能力。目前，学术界普遍将人脑的已有认识与智能的外在表现结合起来，从不同的视角、维度，采用不同的方法对智能行为开展研究，诞生了各种相应的方法理论，其中影响较大的有思维理论、知识阈值理论及进化理论等。

现代人工智能起源于 20 世纪 30 年代，随着第二次世界大战以后信息论、运筹学、控制论等基础学科的发展、计算机的出现与普及，以及图灵 1950 年开创性的论文发表，都直接或间接推动了 1956 年达特茅斯会议的召开，也宣告了人工智能时代的到来。

实际上，人工智能的发展历程颇为曲折，早期经历了符号主义、连接主义、行为主义等各个学派的轮番出场、螺旋式发展，后来则出现了 BP 神经网络、支撑向量机、深度学习等方法的大规模应用普及，其间出现的标志性思想、方法、理论、技术就像一颗颗悬挂在科学穹庐下的明珠，展示着人工智能先驱者们的不懈努力与奋进足迹。

近年来，随着通信技术与计算机硬件性能的迅猛提升，智能化、规模化的人工智能工业应用日趋成熟。人类社会在不久的未来会进入到更加高效的全面智能和万物互联时代已然成为一种共识。那么到底什么是人工智能？它的学科范畴与研究领域又涉及哪些知识体系？应该如何根据自身的应用需求探寻和学习人工智能的方法与技术？本书作为人工智能专业概述与综合介绍的导论教材，试图从人类认知的一般过程，对人工智能的技术与知识体系进行介绍，为后续人工智能专业课程学习及了解课程之间相互关联奠定基础。

1.1.1　人工智能时代的到来

在 20 世纪的大半时间里，人工智能学科经历了从萌芽、发展到商业应用的发展历程。作为普罗大众中的一员，许多人是通过《ET》《终结者》《星球大战》等影视作品，或者

《银河英雄传说》《三体》等文学作品构建了对未来科技与人工智能的最初启蒙认知。进入 21 世纪后，随着深度学习、虚拟现实为代表的人工智能技术应用于游戏、智力竞技等领域，为“零零后”这一代成长起来的互联网时代原住民提供了最初的人工智能思想启蒙。

与此同时，人工智能的技术发展为万物互联提供了包括信息采集、信息处理、偏好推荐、智能决策、智能配送与物流跟踪在内的一系列智能化应用基础，网络购物、快递配送、网上订票、订餐、打车等，都在短短几年间成为我们日常生活中不可逆且不可或缺的一部分。而这一切，从各个方面折射出人工智能技术的跳跃式发展，人工智能作为一门学科、一类技术集，已经从科幻电影、科幻小说和游戏，步入了我们的实际生活。

可以预见，在不久的将来，智能交通、智慧能源领域的自动驾驶、智能家居、智能楼宇、智慧能量管理、智能充放电等人工智能工业应用场景将快速呈现在我们眼前，不断颠覆我们的传统认知、改变我们的思维方式、提升我们的生活品质。以“波士顿动力”为代表的智能机器人和智能作战单元、智能无人机系统等必将彻底颠覆人类社会诞生以来的战争形态和模式。

人工智能时代，已然在不经意间降临、融入并改变着人类的生活。

1.1.2　智能与人工智能

尽管人工智能的朴素思想很容易理解，但如何从科学概念上界定什么是人工智能，这门学科是如何构建起来，最初学科发展的推动原因是什么，是值得我们探究的一个问题。

1.1.3　图灵测试与机器智能

人工智能的概念最初由现代“人工智能之父”之称的阿兰·图灵提出，他在 1950 年发表的《计算的机器和智能》一文中并未阐述计算机如何获得智能，而是提出了人类有没有办法判断一台计算机是否具备智能这样一个核心命题。

事实上，这一问题早在 20 世纪 30 年代就引起了相关学者们的关注。他们通过探讨是否存在可自动证明定理的机器这一命题，寻求一种通过技术判断一台机器、一个系统是否具备智能推断的能力。针对该问题，图灵于 20 世纪 50 年代初提出了著名的“图灵”测试，用以判断计算机是否具备人类智能，其基本思想为：假设有一台计算机，其运算速度非常快、记忆容量和逻辑单元的数目也超过了人脑，而且这台电脑还拥有许多智能化程序，并具备大量的合适种类的数据，那么，是否就可以宣称这台机器具有思维能力或智能？

图灵认为机器可以思维，他还对智能问题从行为主义角度给出了定义，由此提出了一种假想：即一个人在不接触对方的情况下，通过某种特殊方式与对方进行一系列的问答交流，如果在相当长时间内，他无法根据这些问题回答的情况来判断对方是人还是计算机，那么就可以认为这台计算机具有同人类相当的智力，即这台计算机是可以思维的。

要分辨一个想法是“自创”还是精心设计的“模仿”是非常困难的，因为任何自创思想的证据都可能被否决。图灵试图解决长久以来关于如何定义思考的哲学争论，他提出一个虽然主观但可操作的标准：如果一台计算机表现（act）、反应（react）和交互（interact）都与有意识的个体一样，那么它就应该被认为是有意识的。

为消除人类心中的偏见，图灵设计了一种模拟测试游戏：独立的人类测试者在一段规定的时间内，根据两个实体对他提出的各种问题的反应来判断是人类还是计算机。通过一系列这样的测试，从计算机被误判断为人的几率就可以评测出计算机智能的成功程度。

人机测试试验1：

图灵采用“问”与“答”模式，即观察者通过控制打字机向两个测试对象通话，其中一个是人，另一个是机器。要求观察者不断提出各种问题，从而辨别回答者是人还是机器。图灵还为这项测试亲自拟定了几个示范性问题：

问：请给我写出有关“第四号桥”主题的十四行诗。

答：不要问我这道题，我从来不会写诗。

问：34957加70764等于多少？

答：（停30s后）105721

问：你会下国际象棋吗？

答：是的。

问：我在我的K1处有棋子K；你仅在K6处有棋子K，在R1处有棋子R。轮到你走，你应该下哪步棋？

答：（停15s后）棋子R走到R8处，将军！

图灵指出：“如果机器在某些现实条件下，能够非常好地模仿人回答问题，以至提问者在相当长时间里误认它不是机器，那么机器就可以被认为是能够思维的。”

从表面上看，要使机器回答按一定范围提出的问题似乎没有什么困难，可以通过编制特殊的程序来实现。然而，如果提问者并不遵循常规标准，编制回答的程序是极其困难的事情。例如，提问与回答呈现出下列状况：

人机测试试验2：

问：你会下国际象棋吗？

答：是的。

问：你会下国际象棋吗？

答：是的。

问：请再次回答，你会下国际象棋吗？

答：是的。

人们多半会想：面前这位是一部“笨机器”！

如果提问与回答呈现出另一种状态：

问：你会下国际象棋吗？

答：是的。

问：你会下国际象棋吗？

答：是的，我不是已经说过了吗？

问：请再次回答，你会下国际象棋吗？

答：你烦不烦，干嘛老提同样的问题。

那么，你面前的这位，大概是人而不是机器。上述两种对话的区别在于：第一种可明显地感到回答者是从知识库里提取简单的答案；第二种则具有综合分析的能力，回答者知道观察者在反复提出同样的问题。“图灵测试”没有规定问题的范围和提问的标准，但如果想要制造出能通过试验的机器，以我们的技术水平，必须在电脑中储存人类所有可以想到的问题，储存对这些问题的所有合乎常理的回答，并且还需要理智地作出选择。

图灵测试是人类首次以科学验证的方法提出一种测试机器智能的构想，因此，在人工智能学科的发展历史上具有特殊的意义。

1.1.4　人工智能发展简史

人工智能的朴素思想可以追溯到远古人类的早期活动，预见性的幻想是人类社会发展的源动力之一。古今中外各个民族的神话、宗教与传说中，都大量记载着人类对于未知事物的想象，然后抽象为各自“以为”的认知，从而形成了全球不同地区的拜神文化，并随之演变为阶级社会之后的宗教文化，或者朴素的民间传说（如我国古代的风水、天相等）。这些文字或文化传承的都是早期人类对于未知事物最为朴素的想象与认知，可以说是最早的“人类预测行为”假说。

后来，随着人类社会的进步，由于技术进步与科学发展，人们开始根据科技的发展不断探索和预测其后的社会形态与科技发展模式，如兴起于 19 世纪法国的凡尔纳科幻小说，到 20 世纪下半叶飞速发展的科幻电影都不断构建出各种超前于时代的神奇机器、外星人等。人类通过不断“推测”和“预测”未知世界在时间、空间上的形态，试图发展出一种可以预测未来的技术手段。

上述种种预见性的“幻想”既满足了人们特定场景下的好奇心，也不断为其后的科技发展提供期盼性目标的引导，最终交汇成人工智能学科发展的技术潮流。因此，人类智慧文明的发展有其必然性、也有偶然性，了解人工智能学科的发展起源，有助于我们理解人工智能各学科分支之间发展的内在逻辑与相互关联。

现代人工智能诞生于 20 世纪 50 年代初，正式起步于 1956 年召开的达特茅斯会议，由于发起会议的是马文·明斯基和约翰·麦卡锡，因此也有学者将这两位认定为现代人工智能之父。此次会议的与会者包括了香农、罗切斯特、纽厄尔、西蒙等当时在信息论与计算机学科领域的顶尖青年学者。这届会议不仅提出了“人工智能”一词，并且还探讨和提出了后续有待开展研究的诸多方向，包括自然语言处理、神经网络等。值得一提的是，马文·明斯基和约翰·麦卡锡两人作为学术搭档与挚友，先后组织创建了普林斯顿大学、麻省理工学院、斯坦福大学和达特茅斯学院的人工智能实验室，为美国成为这一学科领域的国际研究中心地位奠定了开创性基础。时至今日，随着全球化和智能化这一演化趋势的出现，各国都在人工智能领域提出了各自雄心勃勃的发展规划，相关万物互联的基础硬件与物联网平台搭建也为人工智能的深入应用提供了基础，相信人工智能学科的发展会更加日新月异。

图 1-1 给出了按照发展年代划分的人工智能发展历程；图 1-2 给出了按照研究领域划分的人工智能发展历程。

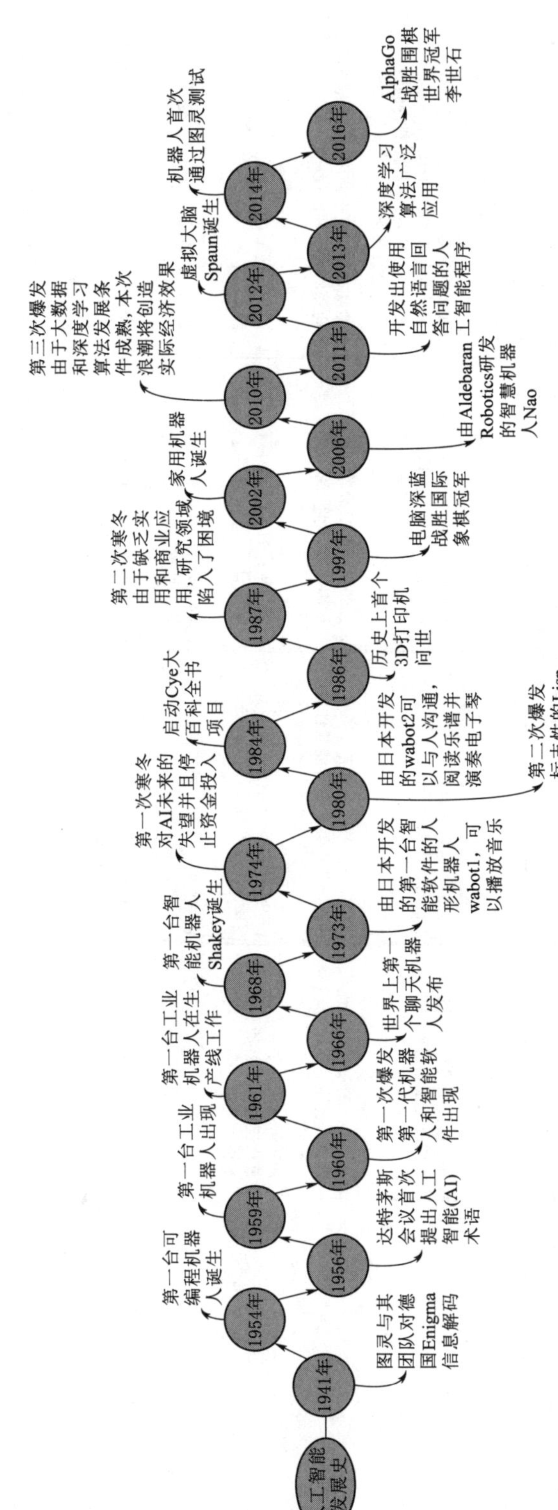

图 1－1 按照发展年代划分的人工智能发展历程

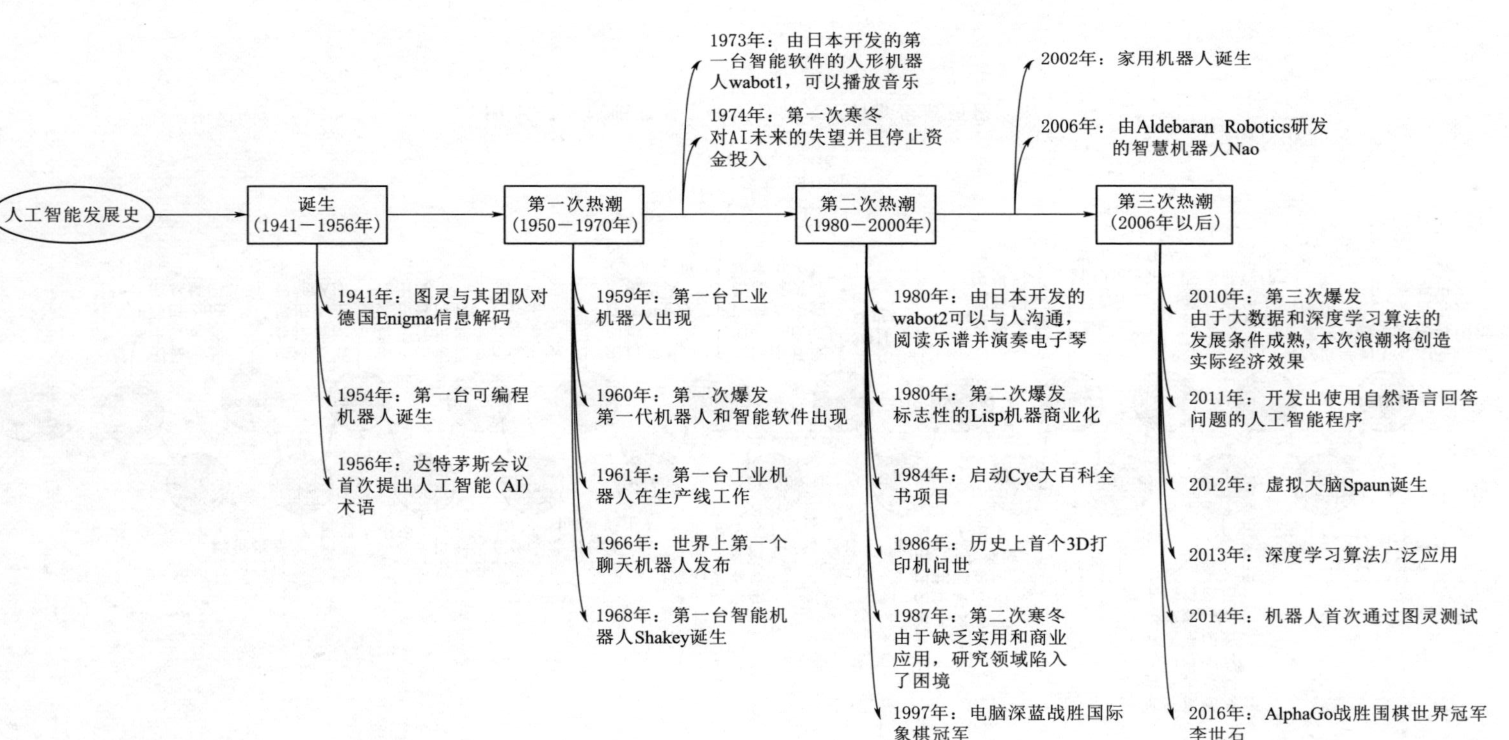

图 1－2 按照研究领域划分的人工智能发展历程

1.2　从图灵奖看人工智能发展

1.2.1　图灵生平

阿兰·麦迪森·图灵（Alan Mathison Turing），是英国数学家、逻辑学家，他被誉为现代计算机科学之父、人工智能之父、破译之父（图1-3）。他是现代计算机逻辑的奠基者，因提出著名的“图灵机”和“图灵测试”等基础概念与理论而闻名于世。为纪念他在计算机领域的卓越贡献，美国计算机协会（Association for Computing Machinery, ACM）于1966年设立图灵奖，该奖项被誉为计算机科学界的诺贝尔奖。

图灵的主要生平：

1912年6月23日出生于英国伦敦；

1931—1934年在英国剑桥大学国王学院学习；

1932—1935年间关注于量子力学、概率论和逻辑学的研究；

1935年由于独立发现中心极限定理，获Smith奖，年仅23岁被选为剑桥大学国王学院院士（一种学术荣誉）；

图1-3　阿兰·麦迪森·图灵

1936年提出了著名的可计算理论，即“图灵机”构想；

1936—1938年，主要在美国普林斯顿大学做博士研究，涉及逻辑学、代数和数论等领域；

1938—1939年，返回剑桥从事研究工作，并应邀加入英国政府破译二战德军密码的工作；

1940—1942年，作为主要参与者和贡献者之一，在破译纳粹德国通信密码的工作上成就杰出，并成功破译了德军U—潜艇密码，为扭转二战盟军的大西洋战场战局立下汗马功劳；

1943—1945年，担任英美密码破译部门的总顾问；

1945年，应邀在英国国家物理实验室从事计算机理论研究工作；

1946年，图灵在计算机和程序设计原始理论上的构思和成果，已经确立了他的理论开创者地位。由于图灵的杰出贡献，他被英国皇室授予OBE爵士勋衔；

1947—1948年，主要从事计算机程序理论的研究，并同时在神经网络和人工智能领域做出开创性的理论研究；

1948年，应邀加入英国曼彻斯特大学从事研究工作，担任曼彻斯特大学计算实验室副主任；

1949年，成为世上第一位把计算机实际用于数学研究的科学家；

1950年，发表论文“计算机器与智能”，为后来的人工智能科学提供了开创性的构思，提出著名的“图灵测试”理论；

1951 年，提出生物增长的非线性理论研究，年仅 39 岁即被选为英国皇家学会会员；

1952—1954 年，继续从事生物和物理学研究。在此期间，被迫承受对同性恋倾向的"治疗"，致使原本热爱体育运动的图灵在身心上受到极大的伤害；

1954 年 6 月 7 日，42 岁的图灵死于家中，一代英灵过早离世，成为人类科学史上的一大遗憾。

1.2.2　人工智能学科的图灵奖获得者

图灵奖（Turing Award）自 1966 年首次颁发以来，一般在每年 3 月下旬颁发前一年奖项。1966—2021 年，图灵奖共授予 74 名获奖者，以美国、欧洲科学家为主。

2000 年，华人科学家姚期智获图灵奖，是华人第一次也是唯一一次获得图灵奖。值得一提的是，姚期智先生于 2005 年创立清华学堂计算机科学实验班（姚班），希望能为国内培养领跑国际拔尖创新的计算机科学人才。

历届图灵奖获得者及其研究领域见表 1 - 1。

表 1 - 1　历届图灵奖获得者及其研究领域

年份	中文译名	原　名	贡献领域
1966	艾伦·佩利	Alan J. Perlis	高级程序设计技巧，编译器构造
1967	莫里斯·威尔克斯	Maurice V. Wilkes	存储程序式计算机 EDSAC，程序库
1968	理查德·卫斯里·汉明	Richard Hamming	数值方法，自动编码系统，错误检测和纠错码
1969	马文·明斯基	Marvin Minsky	人工智能
1970	詹姆斯·维尔金森	James H. Wilkinson	数值分析，线性代数，倒退错误分析
1971	约翰·麦卡锡	John McCarthy	人工智能
1972	艾兹格·迪科斯彻	Edsger Dijkstra	程序设计语言的科学与艺术
1973	查理士·巴赫曼	Charles W. Bachman	数据库技术
1974	高德纳	Donald E. Knuth	算法分析、程序设计语言的设计、程序设计
1975	艾伦·纽厄尔 赫伯特·西蒙	Allen Newell Herbert A. Simon	人工智能，人类认知心理学和列表处理（list processing）
1976	迈克尔·拉宾 达纳·斯科特	Michael O. Rabin Dana S. Scott	非确定性自动机
1977	约翰·巴克斯	John Backus	高级编程系统，程序设计语言规范的形式化定义
1978	罗伯特·弗洛伊德	Robert W. Floyd	设计高效可靠软件的方法学
1979	肯尼斯·艾佛森	Kenneth E. Iverson	程序设计语言和数学符号，互动系统设计，运用 APL 教学，程序设计语言的理论与实践
1980	东尼·霍尔	C. Antony R. Hoare	程序设计语言的定义与设计

续表

年份	中文译名	原　名	贡献领域
1981	埃德加·科德	Edgar F. Codd	数据库系统，尤其是关系型数据库
1982	史提芬·古克	Stephen A. Cook	计算复杂度
1983	肯·汤普逊 丹尼斯·里奇	Ken Thompson Dennis M. Ritchie	UNIX 操作系统和 C 语言
1984	尼古拉斯·沃斯	Niklaus Wirth	程序设计语言设计、程序设计
1985	理查德·卡普	Richard M. Karp	算法理论，尤其是 NP—完全性理论
1986	约翰·霍普克罗夫特 罗伯特·塔扬	John Hopcroft Robert Tarjan	算法和数据结构的设计与分析
1987	约翰·科克	John Cocke	编译理论，大型系统的体系结构，及精简指令集（RISC）计算机的开发
1988	伊凡·苏泽兰	Ivan Sutherland	计算机图形学
1989	威廉·卡亨	William Morton Kahan	数值分析
1990	费尔南多·考巴脱	Fernando J. Corbató	CTSS 和 Multics
1991	罗宾·米尔纳	Robin Milner	LCF，ML 语言，CCS
1992	巴特勒·兰普森	Butler W. Lampson	分布式，个人计算环境
1993	尤里斯·哈特马尼斯 理查德·斯特恩斯	Juris Hartmanis Richard E. Stearns	计算复杂度理论
1994	爱德华·费根鲍姆 拉吉·瑞迪	Edward Feigenbaum Raj Reddy	大规模人工智能系统
1995	曼纽尔·布卢姆	Manuel Blum	计算复杂度理论，及其在密码学和程序校验上的应用
1996	阿米尔·伯努利	Amir Pnueli	时序逻辑，程序与系统验证
1997	道格拉斯·恩格尔巴特	Douglas Engelbart	互动计算
1998	詹姆斯·尼古拉·格雷	James Gray	数据库与事务处理
1999	弗雷德里克·布鲁克斯	Frederick Phillips Brooks，Jr.	计算机体系结构，操作系统，软件工程
2000	姚期智	Andrew Chi-Chih Yao	计算理论，包括伪随机数生成，密码学与通信复杂度
2001	奥利-约翰·达尔 克利斯登·奈加特	Ole-Johan Dahl Kristen Nygaard	面向对象编程
2002	罗纳德·李维斯特 阿迪·萨莫尔 伦纳德·阿德曼	Ronald L. Rivest Adi Shamir Leonard M. Adleman	公钥密码学（RSA 加密算法）
2003	艾伦·凯	Alan Kay	面向对象编程

续表

年份	中文译名	原　名	贡 献 领 域
2004	文特・瑟夫 罗伯特・卡恩	Vinton G. Cerf Robert E. Kahn	TCP/IP 协议
2005	彼得・诺尔	Peter Naur	Algol 60 语言
2006	法兰西斯・艾伦	Frances E. Allen	优化编译器
2007	爱德蒙・克拉克 艾伦・爱默生 约瑟夫・斯发基斯	Edmund M. Clarke Allen Emerson Joseph Sifakis	开发自动化方法检测计算机硬件和软件中的设计错误
2008	芭芭拉・利斯科夫	Barbara Liskov	编程语言和系统设计的实践与理论
2009	查尔斯・萨克尔	Charles Thacker	帮助设计、制造第一款现代 PC
2010	莱斯利・瓦伦特	Leslie Valiant	对众多计算理论所做的变革性的贡献
2011	犹大・伯尔	Judea Pearl	人工智能
2012	莎菲・戈德瓦塞尔 希尔维奥・米卡利	Shafi Goldwasser Silvio Micali	在密码学和复杂理论领域做出创举性工作
2013	莱斯利・兰伯特	Leslie Lamport	在提升计算机系统的可靠性及稳定性领域的杰出贡献
2014	迈克尔・斯通布雷克	Michael Stonebraker	对现代数据库系统底层的概念与实践所做出的基础性贡献
2015	惠特菲尔德・迪菲 马丁・赫尔曼	Whitfield Diffie Martin Hellman	这两个人是非对称加密的创始人
2016	蒂姆・伯纳斯・李	Tim Berners - Lee	万维网的发明者
2017	约翰・轩尼诗 大卫・帕特森	John Hennessy David Patterson	开发了 RISC 微处理器并且让这一概念流行起来
2018	约舒亚・本希奥 杰弗里・欣顿 扬・莱坎	Yoshua Bengio Geoffrey Hinton Yann LeCun	在人工智能深度学习方面的贡献
2019	帕特里克・拉汉恩 艾德文・卡特姆	Patrick M. Hanrahan Edwin E. Catmull	对 3D 计算机图形学的贡献，以及这些技术对电影制作和计算机生成图像（CGI）等应用的革命性影响
2020	—	Alfred Vaino Aho Jeffrey David Ullman	在编程语言实现领域基础算法和理论方面的成就
2021	—	Jack Dongarra	对数值算法和库有开创性贡献

据统计，截至 2022 年 3 月，世界各高校的图灵奖获奖人数依次为美国斯坦福大学（29 位）、美国麻省理工学院（26 位）、美国加州大学伯克利分校（25 位）、美国哈佛大学（14 位）和美国普林斯顿大学（14 位）。按图灵奖得主数量（校友、教职工以及研究人员），世界前 10 名高校名单见表 1－2。

表 1-2　获得图灵奖最多的前十所大学

排名	大学名称	地区	获图灵奖人数/人	排名	大学名称	地区	获图灵奖人数/人
1	斯坦福大学	美国	29	7	纽约大学	美国	8
2	麻省理工学院	美国	26	8	剑桥大学	英国	7
3	加州大学伯克利分校	美国	25	9（并列）	加州理工学院	美国	6
4（并列）	哈佛大学	美国	14	9（并列）	密歇根大学	美国	6
4（并列）	普林斯顿大学	美国	14	9（并列）	牛津大学	英国	6
6	卡耐基梅隆大学	美国	13				

从图灵奖获奖者分布来看，美国和英国作为现代信息科学和人工智能的发源地，在该领域处于绝对的主导和引领地位。但随着我国近年来涌现出一批以华为、中兴、大疆、百度、腾讯、京东等为代表，涉猎人工智能应用的优秀民营企业，国家在人工智能相关产业、科研、教学领域大力支持与投入，并将人工智能产业作为国家未来的战略产业定位，这些举措极大促进了我国人工智能基础科学与应用科学的发展，为我国今后的人工智能高效发展奠定了基础。

1.3　人工智能的发展趋势

在课程学习之前，一些同学可能会带着诸多疑问，例如会提出下面一些类似问题：作为一名工科大学生，我为什么要学习和了解人工智能的技术与发展趋势？我需要了解什么内容？我应该如何学习，或者学到什么程度？这些信息对我个人将来的职业发展能发挥什么作用？

对此，可以从了解人工智能发展趋势的必要性、人工智能技术的主要方向、本课程内容概述，以及“人工智能＋X”复合型知识体系对个人发展影响这四个方面尝试回答上述问题。

1.3.1　了解人工智能发展趋势的必要性

了解人工智能的发展趋势，可以拓展我们的视野、提升我们预见的科学素养。

预见性的“幻想”一直是人类进步与发展的源动力之一。通过各种方法、手段、技术去预测并尝试“掌控”未来，是人类科学发展和技术进步的驱动力之一。

首先，古今中外的神话、宗教、传说，大多都是基于当时的特定时期、环境与发展阶段，人们对于未知事物的想象，经不断加工和抽象后成为当时及后世相当长时期内人们“以为”为真的认知或知识体系的组成部分，如古代的拜神文化，其后形成部族/邦国后的宗教文化，再到世界各地的种种民间传说，无不体现了这种对未知事物的想象认知。

其次，人类的好奇心是驱动着一代代人们根据所处时代的现实，不断探索、幻象和描述“未来”的场景，如人民对各种神话故事、科幻小说、科幻电影、神奇机器与外星人的构想等。人们一直对未知世界（时间、空间维度）的不断预测与探知乐此不疲。

最后，人们总是在各种不断尝试之后发现，一切皆有可能！从物理学规律到生物学，从计算机到人工智能，从 ENIAC 到 AlphaGO、再到波士顿动力的仿生机器人/机器狗。这种不断尝试中取得新的突破貌似有偶然性，但其中又蕴含着人类区别于其他物种的那种孜孜不倦地探索和求知，在这种意识指导下，突破和进步就成为一种必然结果。

因此，顺势而为才能适应时代发展的需求，有所作为。以积极的心态迎接和拥抱人工智能时代的到来，就必须要了解人工智能发展的趋势，为今后的职业发展及智能化应用奠定基础。

1.3.2 人工智能主要技术方向

1. 预测技术

人类文明发展史也是一部“预测”技术发展史。从古代中国氏族部落的巫师、占卜师，到国外部落的祭祀、天象师等，都是因为掌握了某种因果联系的预测技能而被赋予神话色彩的“预测”能力的神职人员。如古埃及法老的祭祀，中国殷商时期的“甲骨文”占卜等都属于这一类型。

人类预测技术整体上是在观测、收集过去发生的信息基础上，分析并评估当前状况，进而给出未来预测结果的一门技术。如果人类没有很好地分析和预测能力，文明得不到延续、知识得不到传承、社会发展和继承就举步维艰！

所以，预测行为、方法、应用在人类文明发展过程中发挥着举足轻重的作用。中国古语“早知三日事，富贵一千年”，也是从侧面反映了提前预测对于个人和国家正确决策的重要性。

2. 模拟技术

人类的技术，特别是各种新思想、新方法、新技术，大多源于对自然界或生物界的机理、机制与行为的模拟/模仿。在人工智能领域，各种启发式优化算法、仿生机器人、仿生学原理，大多属于该领域研究范畴。布莱恩·阿瑟在其《技术的本质》一书中提到：“从本质上看，技术是被捕获并加以利用的现象的集合，或者说，技术是对现象有目的的编程。”根据他的观点，新技术、新方法的来源本质上是人类对（自然界或生物界）现象的观察所引发的模拟行为推动并产生的。

3. 识别技术

人工智能技术的主要任务之一是辨识。包括基于统计学习理论、深度学习理论开展的语音识别、图像识别、场景辨识等。随着 GPU 深入学习为代表的计算能力提升和学习方法精细化，使得人工智能识别技术的正确率变得越来越高，并且有望在不久的将来应用于机器翻译、自动驾驶、目标跟踪等场景。

4. 优化技术

智能系统在进化过程中，一定是朝着越来越“好”，越来越“优”的方向发展，这是由系统/技术必须适配需求的前提条件所决定。系统的“适应”过程，其实就是自身调整的寻优过程。现代智能优化算法就是在没有引导信息的前提下，通过模拟生物界或自然界进化、适应机制不断自我学习的求解方法，如遗传算法、粒子群优化等都属于这一研究范畴。由于这类方法的应用条件非常宽泛、适用性广泛，因此在人工智能、工业调度、物流配送等领域取得了成功应用。

5. 智能体技术

人与智能机器之间的交互方法与机制研究更多依赖于以博弈理论为基础的对策论、行为决策分析及心理学原理。人类正在研发的情感机器人、陪伴机器人已逐步由最初的重复机械性替代向智能化、交互式转变；以往仅仅依靠高速计算、搜索能力和庞大存储能力的弱人工智能方法已无法胜任这项工作，而智能体技术则有望成为突破传统人工智能技术无法解决开放式情感学习瓶颈的关键要素之一。

6. 机器人技术

除了机械部分的高度仿生功能实现外，智能硬件（或者“硬件软化”）是正在迅速发展的方向之一。人工智能专家们构想的未来智能机器人应用场景是：手机、电脑、汽车、飞船都可以像乐高玩具一样任意组合与拼接，通过输入不同的软件指令，可以实现相应的重组实体功能，也就是现实版的变形金刚在不久的将来会随着智能机器人技术的发展与进步出现在我们身边！

1.3.3 本书内容

本书作为“人工智能导论”通识课程教材（16 学时），主要介绍以下内容：

（1）人工智能概述。主要介绍人工智能的起源、发展历史、主要方向，以及一些典型应用案例，使学生初步了解人工智能学科边界。

（2）智能信息处理。主要介绍信息感知、获取、分析的一些方法与技术，特别是对信息论基础知识概率、熵、推理、数据压缩以及噪声信道通信等内容的入门介绍。

（3）脑与认知科学。主要介绍脑与认知科学的研究方法、发展史，以及在人工智能领域的应用案例。

（4）演化计算与群智能优化。主要介绍现代智能优化算法思想，以及遗传算法、粒子群优化算法两种典型智能优化算法的基本原理。

（5）博弈论与智能决策。主要介绍智能决策与对策的发展历史、基本理论、方法与模型，以及典型应用案例。

（6）机器学习。主要介绍机器学习的发展历史、方法分类，特别分类、聚类等典型问题求解方法，以及数据挖掘方法的应用案例。

（7）计算机视觉。主要介绍计算机视觉的研究范畴、典型应用领域，特别是目标检测与跟踪定位、目标分类与识别、场景文字检测等。

（8）智能硬件。主要介绍 AI 芯片技术的兴起与发展现状、边缘 AI 计算、边缘计算设备及软件发展概况，以及智能机器人发展的关键技术与典型应用案例。

1.3.4 “人工智能+X”是适配未来复合型人才需求的培养模式

当前人工智能在我国进入了发展迅猛的爆发时增长阶段，教育部自 2018 年至今已先后审核通过了 500 个“智能科学与技术”“人工智能”本科专业的办学申请，人工智能专业人才培养体量得到了空前发展。与此同时，由于能源清洁化和行业智能化的发展需求，各行各业又迫切需要较为全面了解和掌握一些必要的人工智能基础知识的专业人才。因此，如何通过在各类工程、管理等专业人才培养方案基础上，增加人工智能素养课程模块，使专业技术人才具备“X 专业＋人工智能”的复合型人才能力，进而探索出一套“人工智能＋X”高效学习、了解人工智能全貌的课程体系还任重道远。本书作为一门通识专业教材，希望能从人类感知、信息处理、优化、决策/对策博弈、预测等信息类软技术学科入手，扩展到计算机视觉、智能硬件、脑与认知等人脑结构与智能行为实施技术方面，实现对整个人工智能相关技术领域的引导性介绍，从而达到短学时课程导读的教学目标。

参考文献

[1] 王万良．人工智能导论［M］．5 版．北京：高等教育出版社，2020.

[2] 王万良．人工智能通识教程［M］．北京：清华大学出版社，2020.

[3] 李德毅．人工智能导论［M］．北京：中国科学技术出版社，2018.

[4] 廉师友．人工智能导论［M］．北京：清华大学出版社，2020.

[5] 刘若辰，慕彩红，焦李成，等．人工智能导论［M］．北京：清华大学出版社，2021.

[6] 焦李成，刘若辰，慕彩红，等．简明人工智能［M］．西安：西安电子科技大学出版社，2021.

[7] 马月坤，陈昊．人工智能导论［M］．北京：清华大学出版社，2021.

第 2 章

智能信息处理

智能信息处理是将不完全、不可靠、不精确、不一致和不确定的知识和信息逐步改变为完全、可靠、精确、一致和确定的知识和信息的方法。智能信息处理是当前科学技术发展中的前沿学科，同时也是新思想、新观念、新理论、新技术不断出现并迅速发展的新兴学科，它涉及信息科学的多个领域，是信息论、概率与推理、数据压缩、机器学习等理论和方法的综合应用。

2.1 何谓信息

万物源自比特。

——约翰·阿奇博尔德·惠勒

我们现在是信息时代。过去人们通常是从纸质媒体获得信息，而现在人们每天大部分时间花在使用手机或者电脑上网，每时每刻扑面而来的信息令人眼花缭乱，难以辨别，更别提理解、消化了。人们用“信息过载”来描述这种现象，“过载”说明人们能够直观地感受到信息是可度量的。那么信息究竟是什么？应该用什么方式来度量信息？

人们过去总觉得信息是一个抽象的概念，并不认为信息还能像重量、体积、电流一样可以用什么单位去衡量。为了能应用于科学领域，必须定义“信息”一词的内涵和外延。回首 17 世纪，当时物理学的发展已经到了难以突破的地步，但随着艾萨克·牛顿将一些古老但意义模糊的词——力、质量、运动，甚至时间——赋予新的含义，物理学的新时代开始了。牛顿把这些术语加以量化，以便能够放在数学方程中使用。而在此之前，运动一词的含义就与信息一样含混不清。对于当时遵循亚里士多德学说的人们而言，运动可以指代极其广泛的现象：桃子成熟、石头落地、孩童成长、尸体腐烂……但这样，它的含义就太过丰富了。只有将其中绝大多数的运动类型扬弃，牛顿运动定律才能适用，科学革命也才能继续推进。到了 19 世纪，能量一词也开始经历相似的转变过程：自然哲学家选取这个原本用来表示生动有力或强度的词，使之数学化，从而赋予了它在物理学家自然观中的基础地位。信息这个词也不例外，它也需要一次提炼。

人们曾经绞尽脑汁试图从信息的内容出发，通过对比重要性度量信息。信息论的奠基者香农认为这条路走错了，对于一条信息，重要的是找出其中有多少信息量，要搞清楚“信息量”，就要对信息进行量化度量。但人们始终没找到量化度量信息的方法，也就是缺少一个合适的“衡量单位”，比如用天平称重，需要摆放相应重量的砝码，那么衡量信息的砝码是什么呢？香农最大的贡献在于找到了这个“砝码”，也就是将信息的量化度量和不确定性联系起来。他给出的一个度量信息量的基本单位，就是“比特”。这是一项意义深远、也是信息论最基础的发明。香农在一篇专题论文中对此进行了详细阐述。这篇论文连载于 1948 年 7 月和 10 月出版的两期《贝尔系统技术期刊》上，共 79 页。论文的题目既简单又宏大——《通信的数学理论》，而它所传达的内容也很难用三言两语说清。这篇论文引入了一个新词“比特”。这个名字并没有经过什么委员会的投票，而是由这篇论文的唯一作者、时年 32 岁的克劳德·香农自行选定的。现如今，比特已经跻身英寸、英镑、夸脱、分钟之列，成为量纲的一员。比特不同于电子、光子，它是另一种类型的基本粒子：它不仅微小，而且抽象——存在于一个个二进制数字、一个个触发器、一个个“是”或“否”的判断里。它看不见摸不着，但当科学家最终开始理解信息时，他们好奇信息是否才是真正基本的东西，甚至比物质本身更基本。渐渐地，物理学家和信息理论学家殊途同归。他们提出，比特才是不可再分的核心，而信息则是万事万物存在的本质。对此，“黑洞”一词的命名者，美国物理学家约翰·阿奇博尔德·惠勒（图 2-1）用了一句颇具神谕意味的、由单音节词组成的句子加以概括：“万物源自比特（It from Bit）”。他还曾说过“任何事物——任何粒子、任何力场，甚至时空连续系统本身都源于信息”。惠勒也曾有点隐晦地写道：“我们所谓的实体，是在对一系列‘是’或‘否’的追问综合分析后才在我们脑中成形的。所有实体之物，在起源上都是信息理论意义上的，而这个宇宙是个观察者参与其中的宇宙。”因此，整个宇宙可以看作一台计算机——一台巨大的信息处理机器。当光子、电子以及其他基本粒子发生相互作用时，它们实际是在做什么呢？其实是在交换比特以及处理信息，而物理定律就是处理信息时所用的算法。因此，每一颗正在燃烧的恒星、每一个星云、每一粒在云室中留下幽灵般痕迹的粒子，都是一台信息处理器，而宇宙也在计算着自己的命运。

图 2-1　约翰·阿奇博尔德·惠勒

约翰·阿奇博尔德·惠勒，美国自然科学院和文理科学院院士，曾任美国物理学会主席，曾参与美国“曼哈顿”计划，曾获“爱因斯坦奖”和“玻尔国际金质奖章”等，并因为在量子理论上的创新研究，获得了数学界的诺贝尔奖——沃尔夫奖。他于 2008 年 4 月 13 日去世，享年 97 岁。与其同时代的物理学家相比，惠勒的名气远远不如他的博士后合作导师玻尔、他的同事爱因斯坦，也远远不如他的学生物理顽童费曼。在霍金全球知名之后，很多人都知道了“黑洞”这种奇怪的天体，但是很少有人知道，“黑洞”这个名字出自惠勒之手，他的去世也意味着哥本哈根时代的彻底终结。

2.2 信息简史

信息的本质含义究竟是什么呢？香农说“信息是不确定性的表达”。今天我们生活的世界，可以归结为两个世界，一个是物理的世界，一个是信息的世界，如图 2-2 所示。或者说一个是原子构成的世界，一个是比特构成的世界，英文当中的原子第一个字母是 A，比特的第一个字母是 B，所以有人把从原子世界向比特世界的转变叫做从 A 到 B 的转变。原子构成的世界是有重量的，比特是没有重量的。我们用电脑下载十本书和下载十万本书，电脑的重量不会增加一毫克，比特世界是一个无重的世界，原子世界是一个有重的世界，这就是比特（B）/信息世界跟原子（A）/物理世界最大的不一样。我们对 A 世界无可奈何的时候，可以通过把 A 世界转化为 B 世界，通过将物理的世界虚拟化、信息化，让它变成信息的世界，然后通过数学方法处理信息，最终来解决物理世界的问题。

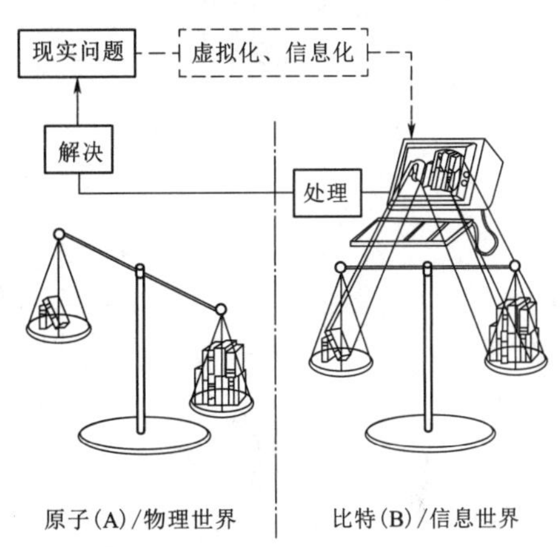

图 2-2　物理世界与信息世界

回顾人类的历史，早期只能通过物理的位移实现信息的传达，一个著名的例子就是马拉松运动。这项运动的名称来自于古希腊时代的马拉松战役。这场雅典与波斯的战役发生于公元前 490 年。相传战役中，雅典士兵菲迪皮德斯为了报告雅典人胜利的消息，从马拉松一刻不停地跑回雅典，在传达——“我们赢了”这个消息后倒地去世。为了纪念他，在 1896 年的首届奥林匹克运动会中，马拉松被列为正式竞赛项目之一。雅典马拉松赛事的路径，就是当年就是当年菲迪皮德斯由希腊马拉松战场跑到雅典的路径。这是一个悲壮的故事，同时也是一种笨拙的信息传输方式。

在人类历史的早期，其实也一直在试图提高信息传输效率，比如各地设置驿站供换马休息。更本质的发现是，人类意识到信息的传递和物理位置的移动，这两者是可以分开的。无论是在中国的古代还是在古希腊，都不约而同地发明了一些工具和手段，实现信息的快速位移，却用不着从此地到彼地。简而言之，不需要以通过物理位移的方式实现信息位移，这貌似很抽象，中国古代发明的烽火台，就是一个非常好的例子。如果在边关发现的敌情，只需要在烽火台上把事先准备好的干草、狼粪点燃，发出狼烟，古人认为狼烟不容易散，升得更高，这样远处的人就能够看得到。通过这种方式，当边关发现敌情的时候，可能不到一天就将危情传到都城。在 2000 年，英特尔的前 CEO 贝瑞特访问中国的时候，当看到烽火台，了解了它的功能以后，他说，原来长城不是一堵墙，而是一条路，中国人在两千多年前就发明了信息高速公路。尽管他说得有点夸张，但我国古代“烽火告警”确实是一种最早的快速、远距离传递信息的方式，通过在空间上分离物理位移与信息传输，极大地提高了信息传输的效率。造纸术和印刷术的发明，使信息的表示和存储方式又产生了一次重大的变化；电报、电话、电视、计算机网络的发明，再次引导了信息加工和传输的革命。图 2-3 展示了信息传输效率随人类历史演变的过程。

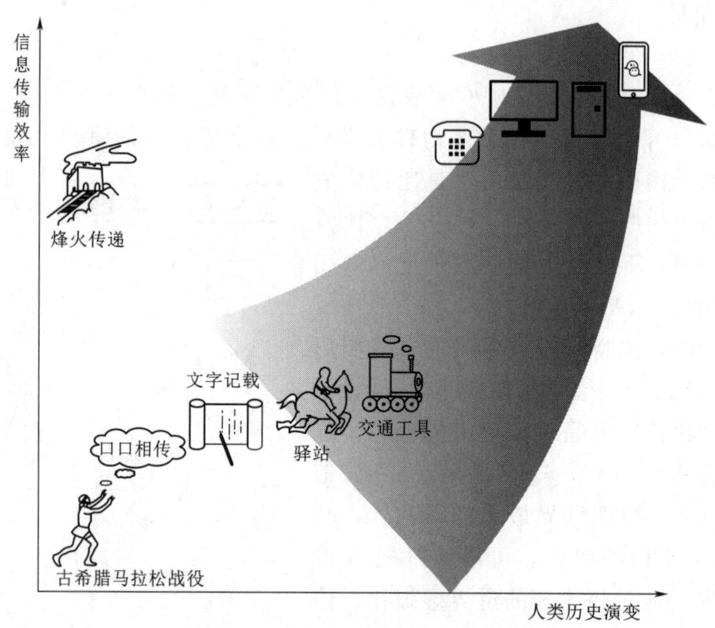

图 2-3　信息传输效率随人类历史演变过程

随着人类历史演变，人类不断学习从物理的原子世界映射到信息的虚拟化比特世界，通过对信息的操作实现对真实物理世界的改变。过去的人类只拥有一个物理世界，但随着人类文明的进程不断地开疆拓土，并且不仅仅在物理世界开疆拓土，又制造出一个完全不同于物理世界的信息世界。由于信息世界没有重量，自由实现空间、时间的位移，因此人类获得了前所未有的自由。

从金融的历史可以进一步理解信息的时空位移。货币也是一种信息传输的媒体。第一，它承载着信息；第二，它能够让信息相对自由地移动。所谓货币，其实是关于财富的信息，人类之所以发明货币，就是为了让自己的财富能够自由地移动。刚开始是空间的移动，当人们远行的时候，不必要背着锅碗瓢盆，背着粮食，甚至是背着床，像蜗牛一样地去旅行。只需要将财富变得一种信息，兑换成一种信息，让它信息化，让有重的财富变成无重的关于财富的信息——货币。通过使用这种记载着财富信息的货币，可以任意流动，这就实现了财富在空间的自由移动。后来人类还发明了一种让财富不仅在空间里自由移动而且还能在时间里自由移动的办法——贷款。例如现在的“月光一族”，可以通过证据表明将来有足够能力购买房子，但现在就需要买这个房子，怎么办？这本质上就是一个移动性的问题，通过贷款实现财富的时间移动性，把未来的财富移动到现在来。当然财富的移动是要有成本的，都是有“快递费”的，这个“快递费”就是贷款利息。所以，金融的历史、货币的历史也是一个从 A 世界到 B 世界的历史，刚开始的时候物物交换，财富纯粹以原子的方式存在，交易起来非常费劲。后来，人类开始用一些很稀缺的物资，作为一般等价物，比如说对于内陆居民而言，贝壳是一种很稀缺的，不能轻易弄到的东西，让它作为一般等价物，这就是原始的货币。再后来，人类使用金、银，用这样的一些物质组成的、标有重量、价值的货币来代替具体的物品。这个过程其实也是逐渐变轻的一个过程，逐渐提高财富移动性的过程。再后来，人类就更聪明了，金和银都不要了，只需要纸币就可以了，因为载体越轻其移动效率就越高。再往后，就连纸币都不需要了，你只需要一张卡，这张卡里可能有一千万现金，但是我们拿着这张卡一点儿都不觉得沉，因为货币本质上它是信息，它不需要质量。到今天的电子支付，它连卡都省却了，卡还是用原子组成的，但是电子支付就完全跟原子没有关系了。图 2-4 反映了人类利用信息，实现财富时空移动的过程。因此，人类今天的自由是空前的，不仅解决了空间的移动性，还解决了时间的移动性。人类的整个历史既是一部从 A 到 B 的历史，也是一部追求自由的历史，今天的人类获得了空前的自由，因为已经脱离了原子的束缚。

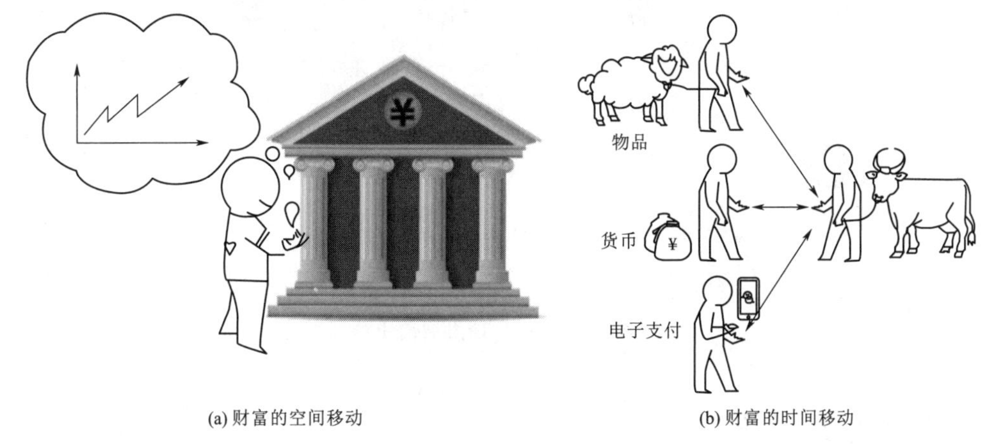

图 2-4 财富的时空移动

回顾人类的历史，我们不难看出，人类对信息的利用和处理经历了从自发到自觉的过程，而标志着这一转折点的事件就是香农于 1948 年发表的《通信的数学理论》。之后，信息论作为一门学科，迎来了它的蓬勃发展时期：1951 年，美国无线电工程师协会（Institute of Radio Engineers，IRE）成立了信息论组，1955 年正式出版了信息论汇刊。香农等科学家在其发表了许多重要文章。1959 年，香农在其发表的“保真度准则下离散信源编码定理”（Coding Theorems for a Discrete Source with a Fidelity Criterion）一文中，系统地提出了信息率失真理论和限失真信源编码定理。这两个理论是数据压缩的数学基础，为各种信源编码的研究奠定了基础。20 世纪 60 年代，信道编码技术有了较大发展，成为信息论的又一重要分支，它把代数方法引入到纠错码的研究中，使分组码技术达到了高峰，找到了可纠正多个错误的码，提出了可实现的译码方法；同时卷积码和概率译码也有了重大突破。1961 年，香农发表了“双路通信信道”（Two-way Communication Channels）的论文，开拓了多用户信息理论的研究。到 20 世纪 70 年代，有关信息论的研究，从点与点间的单用户通信推广发展到多用户系统的研究。1972 年，Cover 发表了有关广播信道的研究，以后陆续进行了有关多接入信道和广播信道模型和信道容量的研究。近 30 多年来，这一领域的研究十分活跃，大量的论文被发表，使多用户信息论的理论日趋完整。近几年，随着计算机技术和超大规模集成电路技术的发展，信道编码，如 Turbo 码、

LDPC等编解码取得了重大突破。Turbo码、LDPC采用长码、交织技术、迭代解码技术进行编解码，从而提高了编码效率和纠错能力。我们把信息论发展简史用图2-5直观地表示。

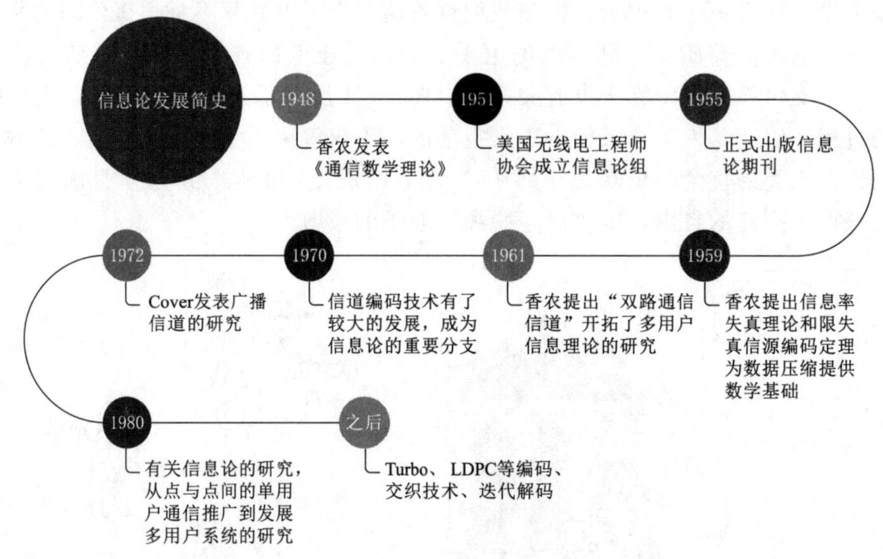

图2-5 信息论发展简史

2.3 智能信息处理

信息处理的根本问题是，在一点精确地或近似地复现出在另一点所选取的信息。

——克劳德·香农，《通信的数学理论》(1948)

现如今，我们已经可以清晰地认识到，信息是这个世界运行所仰赖的血液、食物和生命力。它渗透到各个科学领域，改变着每个学科的面貌。信息理论先是把数学与电气工程学联系到了一起，然后又延伸到了计算领域。在英语国家称为“计算机科学”的学科，在一些欧洲国家则被称为了“信息科学”。现在，甚至连生物学也成了一门研究讯息、指令和编码的信息科学。基因封装信息，并允许信息的读取和转录；生命通过网络扩散；人体本身是一台信息处理器；记忆不仅存储在大脑里，也存储在每一个细胞中。而随着信息理论的兴起，遗传学也得以迅猛发展。DNA是信息分子的典型代表，是细胞层次上最先进的讯息处理器——它是一份字母表、一种编码，用60亿比特的信息定义了一个人，如图2-6所示。进化生物学家理查德·道金斯认为：“处于所有生物核心的不是火，不是热气，也不是所谓的‘生命火花’，而是信息、字词以及指令……如果你想了解生命，就别去研究那些生机勃勃、动来动去的原生质了，从信息技术的角度想想吧。”生物体中的所有细胞都是一个错综复杂的通信网络中的节点，它们一刻不停地传输和接受信息，不停地编码和解码。进化本身正是生物体与环境之间持续不断的信息交换的具体表现。“如此看来，信息环路成为了生命的基本单位。”研究细胞间通信长达30年之久的维尔纳·勒文施泰因如是说。他提醒我们，信息一词在科学中比在日常生活中具有更为深刻的内涵：“它意味着一种组织和有序的普适原理，也是对此的精确衡量。”

图 2-6 从信息的角度定义人

20 世纪初概率论和统计学的成熟，使人们得以把握随机性。在此基础上，1948 年，香农找到了不确定性和信息的关系，从此为人类找到了面对不确定性世界的方法论，也就是利用信息消除不确定性。可以说，这是随后半个多世纪里，特别是今天，最重要的方法论。今天的人工智能，从本质上讲就是这种方法论的一个应用而已；回溯历史，数字和文字的诞生其实就是对信息的编码过程；回到现实，当面对多条信息犹豫不决时，其实是不懂得有效找出不同维度的信息，以及组合优化的方法……事实上，今天已经无法通过掌握几条不变的规律，工作一辈子；也难以通过理解几条简单的人生智慧，活好一辈子。一个通用规律就能解决一切问题、一个标准答案就能让人一劳永逸的时代一去不复返了。在信息时代中，人类对抗不确定性，最重要和有效的方法论——信息论，是每个人在信息时代的必修课。香农说，“信息处理的根本问题是，在一点精确地或近似地复现出在另一点所选取的信息。”而这一切究竟是如何实现的，采用了哪些方法和技术？所谓的人工智能问题，其实就是把过去看似需要人脑推理的问题，变成今天基于大数据的计算、基于大量信息的推理问题。因此，结合目前人工智能技术的发展，我们绘制了智能信息处理这门课程内容的思维导图，如图 2-7 所示。从中看出，本门课程不仅涵盖了香农优美简洁的信息论理论思想，还涉及了实际通信问题的解决方案，更近一步论述了贝叶斯数据建模、蒙特卡罗方法、聚类算法等。为什么要把信息论和机器学习结合起来讲呢？因为这两者本来就可以看作是硬币的正反两面。从 20 世纪 60 年代开始，众多的信息论专家、计算机科学家和神经科学家，就在共同研究人脑的工作方式，试图基于此来解决实际问题。大脑可以看作是终极的数据压缩和通信系统，人们分析解决人工智能问题所提出的数据压缩和纠错码等现代信息算法所使用的工具与机器学习同出一辙。将他们放在统一的框架下讨论，更有助于融会贯通地掌握这些理论知识、核心技术的内涵。

2.3.1 语音识别从人脑推理问题到数据驱动的信息模型

世界上利用数据驱动的信息模型解决的第一个智能性的问题就是语音识别。语音识别的历史正好和电子计算机一样长，可以追溯到 1946 年，但相比较计算机硬件而言，语音识别一直做得不怎么成功。20 世纪 60 年代末，计算机硬件已经迭代到第三代——基于集成电路，而语音识别只能做到识别十个数字加上几十个单词，且错误率高达 30%。那时，

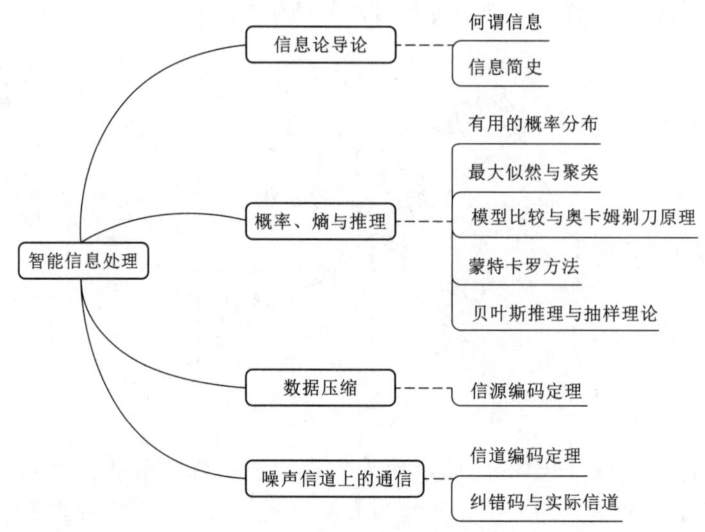

图 2-7　智能信息处理

人们觉得识别语音是一个智力活动，比如当人类听到一串语音信号时人脑首先会把它们先变成音节，然后组成字和词，再联系上下文理解它们的意思，最后排除同音字的歧义性，得到它的意思。为了模拟这个过程，科学家们试图让计算机学会构词法，能够分析语法，理解语意，然而，几十年过去了，并没有取得多少成果。到了 20 世纪 70 年代，康奈尔大学著名的信息论专家贾里尼克来到 IBM，负责该公司的语音识别项目。事实上，他在到 IBM 之前并没有做过语音识别，他也不懂得传统的人工智能。由于不受传统的人工智能思想约束，他得以用信息论的思维方式来看待语音识别问题。他认为语音识别是一个通信问题。当说话人讲话时，他是用语言和文字将他的想法编码，这就变成了一个信息论的问题，语言和文字无论是通过空气传播，还是电话线传播，都是一个信息传播问题，在通信中有一套对应的信道编码理论。在听话人，也就是接收方那里，再做解码工作，把空气中或者电话线中的声波变回到语言文字，再通过对语言文字的解码得到含义。于是，贾里尼克用通信的编解码模型以及有噪声的信道传输模型构建了语音识别模型，但是这些模型里面有很多参数需要计算出来，这就要用到大量的数据，从而又转变成了数据处理的问题。在这样的思想指导下，贾里尼克裁掉了 IBM 全部的语言学家，并且对各种仿生学，比如研究人耳蜗的模型完全不感兴趣，他只注重收集数据，训练各种统计模型。在短短几年时间里，将语音识别的词汇量规模扩大到 22000 个，错误率降低到 10%左右。这是一个质的飞跃，从此数据驱动的方法在人工智能领域站住了脚。

贾里尼克思想的本质，是利用信息消除不确定性，这就是香农信息论的本质，也是大数据思维的科学基础。通过把人脑推理问题转变为构建数据驱动的信息模型，然后通过收集大量数据以迭代求解模型参数，再根据新的数据验证模型效果，从而最终解决问题，这就是目前人工智能技术最根本的指导思想。

2.3.2　概率与信息处理

人工智能就其本质而言，是数学、统计学和计算机科学的交叉学科。目前，计算机科学的理论基础正在从离散、组合数学转移到以概率和统计为核心。大量的信息处理问题可以通过计算概率的方法来解决。根据问题的不同类型，有时我们可以直接求得其精确解，但大多数时候往往只能得到近似解。求解近似解的方法主要有两大类：一类是确定性的方法，例如最大似然估计，拉普拉斯方法和变分法等；另一类是蒙特卡罗方法，该方法通过产生随机数来计算积分。这几种方法都将在智能信息处理课程中具体介绍，本章重点纠正人们关于信息的一些错误理解。

事实上，在香农之前，人们并不认为信息还能像重量、体积、电流一样可以用什么单位去衡量。人们过去绞尽脑汁试图从信息的内容出发，通过对比重要性度量信息，而香农将信息的量化度量和概率联系起来，把信息问题变成了概率问题。信息的可度量性也为信息处理奠定了坚实的理论基础。而关于信息处理，最普遍的误解是——信息处理的目的是找出针对已知信息的最合理的、或者说最有可能的解释或者假说。尽管人们可能对这个所谓的“最可能的假说”更感兴趣，也确实可以通过一些数学方法找到它，但这个假说只是某个概率分布的峰值。事实上，更重要的是整个概率分布。通过本课程的学习，可以了解一个信源最有可能的输出信息往往不一定是它的典型输出。类似的，已知某些信息条件下，最可能的假说在所有合理假说所构成的集合中也许是非典型的。因此，了解整个概率分布对于信息处理问题而言至关重要。

2.3.3 信息编码

香农说过“信息处理的根本问题是，在一点精确地或近似地复现出在另一点所选取的信息。”事实上，生活中很多例子，无论是调制解调器通过模拟电话线实现数字信息的通信，还是在木星轨道上运行的伽利略号太空船到地球的无线通信链路，甚至是子女细胞的DNA中所包含的关于父母细胞的遗传信息，都可以看作是通过噪声通信信道而实现的通信。此外，通信甚至不必涉及信息物理位置的移动，比如向磁盘驱动器写入一个文件，再读取的时候也是在同一位置读取，只不过有一定的时间差。这些信道上都存在着噪声，例如电话线会与其他线路发生串音；来自伽利略号太空船的信号会受到太空干扰源的背景辐射影响；DNA可能会发生突变；磁盘驱动器可能受到脉冲干扰，没有正确写入，或者在读取过程中受到干扰。为了在这些非理想的噪声信道上实现理想的通信，人们最先想到的是物理级解决方案，通过提高信道的物理特性，以降低其差错概率，比如在电子线路中使用更可靠的元器件、从磁盘密封盒中将空气抽掉，以消除会使磁头偏离轨道的扰动、使用高功率信号、或者为电子线路降温，以便降低热噪声等。这些物理方面的改进通常会提高通信信道的成本，并且依然有一些问题无法解决，因为干扰无处不在。我们并不知道很多随机事件什么时候发生，像太阳的活动其实是极不稳定的，太阳黑子略微的变化，就能够干扰无线通信。而信息论给出了其他更有意思的途径：我们依原样接受给定的噪声信道，在此基础上设计通信系统，为信息编码，以便信息适合信道中的传输，并在发生差错时能及时检测并纠正。这就是所谓的系统级解决方案，从而发现，物理级解决方案要提高信道性能，只能使成本越来越高，并且无法应对不可预料的随机干扰，而系统级解决方案能够将噪声信道变成可靠的通信信道，其唯一代价是要求编码器和译码器具有一定的计算能力。

信息编码的具体实现主要分为信源编码和信道编码两个阶段，其中信源编码关注的是提高信息传输效率，信道编码关注的是发现和纠正信息传输中的错误，它们共同保障了信息在噪声信道中的可靠、高效的传输。实现数据压缩和纠错编码的算法与机器学习中的一些工具是一致的，都参考了人类大脑的推理过程，人类的大脑其实就是一个终极的压缩和通信系统。

智能信息处理本质上是在一个统一的框架下讨论了贝叶斯数据建模、蒙特卡罗方法、聚类算法等属于机器学习和推理领域的主题。通过将通信、信号处理、数据挖掘、机器学习、模式识别、信息论与编码、计算神经学和生物信息学等诸多学科的技术内涵融会贯通，反映了多门学科的内在联系和发展趋势。

参考文献

[1] 詹姆斯·格雷克. 信息简史［M］. 高博，译. 北京：人民邮电出版社，2013.

[2] 吴伯凡. 人类史就是一部通信史［EB/OL］. 2016-08-04. https://www.dedao.cn/courseArticle/g258WANERjwQJD0zeJbOMG1rZqkPlv.

[3] 孙海欣，张猛，张丽英，信息论与编码基础教程［M］. 2版. 北京：清华大学出版社，2017.

[4] David J. C. Mackay. 信息论、推理与学习算法［M］. 肖明波，席斌，许芳，王建新，译. 北京：高等教育出版社，2006.

[5] 吴军. 数学之美［M］. 3版. 北京：人民邮电出版社，2020.

[6] 周锴. 信息论思维——互联网时代的生存法则［M］. 北京：中国发展出版社，2014.

第3章

脑与认知科学

智能科学分为两大类：一类是自然智能，另一类是人工智能。其中，后者是对前者的模仿，人工智能的诸多技术都是从人脑智能中得到启发后而被提出来的，因此学习脑与认知科学可以为今后学习并研究人工智能打好基础。

让我们从电影《记忆碎片》说起，Leonardo Shelby（Guy Pearce 饰）在家遭到歹徒的袭击，妻子被残忍的杀害，自己脑部也受到严重的伤害。醒来后，他发现自己患了罕见的“顺行性遗忘症”，他只能记住十几分钟前发生的事情，为了让生活继续下去，更为了替惨死的妻子报仇，他凭借文身、纸条、宝丽来快照等零碎的小东西，保存记忆，收集线索，展开了艰难的调查。调查中，Leonardo 遇上粗俗的酒吧女招待 Natalia（Garrie Anne Moss 饰），她似乎知道一些 Leonardo 感兴趣的事；还有 Teddy（Joseph Peter Pantoliano 饰），自称是他以前的好朋友，但看上去鬼鬼祟祟的，不怀好意。到底谁能相信？Natalia？Teddy？还是他自己？失去记忆将是最糟糕的经历之一，这是任何人都无法忍受的。在电影记忆碎片中，可以感知丧失短期记忆的痛苦程度。这也给了我们一个机会，让我们知道一个病人会在多大程度上记住什么对他来说是最重要的。Leonardo 穿着昂贵的定制西装，开着一辆捷豹轿车，但住在廉价的、匿名的汽车旅馆里，用大量的现金支付他的费用。尽管他看起来像一个成功的商人，但他唯一的工作就是追求复仇：追踪并惩罚强奸和谋杀他妻子的人。由于 Leonardo 患有一种罕见的、无法治疗的失忆症，很难找到他妻子的凶手。尽管他能回忆起事故前的生活细节，但他不记得 15 分钟前发生了什么，他在哪里，他要去哪里，为什么。

电影《记忆碎片》中主角患的顺行性遗忘症，在现实世界中参考的患者原型是 H. M.（Henry Gustav Molaison）。1926 年 H. M. 生于美国康涅狄格州哈特福德市。小时候的 H. M. 是个健康的男孩，但在一次车祸之后，他患上了癫痫。到他 27 岁的时候，癫痫已经严重到让他什么都做不了的程度，随时都有可能发作，他每周都要昏厥好几次。神经外科医生 William Scoville 在为他做了各项检查后认为，只要切除 H. M. 的一部分致病脑组织，就可以减轻他的症状。1953 年 9 月 1 日，27 岁的 H. M. 清醒地躺在手术台上，只做了头皮麻醉。斯科维尔在他额头两侧钻了两个小洞，用一根金属吸管吸出了大部分海马组织以及海马周围的部分内侧颞叶组织。手术非常有效，H. M. 的癫痫发作频率迅速减少。但是很快，人们发现了一个未曾想到的副作用：H. M. 再也无法形成新的记忆了。图 3－1 是 H. M. 和他死后的大脑切片。

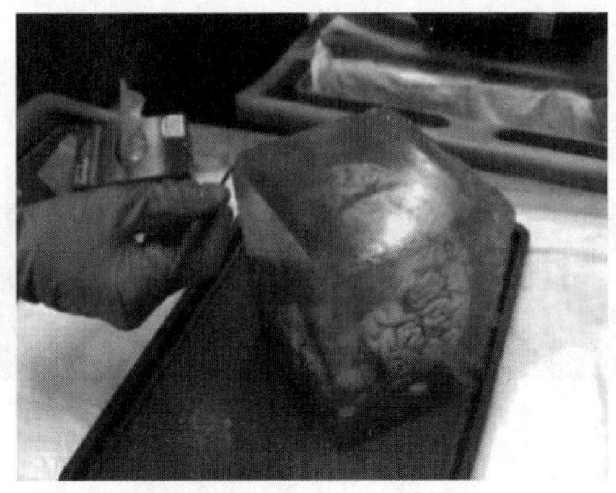

图 3 - 1　H. M. 和他死后的大脑切片

造成 H. M. 记忆丧失是因为那时候的医学界普遍认为记忆是广泛分布在大脑中，不可能只取决于某一个组织或区域。加拿大心理学家 Brenda Milner 在对 H. M. 进行了一系列测试之后，于 1957 年发表了一篇著名的论文，将 H. M. 的遗忘症与他失去的那部分脑组织联系了起来。从此，H. M. 成为了大脑记忆研究的被试，科学家、学生、研究者从各地赶来拜访他。每一次他都友好而又带着些许困惑地回答着各种各样的问题。有意思的是他的智力完全没有受到影响，几乎和正常人一样。他可以跟人正常交谈，因为他仍有短暂的记忆。

3.1　脑与认知科学概述

3.1.1　脑科学概述

3.1.1.1　脑科学的研究内容

脑科学研究的是神经系统内分子水平、细胞水平、细胞间的变化过程，以及这些过程在中枢功能控制系统内的整合作用，如图 3 - 2 所示。人们通常认知的神经科学其实就是脑科学。脑科学是研究人脑的结构与功能的综合性学科，也是智能科学的生物基础：大脑是人类的核心，是人类高级于其他物种的本质所在，是人类的智能发源地，人类的一切思维、行为都受到了大脑的控制；智能科学要探究智能产生的机理，来赋予机器这样的智能机制，以机器智能更好地服务于人类；人的智能源头在大脑，对智能的揭示必须对大脑进行探究。

近年来，人脑、宇宙、生命起源已被列为当今世界的三大科学之谜，因此对于脑科学的研究有着非常重大的意义。脑科学的研究对象为脑及与脑密不可分的整个神经系统，甚至包括感觉和效应器官。脑科学的研究目的在于阐明人类大脑的结构与功能，以及人类行为与心理活动的物质基础，在各个层次上阐明其机制，增进人类神经活动的效率，提高对神经系统疾患的预防、诊断、治疗服务水平。通过揭示人脑的奥秘，防治神经和精神疾患，发展模拟人脑部分功能的人工智能技术，具体有以下研究目标：

（1）揭示神经元间各种不同的连接形式，为阐明行为的脑的机制奠定基础。

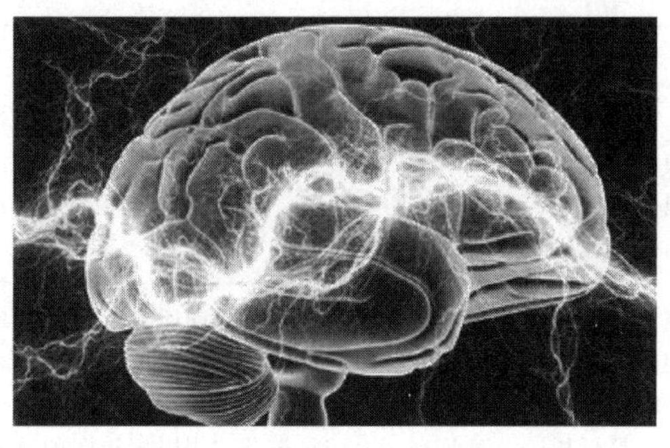
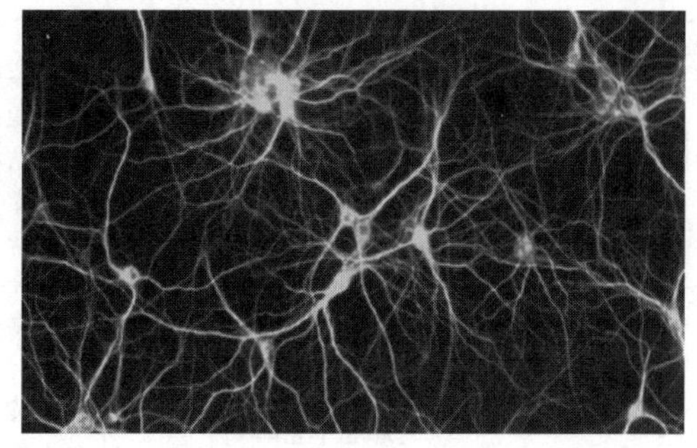

图 3-2　脑科学

（2）在形态学和化学上鉴别神经元间的差异，了解神经元如何产生、传导信号，以及这些信号如何改变靶细胞的活动。

（3）阐明神经元特殊的细胞和分子生物学特性。

（4）认识实现脑的各种功能的神经回路基础。

（5）阐明神经系统疾患的病因、机制，探索治疗的新手段。

脑科学的研究范围为涉及生命科学各个领域，如数学、物理学、化学、计算机科学、神经生理学、生物化学、神经解剖学、组织胚胎学、药理学、精神病学等学科来研究神经系统的结构和功能。因此脑科学实际是属于综合性的学科，需要将各学科相互融合渗透。脑科学涉及的研究范围很广，主要包括以下方面：

（1）对单个元件神经元以及神经元通信问题的研究。

（2）对有关学习、记忆、语言、思维等高级神经活动机制的研究。

（3）发育神经生物学的研究。

（4）脑高级功能的研究。

（5）超级人工智能的研究。

表 3-1 总结了 20 世纪 50 年代以来主要的脑科学理论及假说。

表 3-1　　主要的脑科学理论及假说

脑科学理论和假说	提出人	基本思想
脑半球功能定位学说	美国神经生理学家 Roger Wolcott Sperry 和他的学生	进行了著名的“裂脑实验”，提出了脑半球功能定位学说，发现大脑两半球高度专门化，每一部分都有其独立的意识、思维序列以及其自身的记忆。其中：左脑倾向于用话语表达思维；右脑则侧重于用感性表象表达思维。大脑两部分由胼胝体联结起来，对大脑两半球的信息进行协调活动
脑的等级式结构假说	Paul Maclean	认为脑的结构功能区是彼此联系且具有三种等级式结构，包括最“原始的爬行类”、较高级的“旧哺育类”和最复杂的“新哺育类”。爬行类脑相当于脑干，控制着本能行为，即边缘系统组成，它控制着情绪行为特别是侵犯行为和性行为。新哺育类脑是由居于脑干外层的皮层组成，其主要用于控制理性思维过程

续表

脑科学理论和假说	提出人	基 本 思 想
全脑模型说	Ned Herrmann	赫曼认为，应该用一个四分结构的模型来表示整个大脑，这个四分结构的模型可以当作大脑运行方式的一个组织原则，即四大思维类型分别比拟大脑皮层的两个半球（斯佩利的理论）以及边缘系统两个半球（麦克莱思的理论）
大脑发育的关键期假说	David Hubel 等	根据视觉剥夺实验的结果而提出来的，继后的研究形成一致的结论：脑的不同功能的发展有不同的关键期，某些能力在大脑发展的某一时期容易获得，而过了这个时期，其可塑性和复原能力将有可能大打折扣。一般而言，大脑是按照“用进废退”的原则行事。用得越多，大脑发展得就越好；反之用得越少或者根本不用，那么大脑发展就越慢，甚至是停止发展
多元智力结构说	哈佛大学心理学教授 Howard Gardner	加德纳认为：人的大脑至少由八种智能组成，且每一种智能都在大脑中有相应的位置，存在着脑功能的不同定位。这 8 种智能是：①语言智能；②音乐智能；③逻辑——数学智能；④空间智能；⑤身体动觉智能；⑥人际智能；⑦内省智能；⑧自然智能

3.1.1.2 脑科学的研究方法

现代脑科学的研究方法有两大潮流，具体如下：

（1）方法一。从细胞、乃至分子的水平入手，由基础向上，把功能与结构研究结合起来，即所谓的自底向上的研究方法。

（2）方法二。从整体入手，用系统的观点，在整体水平以及整体各部分之间的相互联系和相互作用中，逐渐向下深入，即所谓的自顶向下的研究方法。

这两个研究方法互补但不可相互替代。其中：方法一属于神经生物学的传统方法；而方法二是后来发展并应用到认知科学中的。这些脑科学的研究方法和实验技术具体总结在表 3－2 中。

表 3－2　　脑科学的研究方法和实验技术

研究方法和实验技术	基 本 定 义 或 特 点
单细胞记录 (single－unit recording)	记录单个神经元活动，直径约为 10^{-4}mm 的微电极被插进动物大脑，以获得细胞膜外电位记录。 优点：单细胞记录技术对提供脑功能在神经元水平上的具体活动信息非常有效，因而相对其他技术而言也就更加精细一些；关于神经元活动的信息可在一个非常广泛的时间范围内（从几毫秒到几小时或几天）采集。 缺点：由于需穿透神经组织，所以当运用于人类时不受欢迎；只能提供神经元水平的活动信息
脑电图与脑功能成像技术 (electronencephalogram，EEG)	通过在头皮表面记录大脑内部的电活动情况而获得脑电图
功能性磁共振成像技术 (function magnetic resonance imaging，FMRI)	局部神经元兴奋将引起该区域的血流量的增加，而血液中含有氧和葡萄糖，FMRI 能检测到大脑的功能性氧的消耗变化情况，清晰地显示高活动量区域的三维图像

续表

研究方法和实验技术	基本定义或特点
正电子发射断层摄影术 (position emission tomography，PET)	根据对正电子的检测而获得有关大脑活动的信息的实验技术
脑磁图 (magneto-encephalography，MEG)	运用一个超导量子干扰装置来测量脑电活动的磁场变化
ERP 的技术原理 (event-related potentials)	事件相关电位是与实际刺激或预期刺激（声、光、电）有固定时间关系的脑反应所形成的一系列脑电波；利用 ERP 的固定时间关系，经过计算机的叠加处理，提取 ERP 成分。在评估某些认知活动的时间特点上尤为有效
脑研究的新技术—脑涨落图技术 (encephall of lucyuogram technology，ET)	一项新建立的脑功能研究技术。ET 已能超越传统脑波研究的框框。在完全自然和绝对无损伤的条件下，对调制在原始脑波中的涨落信息进行分析，它是非线性的，对人脑进行超慢波扫描，能揭露传统脑波所不能揭露的很多规律，可被应用于所有与神经介质活动有关的研究中
计算机辅助轴向扫描 (computerized axial tomograph)	利用 X 射线对脑部进行断层扫描

3.1.2 认知科学概述

3.1.2.1 认知科学的研究内容

认知科学是探索人类的智力如何由物质产生和人脑信息处理的过程。认知科学是研究人类的认知和智力的本质和规律的前沿科学。一般认为认知科学的基本观点最初散见于 20 世纪 40—50 年代中的一些各自分离的特殊学科之中，60 年代以后得到了较大的发展。根据奥尔登大学认知科学研究所所长 E. Sheener 的意见，"认知科学"（Cognitive Science）一词于 1973 年由 Langgett Higgins 开始使用，20 世纪 70 年代后期才逐渐流行。1975 年，斯隆基金会（Alfred P. Sloan Foundation，系纽约市的一个私人科研资助机构）开始考虑对认知科学的跨学科研究计划给予支持，该基金会的资助一直持续至今，对这门新学科的制度化起了重要的作用。因为斯隆基金会通过组织第一次认知科学会议并确立研究方案，所以在推动认知科学方面起了决定性作用。

1975 年，由于美国著名的斯隆基金的投入，美国学者将哲学、心理学、语言学、人类学、计算机科学和神经科学 6 大学科整合在一起，研究"在认识过程中信息是如何传递的"，这个研究计划的结果产生了一个新兴学科——认知科学。当前国际公认的认知科学学科结构如图 3-3 所示。认知科学的发展首先在原来的 6 个支撑学科内部产生了 6 个新的发展方向，这就是心智哲学、认知心理学、认知语言学（或称语言与认知）、认知人类学（或称文化、进化与认知）、人工智能和认知神经科学。这 6 个新

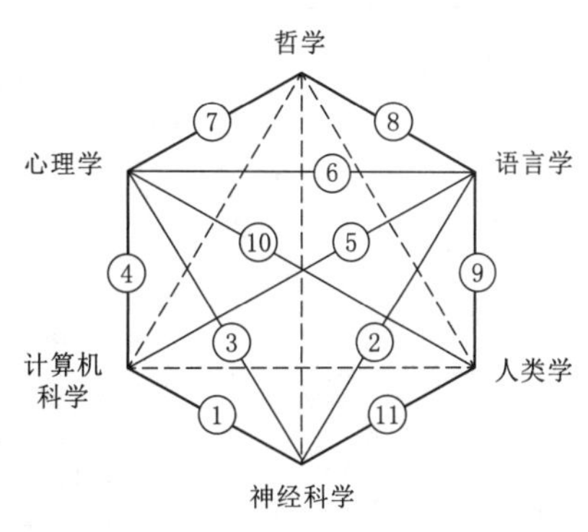

图 3-3 认知科学学科结构

兴学科是认知科学的6大学科分支。这6个支撑学科之间互相交叉，又产生出11个新兴交叉学科：①控制论；②神经语言学；③神经心理学；④认知过程仿真；⑤计算语言学；⑥心理语言学；⑦心理哲学；⑧语言哲学；⑨人类学语言学；⑩认知人类学；⑪脑进化。

认知科学研究的范围，包括知觉、注意、记忆、动作、语言、推理、思考、意识乃至情感动机在内的各个层面的认知活动。认知科学是研究心智和智能的交叉学科，是现代心理学、人工智能、神经科学、语言学、人类学乃至自然哲学等学科交叉发展的结果。认知科学研究目标旨在探索智力和智能的本质，建立认知科学和新型智能系统的计算理论，解决对认知科学和信息科学具有重大意义的若干理论基础和智能系统实现的关键技术问题。

认知科学研究的主要内容包括：

（1）对学习与记忆过程的信息处理的研究。具体研究是揭示学习心理学与神经生物学的基本规律，研究记忆过程中的信息编码、存储和提取问题。

（2）对思维、语言认知问题的研究。探讨多层次思维模型，讨论语言与形象表示的互补与转换性质，给出语言加工的认知和脑机制描述，以及相应的信息处理模型。

（3）基于环境的认知的研究。探讨多主体的构造、通信和行为协调的新理论，在群体智能进化的实现、自组织、自适应与环境认知方面获得突破。

（4）计算认知学的感知信息获取与处理的研究。研究新的脑认知成像信息获取的新手段与新装备，建立具有自主知识产权的脑成像数据库，提出脑认知成像数据、视听觉感知数据的数学建模与分析方法。

（5）意识问题的研究。研究的是生物体对外部世界和自身心理、生理活动等客观事物的知觉或体验。

意识具有从感觉体验（视、听、体感觉等）到非感觉体验（意志、情绪、记忆、思维等）的多种因素。意识研究的内容可以包括神经生理机制、意识模型、人工模拟和机器再现。认知科学主流的研究机构及研究内容总结见表3-3。

表3-3　认知科学主流的研究机构及研究内容总结

大学或研究机构	研究内容
哈佛大学	将心智与身体、社会、地球、太空、技术并列为6大研究分类
麻省理工学院	将“神经与认知科学”作为重要研究领域；学院设有“脑与认知科学系”“麻省脑科学研究所”等机构，并出版杂志《认知神经科学》
加州大学圣地亚哥分校认知科学系	主要从事以下领域的研究工作： （1）脑。强调对神经生物学过程和现象的理解。 （2）行为。注重心理学、语言学和社会文化环境的研究。 （3）计算。 结合计算机制的研究，考察各种认知能力及其限制。认知科学系既进行实验室控制情境下的认知研究，也进行日常生活中自然情景下的认知研究，并对两类情景下的认知活动建模。下设认知发展实验室（Cognitive Development Laboratory）和发展认知神经科学实验室（Developmental Cognitive Neuroscience Laboratory），这两个重要实验室专门针对认知的动态变化过程进行研究

续表

大学或研究机构	研　究　内　容
加州大学伯克利分校认知科学研究所	研究在实际生活中的认知行为，并试图对这些现象给予理论上的说明；提出了许多有特色的认知理论，例如，Lakoff 等的原型理论和心象图式，Fillmore 等的格语法和构造语法，Slobin 的语言获取的操作法则，Feldman 的整体平行连接网络等。这些理论在认知科学研究领域产生了广泛的影响
麻省理工学院的脑与认知研究系	有以下重点研究领域： (1) 分子和细胞神经领域。 (2) 系统神经科学领域。研究问题包括感觉刺激的转换和编码、感觉运动系统的组织。脑与行为的循环交互作用等。 (3) 认知科学领域。主要研究心理语言学、视知觉和认知、概念和推理以及儿童认知能力的发展等。 (4) 计算领域。主要研究机器人技术和运动控制、视觉、神经网络学习、基于知识的知觉和推理。 (5) 认知神经科学领域
布朗大学的认知与语言科学系	美国最早建立的认知科学系之一。该系的教授有着不同的学科背景，分别来自应用数学、计算机科学、神经科学和心理学等系。例如，视觉研究组可以同时采用计算、心理学和生态学三种研究方法对知觉和行动进行研究；言语组则同时从实验、反展、神经语言学和进化论的观点来研究言语知觉。视觉和言语是该系的主要研究领域
华盛顿大学的 PNP (philosophy，neuro - science，psychology) 计划	创立于 1993 年，最初是一个创新项目。2003 年成立 PNP 研究中心。PNP 项目将哲学、神经科学与心理学结合在一起研究，该项目现在不仅包括研究生的培养计划，也扩展到本科生的培养计划，已经取得一批在认知科学和相关学科中具有重要的学术价值和影响的研究成果
伊利诺伊大学的贝克曼学院 (Bechman Institute)	目前有三大研究板块：①生物智能 (biological intelligence)；②人—机智能交互 (human - computer intelligence interaction)；③分子与光电子纳米技术 (molecular and electronic nanostructures)。贝克曼学院是融合物理科学、计算机科学、工程学、生物学、行为研究、认知和神经科学为一体的跨学科研究实体。贝克曼学院在认知科学的交叉领域取得众多令人瞩目的研究成果，包括著作、论文、专利和各种奖励
英国医学研究理事会的认知与脑科学所	主要有四个研究方向： (1) 注意。主要研究选择性注意的基本过程和这些过程依赖的分布式脑系统。 (2) 认知和情绪。主要研究唤起和调节情绪的基本认知和神经过程的性质。 (3) 语言和交流。该项目把人类语言看作是一个涉及认知、计算和神经的复杂系统进行研究。 (4) 记忆和知识。该项目主要从事记忆的理论与临床研究
美国国家科学基金会	组织的“跨部门太空脑科学实验计划 (interagency neuro lab)”利用对环境的操纵、太空飞行等来观察人类神经系统的反应以及人类行为、知觉和学习所受到的影响，从而试图阐明神经发育、信号处理和感觉运动整合之间的基本联系

3.1.2.2　认知科学的研究方法

认知科学对于认知现象的研究，如图 3 - 4 所示，按方法论大体可以归结为认知内在主义方法、认知外在主义方法和认知语境主义方法三种。其中，认知内在主义是指从心智内在因素的关联中研究认知问题，不考虑外在因素对心智的影响的方法论。

- 认知科学研究方法
  - 认知内在主义方法
    - 来自物理学的还原主义
    - 来自计算机科学的功能主义
    - 来自现象学的内省主义或直觉主义
    - 来自人工智能的认知主义
  - 认知外在主义方法
  - 认知语境主义方法

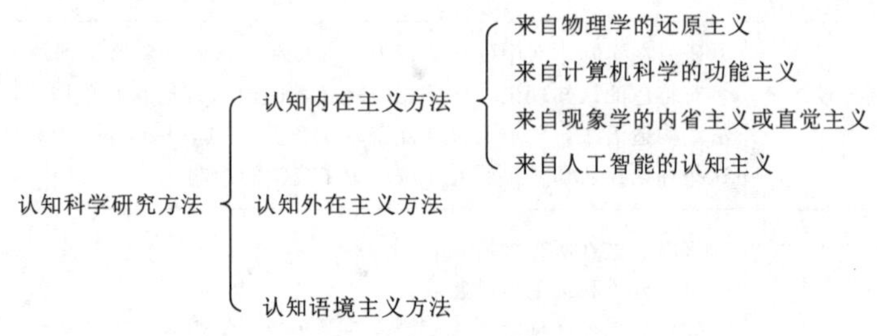

图 3-4　认知科学的研究方法

认知内在主义主要有四种：来自物理学的还原主义；来自计算机科学的功能主义；来自现象学的内省主义或直觉主义；来自人工智能的认知主义。计算机科学的功能主义立足于功能角度，强调心理活动的功能表现，认为心智是机体与环境之间的中介。心理上的因果关系就是一种功能关系。功能主义是某种形式的实证主义，其主张功能即深入到解决问题的语境中。它强调功能分析方法，认为可以从心理事件之间功能关系来研究心理现象，智能的功能就是机体对环境的适应。功能主义可分为本体论功能主义、功能分析主义、计算表征主义、功能主义和意向论功能主义。人工智能的认知主义方法的核心思想是认知的信息加工理论，西蒙和明斯基是认知主义的代表。其中，新命题就是智能行为可以由内在的认知过程进行解释，对人来说就是理性思维过程来解释。它将心智与计算机相类比，把认知过程理解为信息加工、处理同化的过程，把一切智能系统理解为物理符号运算系统。这种研究方法汲取了控制论、信息论和系统论的精华，又兼顾了内省主义和行为主义的长处，使人们能从环境到心智到环境的信息流中来分析问题，使心智问题研究具有实验上的严格性和理论上的一贯性的特点，但其机械性的缺陷也十分明显。心智是极其复杂的，人类的信息加工与机器的信息加工方式有根本上的不同。例如人具有在语境中灵活地处理歧义的能力，机器则要求不受语境约束的精确性，即要求意义语境无关。这种明显的矛盾是认知主义最大的困惑。

认知外在主义方法是指从心智之外的行为、文化等因素来解释心智的功能的方法论。认知语境主义方法是指从心智的内在和外在因素整合上认识心智的方法论，这种整合也即相关认知多因素的整合，表现出认知内在主义和认知外在主义方法的整合。

认知科学的研究思路如图 3-5 所示，可从以下方向考虑：

- 认知科学的研究思路
  - 认知心理学(cognitive psychology) 路径
  - 人工神经网络(artificial neural network) 路径
  - 认知神经科学(cognitive neuroscience)路径

图 3-5　认知科学的研究思路

(1)“认知心理学”路径。把人脑与计算机进行类比，将人脑看做与计算机相类似的信息加工系统。用计算机的一般特征来解析人的心理：人对知识的获得，如计算机一样，也是对各种信息的输入、转换、存储和提高的过程。人的认识的各种具体形式就是整个信息加工的不同阶段。但这种类比只是机能性质的，而不管脑的生物细胞和电子元件之间的区别。这类研究采用从上向下（top-down）的策略，也就是先确认一种心理能力，再去寻找它所具有的计算结构。

(2)"人工神经网络"路径。人的认知看作是神经网络的活动，但这种神经网络模型是人工的，与真正的神经及其凸出连接并不相同。该研究采用一个从下向上的策略，首先建立一个简单的或理想化的神经网络模型；然后再考察这个模型所具有的认知功能，从最简单的模型入手，不断增加它的复杂性，就有可能模拟出真正的神经网络；最终再现人脑工作机理，了解认知的真相。

(3)"认知神经科学"路径。采用从下自上的研究策略，但与人工神经网络不同，认知神经科学立足于功能定位和神经元理论，从真正的大脑工作入手，运用一些技术手段(如脑功能成像)来研究。由于各种无损伤技术手段(如 ERP、MEG、PET 和 fMRI)的出现，使研究者可以直接观察大脑活动的功能区域、加工过程及特点。

3.1.3 脑与认知科学的研究意义

学习脑与认知科学可以为后续以下的科目学习及研究提供脑与认知的基本概念和基本原理：人工智能、自动推理、知识发现、计算机视觉、自然语言处理、神经网络、模式识别、机器学习。脑与认知科学也是现代脑科学、认知科学、心理学、神经科学、数学、语言学、人类学乃至自然哲学等学科交叉发展的结果。

脑与认知科学是从脑科学和认知科学两个角度研究人类智能的一门学科，如图 3－6 所示。其中，认知科学研究知觉、人脑记忆、人脑推理、概率决策、脑的知识表征、自然语言等；脑科学研究神经系统，脑的基本构造，脑的功能结构，脑的工作原理，意识与睡眠等。认知科学是从整体入手，用系统的观点，在整体水平以及整体各部分之间的相互联系和相互作用中，逐渐向下深入，自顶向下的研究人类智能。脑科学则是从细胞，乃至分子的水平入手，由基础向上，把功能与结构研究结合起来，自底向上的研究人类智能。人工智能则是通过研究人类智能得到了启示，让计算机模仿人类智能发展出的技术。比如在图 3－6 中：①表示人的视知觉，则Ⓐ表示计算机视觉技术；②表示人脑推理，则Ⓑ表示自动推理技术；③表示脑的知识表征，则Ⓒ表示语义网和知识图谱技术；④表示自然语言，则Ⓓ表示计算机自然语言处理技术；⑤表示脑的神经网络，则Ⓔ表示人工神经网络技术等。其实，两个学科研究内容的对应关系还有很多，这里不再一一举例。因此，将人类智能和人工智能合并起来形成的学科称为智能科学与技术。值得注意的是，对人类智能的研究和人工智能技术的研究是互补互促的关系，彼此相互作用、取长补短、互相推动、携手并进，因而对人类智能的研究会对新的人工智能技术产生起到至关重要的作用，而充分利用人工智能的高效处理信息的特长又会辅助人类智能。这样，人类才会更好地认识世界和改造世界。人工智能是以机器为主体，模拟人类智能而发展出来的。人工智能的核心是对人脑功能的模拟。作为模拟，人工智能就不是机器作为主体的智能，而是人的智能向机器的传导和转

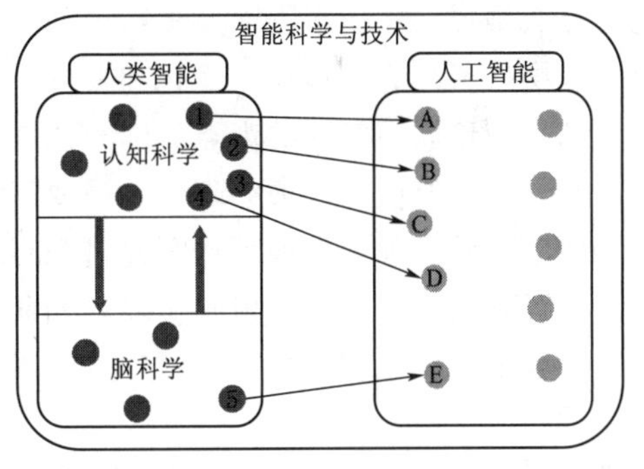

图 3－6 脑与认知科学和人工智能的关系

移。机器本身没有智能，它不能自我控制和自我调节，不能作为智能活动的主体。

在研究和学习脑与认知科学的过程中，更好的理解辩证唯物主义的哲学观点：

(1) 物质决定意识的观点。意识是人类对自身以及周围世界觉知的心理现象，是指人所特有的精神活动，包括感性认识活动、理性认识活动以及感情、意志等一系列复杂的心理活动。从脑与认知科学的观点来看，意识是脑的机能。具体讲，丘脑由神经元构成，每个丘脑神经元都通过遗传烙上特定遗传信息，不同的神经元遗传信息不同，数个神经元合成能够表示一个意思，这个意思即为丘觉，简单地说就是丘脑神经元的觉醒。当数个丘脑神经元觉醒后，就显示了一个意思，也就在脑中产生了意识。而神经元是构成丘脑的物质，遗传信息通过遗传而固定在丘脑神经元中。引导学生思考辩证唯物主义中的物质决定意识这一思想。物质是不依赖于人的意识、并能为人的意识所反映的客观实在。无论是自然界的存在与发展，还是人类社会的存在和发展，它们都不依赖于人的意识。这种不依赖于人的意识的客观实在性就是物质性。整个世界是不依赖于人的意识而客观存在的物质世界，世界的本原是物质。物质对意识具有决定作用。物质决定意识，意识是对物质的反映，意识不是自生的和先验的，认识世界的形式是主观的，认识世界的内容是客观的。

(2) 对立统一的观点。用对立又统一的思想贯穿研究并学习脑与认知科学这门学科是必要的。脑与认知科学分成脑科学部分和认知科学部分，其中脑科学部分是自底向上的研究人类智能，认知科学部分是自顶向下的研究人类智能。分开理解学习这两部分知识，虽然研究方向完全相反，但是认知科学中的很多实验结果和脑科学的实验结果不谋而合，它们统一并相互呼应上推动着脑与认知科学研究的不断发展。对立统一的哲学规律揭示了无论在什么领域，任何事物以及事物内部以及事物之间都包含着矛盾。而矛盾双方的统一与斗争，推动着事物的运动、变化和发展。

(3) 理论联系实际的观点。脑与认知科学的研究需要首先进行很多相关实验，然后通过实验的结果对应于相关的理论，需要深刻理解马克思主义的理论联系实际、实事求是、在实践中检验真理和发展真理等并将观点融入其中。与此同时，融入马克思主义实践论当中从实践到认识，再从认识到实践，如此实践、认识、再实践、再认识，循环往复以至无穷，一步步地深化和提高，培养学生改革创新、积极进取、敬业奉献的工匠精神。

3.2　脑与认知科学的历史与前景

3.2.1　脑科学的历史与前景

对人脑的探索，人类走过漫长的道路。人类对大脑的关注，肇始于早期文化普遍具有的灵魂观念。

1. 古代西方对人脑的研究历史

古代的西方人类对于人脑的探索历史如下：

(1) 希腊文明时期，柏拉图等猜测大脑正是灵魂的居所。

(2) 公元前 460—公元前 377 年，古希腊医学家希波克拉底提出脑是精神活动的器官，并认为人的一切感觉和情感都是由脑产生的；由于脑，我们思维，理解，听见，知道丑和美，善和恶，适意和不适意。

(3) 公元前 384—公元前 322 年，亚里士多德从哲学的角度来分析和认识脑，认为人的大脑只是一个空气调节器，其功用在于冷却过热的血液，以协调心脏的理性活动。亚里士多德的这种对脑的认识充满了唯心主义的臆测，是一种倒退的理念。

(4) 129—199 年，罗马名医盖仑通过对脑的一些解剖，批判了亚里士多德的关于脑是空气调节器，是用于冷却过热的血液，以协调心脏的理性活动的观点，认为脑是理性灵魂的器官，感觉、记忆、思维、想象、判断等都是脑的功能。

(5) 1543 年，第一部真正记载神经科学的医学巨著诞生了。维萨里出版了《人体的构造》。进行了当时最全面、最准确的大脑解剖学构造的描述。

(6) 1621—1675 年，英国医师威利斯，出版了《脑的解剖学，兼述神经及其功能》，其中对神经系统作了当时最完整、最精确的描述。他把人的记忆和意志定位在脑的沟回内，把某些情绪定位在人脑的基部，同时对想象和感官知觉也作了相应的定位。

(7) 17 世纪，唯理论者笛卡尔借用物理学中的反射概念来解释人体的活动并由此创立了神经反射论，他认为人和动物只有在神经系统的参与下，才会实现对外界刺激的应答反应。

(8) 18 世纪前叶，意大利医生和生物学家佛洛恩斯摘除不同动物的大脑区域来观察对这些动物有什么样的结果。他发现，摘除不同的脑区之后，并不是脑的特定功能受到损害，而是所有功能都逐渐减弱。这样的事实清楚地表明，将不同的功能选择性地完全定位于脑的某一特定区域是不可能的。于是，这种认为脑是均一的，没有专一功能区域的设想，就导致了脑的整体性活动概念出现。

(9) 18 世纪后期，德国医生加尔带领着一群信徒，通过研究死后的人颅骨的物理特征，再与死者生前的性格特征匹配，发展出一套理论，称为“颅相学”。其中，以颅骨的表面隆凸作为脑的特征，将头骨分成 39 个区域，相应地将人类复杂的心智功能也分成 39 种，包括“繁衍的本能”“爱”“友谊”“谨慎”“仁慈”“希望”“记忆”“数学概念”“文字知觉”“推理”“比较”“空间方位感”“因果关系”“时间知觉”“大小知觉”等。

(10) 18 世纪末，意大利人伽伐尼发现蛙腿可因神经接受电刺激而收缩，神经肌肉活动时有电产生。动物电现象的发现迅速扫除了古代把神智活动看成是灵魂、元气、精灵或微小颗粒等活动的旧观念，而以动物电活动的新观念取代之。人们从此认识到，神经活动（包括脑活动）的实质是独特的生物电活动，即神经传导。

2. 我国古代对人脑的研究历史

对于脑科学的研究，我国古代也有诸多学者试图探究人脑与心理活动的关系，具体如下：

(1) 战国时期的《黄帝内经》提出萌芽状态的“脑髓说”。

(2) 东汉，则有《春秋元命苞》一书，言脑神甚确。书中说道：“头者，神所居。上圆象天，气之府也。”这句话里，头脑为神明之宅的语意相当明显。

(3) 唐代的孙思邈著有《千金要方》，里面也有对脑的认识的记载“头者，身之元首，人神之所法……故头痛必宜审之，灸其穴不得乱，灸过多则伤神。”

(4) 明代的李时珍著《本草纲目》，里面也有对脑的描述“脑为元神之府”。

(5) 清代的刘智（～1655—1745年）在其哲学、心理学著作《天方性理》中，详细探讨了人脑皮层不同部位功能差异。

(6) 清代的名医王清任（1768—1831年）曾对百余具因瘟疫而死的小儿尸体和刑事犯的尸体进行解剖研究，在《医林改错》中进一步发展了脑髓学说。

3. 近现代脑科学的研究历史

近现代脑科学的研究历史如下：

(1) 19世纪后叶，法国医生布洛卡检查了一个不会说话的病人，他可以理解语言，但在说话时只能发音“Tan”，不会发别的音。几天后他去世，对他的大脑研究发现他大脑的损伤区域在左侧大脑半球前部，也就是脑功能结构中著名的布洛卡区。这种病变现在被称为运动性失语症。

(2) 在19世纪、20世纪之交，有相当多的神经组织学家包括意大利人高尔基认为，多个神经细胞的分支是互相连续的，它们形成网络，细胞理论并不适用于神经细胞。这就是神经网络学说。

(3) 19世纪末，卡赫尔发明的以他的名字命名的染色法奠定了神经元学说基础。

(4) 20世纪初，巴甫洛夫创立了高级神经活动的条件反射学说。

(5) 20世纪40年代，微电极的发明开创了神经生理研究，对神经活动的认识出现了重大的飞跃。

(6) 20世纪60年代，神经科学蓬勃发展，从细胞与分子水平研究脑科学，无创伤大脑成像技术为人们认识活体脑的活动及分析其机制提供了前所未有的强大工具。

(7) 1989年，美国率先推出了全国性的脑科学计划，并把20世纪最后十年命名为脑的十年。

(8) 20世纪90年代开始，人们开始重视脑科学研究中整合性的观点；美国和欧洲分别提出各自的脑的十年计划。

(9) 1995年日本学术会议设立脑科学和意识问题特别委员会；1996年日本科学技术厅在总结它和通产省等1986年所提出人类前沿科学计划十年实践结果的基础上，提出了“脑科学时代—脑科学研究推进计划”。

(10) 20世纪末，对人脑认知功能及其神经机制进行多学科、多层次的综合研究；西方几乎所有著名的大学都设有脑科学或认知科学研究机构；我国政府在《国家中长期科学和技术发展纲要（2006—2020年）》中，将脑与认知科学列为我国基础研究中的重大科学前沿问题。

21世纪被许多科学家称为“生物科学、脑科学的百年”。分子神经生物学从基因和生物大分子的角度，对神经活动基本过程的分子调控机制进行了探索，在细胞水平上对神经元网络结构与功能之间关系进行研究，对突触传递及神经系统可塑性以及神经元与神经胶质之间的相互作用有了更深入的了解。脑功能成像技术的出现，使在正常状态下整体研究脑的高级功能活动成为可能；高级脑功能的研究如感觉信息加工、学习与记忆的机理、抉择的神经经济学、语言文字的理解等方面也都取得了很大的进展。当前计算机和人脑相比还有很大的差别。平均约1.5kg重的人脑中总共有万亿（10^{12}）个神经元，每个神经元有上千个突触，每一个突触都有运算功能，一个神经元相当于一台微型计算机。而一片超大规模集成电路只有数百万个晶体管。另一方面，突触的反应速度只有大约千分之几秒。计算机门电路的开关速率可达每秒数十亿次。神经中的电脉冲的传导速度只有每秒几十米，而计算机中电信号的传播速度接近于光速。如何发挥出人脑还未挖掘的潜力将是对未来脑科学研究的期待。

脑科学的发展历程如图 3－7 所示。

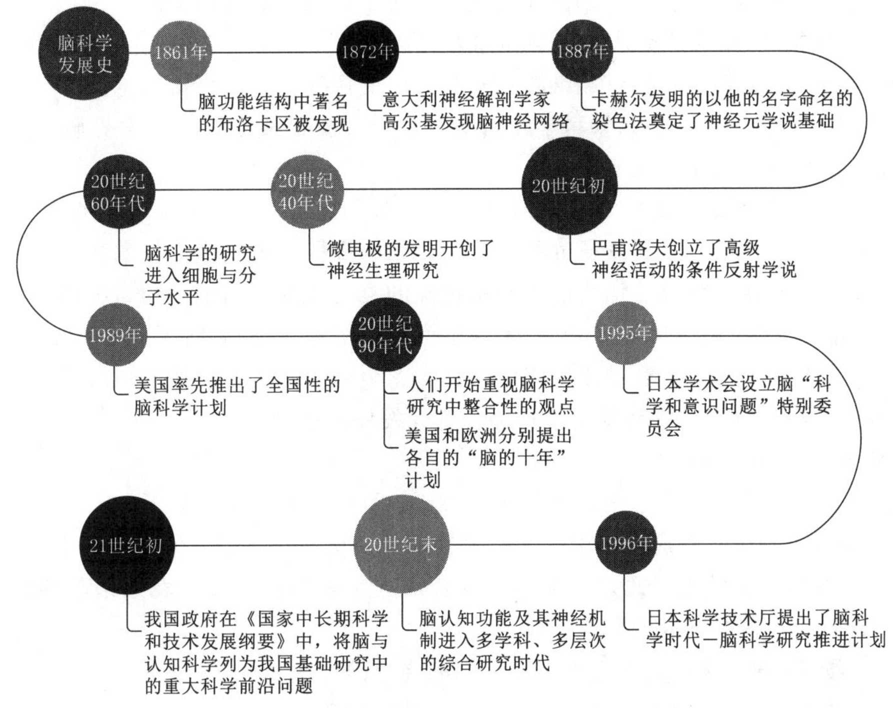

图 3－7　脑科学的发展历程

3.2.2　认知科学的历史与前景

认知科学是 20 世纪世界科学标志性的新兴研究门类，它作为探究人脑或心智工作机制的前沿性尖端学科，相对于脑科学的研究，认知科学是一门相当年轻的学科。

1. 国外对认知科学的研究历史

国外对认知科学的研究历史可以概括如下：

(1) 正式使用“认知心理学”一词，是 1967 年美国心理学家奈塞（认知心理学之父）在他的《认知心理学》中正式提出来的。

(2) “认知科学”这个词汇，首次出现于公开发行物，目前被认为是在 1975 年 D. G. Bobrow 和 A. Collins 编著的 *Representation and Understanding*：*Studies in Cognitive Science* 一书中。

(3) 1977 年 *Cognitive Science* 创刊。

(4) 1979 年，美国的认知科学学会成立。同年，在加利福尼亚大学圣地亚哥分校召开了第一届认知科学会议，比人工智能的达特茅斯会议晚了 23 年。在那次会议上，主持人诺尔曼（D. A. Norman）所作的报告《认知科学的 12 个主题》为认知科学的研究选择了目标，成为认知科学的纲领性文献。

（5）第一代认知科学研究形成了始终围绕“心智”和“智能”两个主题的基本态势。然而，海德格尔和梅洛庞蒂认为心智的本质源自身体的经验，即“大脑之外的改变在大脑之内”，人的心智活动并不是人对外部世界客观的、真实的反映，是由人的身体经验所获得，由人的感觉运动系统所形成的。第二代认知科学进入了具身认知阶段。

（6）20 世纪 90 年代，被认知科学界称为“脑十年”。1991—1992 年，在“无身认知”时期受到排挤的认知神经科学，相继在欧洲和美国的认知科学学界得到承认。

（7）进入 21 世纪，一些认知科学家将脑科学与计算机科学、心理学等研究的高度结合看作是第三代认知科学发展契机。

（8）2004 年霍华德在《神经模拟语义学》一书中提出了第三代认知科学的概念。第三代认知科学是在认知神经科学研究的基础上，结合高科技的脑成像技术和计算机神经模拟技术，阐释人的认知活动、语言能力与脑神经的复杂关系，揭示人脑高级功能秘密。

（9）21 世纪初，美国国家科学基金会和美国商务部共同资助了一个雄心勃勃的计划——“提高人类素质的聚合技术”将纳米技术、生物技术、信息技术和认知科学看作是 21 世纪四大前沿科技，并将认知科学视为最优先发展的领域。

2. 我国对认知科学的研究

我国对认知科学的研究也很重视，我国对认知科学的研究总结如下：

（1）1988 年，在北京成立中国科学技术大学北京认知科学开放研究实验室。

（2）1996 年，实验室与北京磁共振室联合成立了中国科学院—北京医院脑认知成像中心，这也是我国首个脑成像研究实体。

（3）我国于 2001 年正式成为人类脑计划的会员国之一。

（4）国内认知科学界组织了 2001 年在北京召开的第三届国际认知科学大会，一批国际认知科学界最有影响的学术带头人出席了这次大会。

（5）2005 年，国家科技部批准成立了两个与智能科学有关的国家重点实验室，一个是脑与认知科学国家重点实验室，依托单位是中科院生物物理研究所；另一个是认知神经科学与学习国家重点实验室，依托单位是北京师范大学。

对于认知科学的研究前景，我们需要重新思考把认知和智能本质上看成是计算的、目前占统治地位的认知的计算理论，认知科学的最新发展趋势突出地反映在认知神经科学的研究方向和基于环境的认知研究方向，这些新的发展趋势表明，仅仅基于计算的、把大脑的认知活动跟环境隔离开来的认知研究是不够的。另外，认知科学研究将要破解人类心智的奥秘，它的最终目标是要制造出一种人工神经网络系统。根据塞尔的人工智能模型，目前的计算机系统是没有智能的，而人工神经网络系统却是具有人类大脑功能的智能系统。只需设想一下人工神经网络系统在现代科学技术和人类现实生活中可能的应用，认知科学的重要性是不言而喻的。其次，在 21 世纪的 4 个带头学科纳米技术、生物技术、信息技术和认知科学中，认知科学是最重要的，它是 4 个带头学科中的带头学科。认知科学与纳米技术、生物技术和信息技术结合在一起，再加上社会科学的发展，将会从根本上改变人类的生存方式，甚至改变我们的物种。

认知科学发展历程如图 3-8 所示。

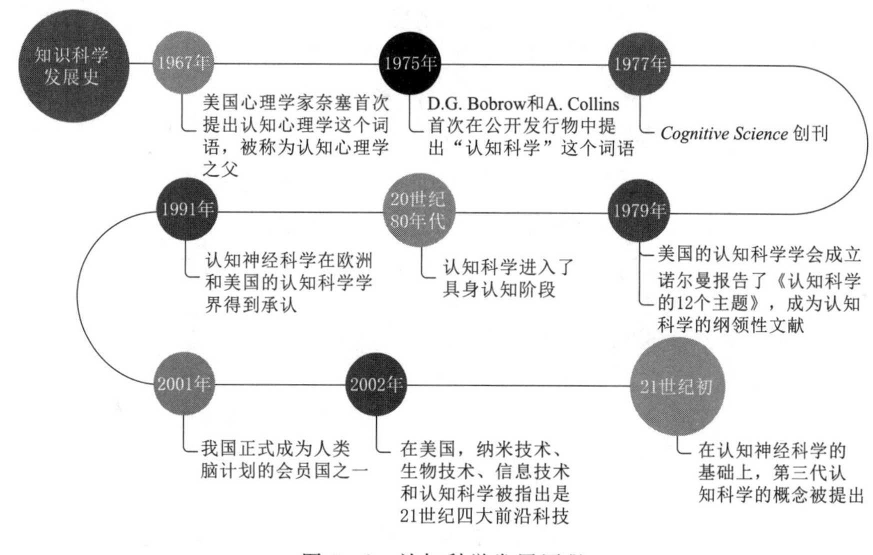

图 3-8 认知科学发展历程

3.3 脑与认知科学在人工智能技术中的影响及应用例

3.3.1 从脑的知识表征到知识图谱技术

脑的知识表征是指知识在人脑中的存储和组织形式或知识在人脑中的呈现方式。同样的知识在脑中的呈现方式是不同的，既可以用表象编码也可以用抽象符号编码。信息加工观点，即符号取向的观点认为，知识是人脑对具有符号性质的信息进行加工处理的结果并以某种抽象、概括的形式存储在人脑中。人的认知系统是通过检索人脑中已经组织好的类似于百科全书的知识体系，来查阅和提取自己所需要的相关信息项目。人类复杂的知识系统，是以大脑中有组织的类似神经元的实体的联结方式予以存储、组织和呈现知识表征包括概念、命题、脚本、图式、表象、产生式规则等。人脑中的知识表征是以符号表征的。人脑用符号代码来存储外界环境中各种各样的刺激和事件信息。知识表征存于人的整个心理表征系统之中。

作为知识表征的一种重要手段，奎琳于 1968 年在他的博士论文中首先提出了语义网络的概念。语义网络是一种以网络格式表达人脑中的知识构造的形式。奎琳发现，人脑中的概念是相互联系的，每个概念都具有两种关系，一是每个概念都具有从属其上级概念的特征，这决定了知识表征的层次性；二是每个概念都具有一个或多个特征。在该模型中，语义记忆的基本单元是概念，每个概念具有一定的特征。有关概念按逻辑的上下级关系组织起来，构成一个有层次的网络系统。语义网络如图 3-9 所示，其中圆点为节点，代表一个概念；概念之间带箭头的连线表示概念之间的从属关系。每个概念向外延展的连线表示概念所拥有的属性。语义网是分层的，对高层次类别为真的属性，在所有低于它的类别中也为真。比如，动物会呼吸，那么所有的鸟会呼吸。

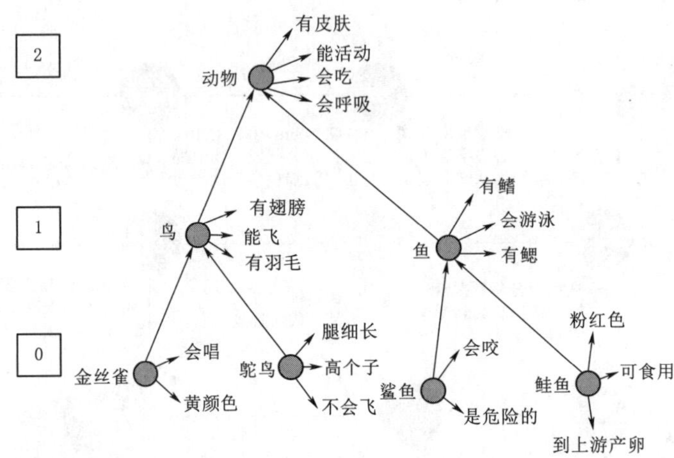

图 3-9 语义网络

在语义网络被提出后，受到语义网络的启发并经过不断的演变，这种人脑的知识表征方法被应用到人工智能领域，最终演变为今天的知识图谱技术（图 3-10）。首先，在1977 年的第五届国际人工智能会议上，知识工程的概念首次被提出，知识工程是人工智能的一种方法，对那些需要专家知识才能解决的应用难题提供求解的手段。恰当运用专家知识的获取、表达和推理过程的构成与解释，是设计基于知识的系统的重要技术问题。1991 年，美国计算机专家尼彻斯提出了一种利用"知识本体"和"问题求解方法"构建智能系统的新思想，"知识本体"是知识库的核心，涉及特定领域共有的知识结构，属于是静态的知识；"问题求解方法"涉及在相应领域的推理知识，属于动态知识。1998 年，万维网联盟的蒂姆·伯纳斯·李提出语义网的概念。这里的语义网是属于一种计算机技术，已经不同于当时奎琳于 1968 年提出的语义网络了，因为语义网络是用来描述人脑的知识表征的。语义网是能够根据语义进行判断的智能网络，实现人与电脑之间的无障碍沟通。它好比一个巨型的大脑，智能化程度很高，协调能力强大。在语义网上连接的每一部电脑不但能够理解词语和概念，而且还能够理解它们之间的逻辑关系，可以干人所从事的工作。语义网中的计算机能利用自己的智能软件，在万维网上的海量资源中找到你所需要的信息，从而将一个个现存的信息孤岛发展成一个巨大的数据库。2002 年，机构知识库的概念被提出，知识表示和知识组织开始被深入研究，并广泛应用到各机构单位的资料整理工作中。2012 年，Google 提出知识图谱的概念。知识图谱技术是人工智能技术的重要组成部分，以结构化的方式描述客观世界中的概念、实体及其间的关系。知识图谱技术提供了一种更好的组织、管理和理解互联网海量信息的能力，将互联网的信息表达成更接近于人类认知世界的形式。知识图谱如图 3-11 所示，本质上是一种揭示实体之间关系的语义网。知识图谱为互联网上海量、异构、动态的大数据表达、组织、管理以及利用提供了一种更为有效的方式，使得网络的智能化水平更高，更加接近于人类的认知思维。

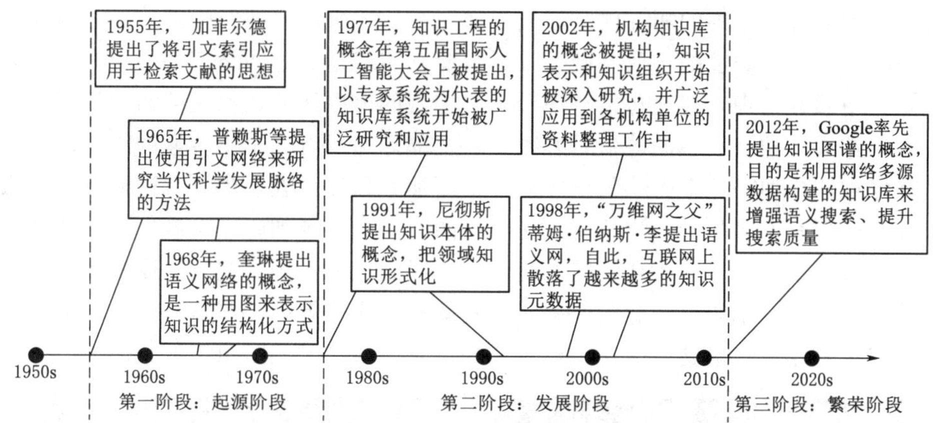

图 3－10 从语义网络到知识图谱

3.3.2 从脑神经网络到人工神经网络技术

除了知识图谱技术的另一项重要技术——人工神经网络也是模仿自然智能中的生物神经网络被提出的。人脑主要是由神经细胞和神经胶质细胞组成，其中，神经胶质细胞只负责脑的营养供给工作；真正对人类智能起决定作用的是神经细胞，即神经元，它们是神经系统的结构与功能的基本单位，负责接收刺激与传导活动。神经细胞如图 3－12，是由细胞体和细胞体发出的轴突和树突两部分组成。树突短而多，与树枝相似，所以被称为树突；而轴突长似轴，所以被称为轴突。轴突末梢会与其他的神经细胞的树突和细胞体相互接触，被称为突触。树突与细胞体一起组成细胞的感觉区，接收其他神经元或感觉细胞从四面八方传来的冲动。轴突及其末梢可以向其他神经元发送神经冲动，神经冲动也叫神经兴奋，是一种电冲动，可以从轴突传到下一个细胞的树突和细胞体，信息就是靠这种电信号在细胞间得以传递。前一个神经细胞的电冲动如果直接跨越小的间隙向下传递，就被称为电突触。在大的间隙之间，需要依靠化学物质进行传递，这种突触就是化学突触。高等动物特别是人脑，突触的主要类型是化学突触。

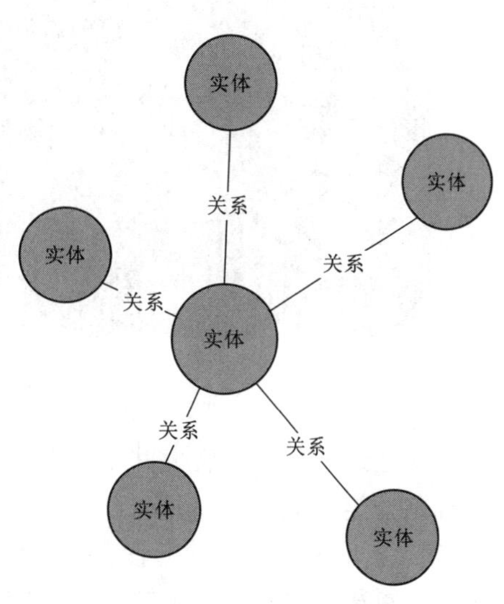

图 3－11 知识图谱

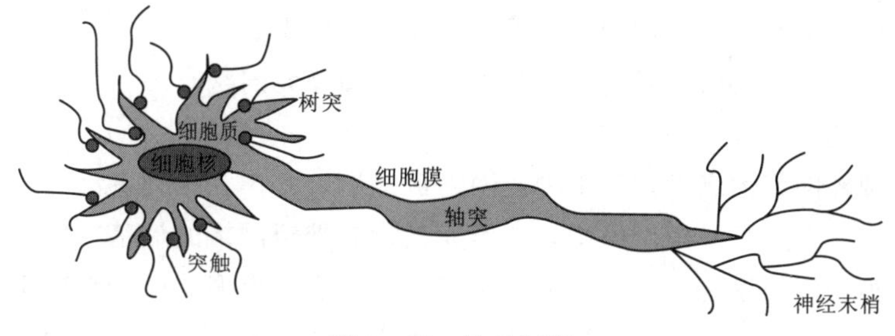

图 3－12 神经细胞

神经细胞经过一系列的相互联结形成了如图3－13所示的神经网络，其中的神经细胞和突触是脑功能和可塑性的物质基础。人类智能其实就是神经网络工作的结果。人的认知能力知觉、情感、推理，甚至包括意识和无法控制的体内活动，都是脑的神经网络工作的结果。在工作中，神经细胞的电信号遵循一种全部传递或者完全不传递的原则。如向一个单一的神经细胞施加一连串微小的电脉冲并逐渐加大脉冲强度，当没有达到所谓的激活阈值的时候，电信号不会传导，当达到激活阈值的时候，神经细胞则会激发出一个脉冲并沿着神经纤维传导下去。科学家认为脑充当了一个译码机的作用。视神经受到刺激产生了一个编码，脑收到这个编码，用它的密码表将其翻译，作出解释。在这一点上，电脑的工作原理其实与人脑相似。电脑在工作中，依靠的也是一些“0”和“1”的编码。

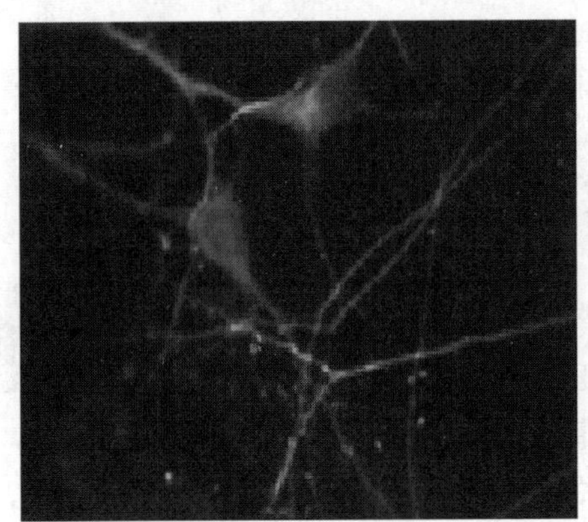

图3－13 神经网络

值得注意的是人类智力并不是天生就确定不变的，这是因为人类智力水平并不取决于神经细胞的绝对数量，而是与脑细胞之间建立起来的网络的复杂性密切相关。其实神经细胞的数量在人类出生后的几个月里基本就固定下来了，以后也不再增长。但是，神经元虽然不可以再生，但神经元上面的突触可以再生。正是由于突触具有强大的可增长性的，神经网络是可以不断变化，从简单的神经网络变为复杂的神经网络。由于神经系统的复杂，可以使得人类的各种高级心理活动成为可能，智力水平也会增长。对生物神经网络的特点如果进行总结，应该包含以下基本特征：

(1) 神经元及其连接。

(2) 神经元之间的连接强度决定信号传递的强弱。

(3) 神经元之间的连接强度是可以随训练而改变的。

(4) 信号可以是起刺激作用的，也可以是起抑制作用的。

(5) 一个神经元接收的信号的积累效果决定该神经元的状态。

(6) 每个神经元可以有一个阈值。

受到生物神经网络的启发，人工神经网络被提出，并作为一种主流的人工智能技术得到很广泛的应用。在生物神经网络中，神经元是构成神经网络的最基本单元。因此，要想构造一个人工神经网络系统，首要任务是构造人工神经元模型。而且它还应该具有上面指出的生物神经元的六个基本特性，即人工神经元应该可以模拟生物神经元。对于每一个人工神经元来说，它可以接受一组来自系统中其他神经元的输入信号，每个输入对应一个权，所有输入的加权和决定该神经元的激活状态。这里每个权就相当于突触的连接强度。神经元在获得输入后，它还需要有适当的输出。按照生物神经元的特性，每个神经元有一个阈值，当该神经元所获得的输入信号的积累效果超过阈值时，它就处于激发态，否则处于抑制态。将人工神经元的基本模型和激活函数合在一起构成了人工神经元。人工神经元基本模型如图 3－14 所示。

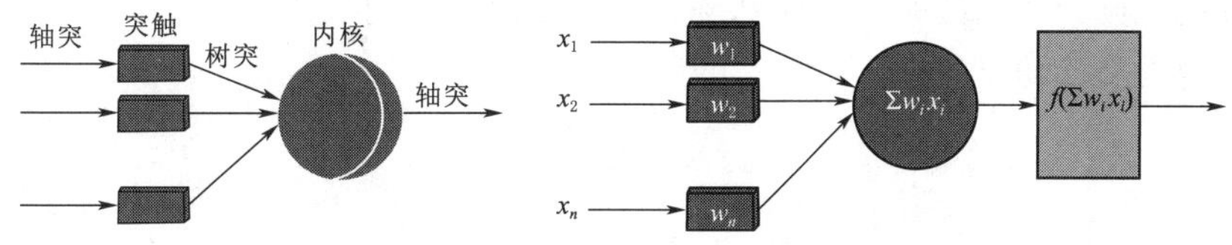

图 3－14　人工神经元基本模型

人工神经元经过组织和联接就可以形成人工神经网络了。事物在人脑中的表征具有分块的特征，这一点可以启发我们在组织人工神经网络可以分成不同的组块，在拓扑表示中，不同的组块可以被放入不同的层中，如可以有输入层、输出层、隐藏层。人工神经网络如图 3－15 所示，其中层次的划分导致了神经元层内联接、循环联接和层间联接三种不同的互联模式。人工神经网络由于具备大规模并行处理，分布式存储、弹性拓扑、高度冗余和非线性运算的特点，因而具有很高的运算速度，很强的联想能力，很强的适应性，很强的容错能力和自组织能力。这些特点和能力构成了人工神经网络模拟智能活动的技术基础，并在广阔的领域获得了重要的应用。它已经很广泛地被应用到机器学习的算法中，在通信领域人工神经网络可以用于数据压缩、图像处理、矢量编码、差错控制、自适应信号处理、自适应均衡、信号检测、模式识别、ATM 流量控制、路由选择、通信网优化和智能网管理等。

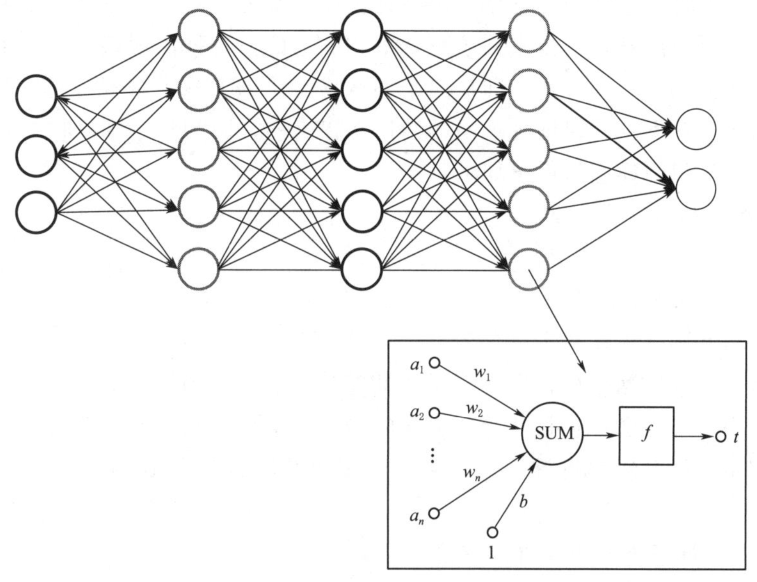

图 3－15　人工神经网络

3.3.3 从脑推理到自动推理技术

古人就已经开始对人脑的推理进行研究，对人脑推理较形式化的研究可以追溯到三段论。亚里士多德将逻辑建立成一门正式的学科来形式化的研究人脑的推理并提出三段论，作为研究人脑进行基础推理的一种手段。而亚里士多德提出的三段论，简单来说，三段论由大前提、小前提和结论三个部分组成，它在逻辑上是从大前提和小前提得出来的。大前提是一般性的原则。小前提是一个特殊陈述。某三段论的例子如下：

所有人都是必死的，

苏格拉底是人，

⋮

所有苏格拉底是必死的。

脑推理一般有演绎推理、归纳推理和溯因推理三种方式。

(1) 演绎推理，是一般的规则和原理中导出具体事实的过程，也就是从一般性的前提出发，通过推导即“演绎”，得出具体陈述或个别结论的过程。三段论就是演绎推理。演绎推理一般都是从两个前提得出一个结论的过程。使用演绎推理的方法，只要前提正确得到的结论也一定是保证正确的。某演绎推理的例子如下：

前提 1：如果某地下雨，去那里就要带伞。

前提 2：北京下雨了。

结论：去北京要带伞。

(2) 归纳推理，是一种由特殊具体的事例推导出一般原理、原则的推理方法。自然界和社会中的一般，都存在于个别、特殊之中，并通过个别而存在。一般都存在于具体的对象和现象之中，因此，只有通过对个别的归纳才能得出一般的结论。所以，人们在解释一个较大事物时，需要从个别的事物概括出各种各样的带有一般性的原理或原则，然后才可能从这些原理、原则出发，再得出关于个别事物的结论。这种认识秩序贯穿于人们的解释活动中，不断从个别上升到一般，即从对个别事物的认识上升到对事物的一般规律性的认识。但是归纳推理并不一定保证推理出的结论是正确的，因为对个别事物的归纳有可能会漏掉一些事实。某归纳推理的例子如下：

事实 1：中国的鹅是白色的。

事实 2：美国的鹅是白色的。

事实 3：英国的鹅是白色的。

结论：世界上所有的鹅都是白色的。

(3) 溯因推理也称溯因法，也译作反绎推理，是从事实和导出该事实的推理规则反向导出前提的过程。换言之，它是开始于事实的集合并推导出它们的最合适的解释的推理过程。显然，使用这种方法进行推理，得到的结论也是不保证正确的。某溯因推理的例子如下：

前提 1：得了麻疹就会满身起红疙瘩。

前提 2：我满身起红疙瘩。

结论：我得麻疹了。

(4) 对比一下这三种推理方法。首先，三种推理的方式不一样，演绎推理是一般规则和已知的事实推理出隐藏的事实的过程；归纳推理是从很多观察到的事实归纳出一般规则的过程；溯因推理是从一般规则和已知的事实推理出假说的过程。另外，演绎推理、归纳推理、溯因推理导出的结论的保真性也是不同的。所有的前提都保证正确，推理出的结果的正确性不一样，演绎推理是一种保真推理，归纳推理不是保真推理，溯因推理也不是保真推理。

对于脑推理的研究，还有一个非常值得研究的问题，究竟是人脑的哪些区域参与了推理。在戈尔等（2000）的一项 fMRI 的实验中，他们让被试解决三段论推理问题。当被试判断有内容的材料时和判断没有内容材料时激活的脑区，脑与推理如图 3-16 所示。当被试判断没有意义的内容材料时，已被发现在解决代数方程中具有重要作用的顶叶脑区出现激活。当对有意义的内容进行推理时，左侧前额叶和颞叶交界区这两个与语言加工的有关的脑区出现激活。像后者这样的脑区经常在关于现实问题的推理中激活，它们既与在某些问题上较好的表现有关，也与在另一些问题中较差的表现有关。因此，可以看出人脑实际上是通过两种相当不同的途径来处理有语义和无语义的推理问题。

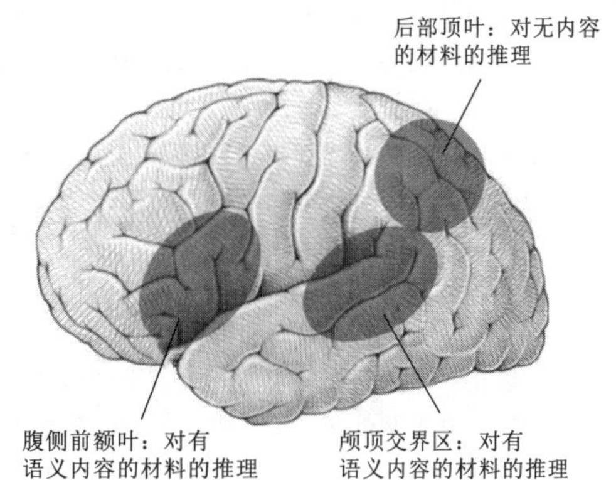

图 3-16　脑与推理

借鉴人脑推理的经验，让机器可以自动推理的相关研究成为了人工智能的一个核心的研究课题。对于自动推理技术的研究早期比较著名的是由纽厄尔和西蒙借助于脑推理的研究在 1967 年提出的物理符号系统的假说。该假说认为：一个物理系统表现智能行为的充要条件是它有一个物理符号系统。这种假说认为，人脑会用一系列的基本符号以及组合这些符号的一些规则去表达一些信息和行为。这些基本符号以及组合这些符号的规则就是所谓的物理符号系统。物理符号系统需要有一组称为符号的实体组成，然后人脑的推理实际上就是按照一定的规则对这些在脑中的符号进行推理。自动推理技术就是仿照人脑的物理符号系统的假说展开研究的。图 3-17 所示的思路就是自动推理的大概流程。首先，先将想推理的现实世界的事物用抽象的数学符号表示出来，一般可以选择一阶谓词逻辑作为工具。这个将现实世界的事物用数学符号表示的过程称为形式化；然后，将形式化后的数学符号输入到计算机中，依照事先设置好的推理规则以及编写的计算机程序进行推理，得到推理出的结论。此时，得到的推理结果都是用数学符号表示的。还需要把这些符号还原成人们易于理解的现实事物的原本表达方法，比如基于自然语言

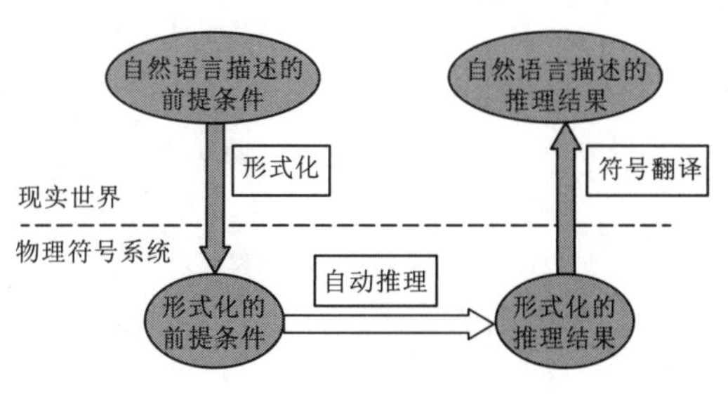

图 3-17　基于物理符号系统的自动推理

的描述，传统的自动推理技术很多都是以物理符号系统为基础的。

参考文献

[1] 武秀波，苗霖，吴丽娟，张辉. 认知科学概论 [M]. 北京：科学出版社，2007.

[2] 唐孝威，陈硕. 心智的定量研究 [M]. 杭州：浙江大学出版社，2009.

[3] 约翰·安德森. 认知心理学及其启示 [M]. 北京：人民邮电出版社，2012.

[4] 沈政，方方，杨炯炯. 认知神经科学导论 [M]. 北京：北京大学出版社，2010.

[5] 王志良. 脑与认知科学概论 [M]. 北京：北京邮电大学出版社，2011.

[6] 中国科学院，国家自然科学基金委员会. 未来10年中国学科发展战略：脑与认知科学 [M]. 北京：科学出版社，2012.

[7] 史忠植. 智能科学 [M]. 北京：清华大学出版社，2006.

[8] 张淑华，朱启文，杜庆东，等. 认知科学基础 [M]. 北京：科学出版社，2007.

[9] 史忠植. 认知科学 [M]. 中国科学技术大学出版社，2008.

[10] 中国科学院心理研究所战略发展研究小组. 认知科学的现状与发展趋势 [J]. 中国科学院院刊，2001，16 (3)：168-171.

[11] 姜虹. 认知科学的兴起及其发展路径 [J]. 学术交流，2009 (9)：28-30.

[12] 王志良. 人工情感 [M]. 北京：机械工业出版社，2009.

[13] 史忠植. 展望智能科学 [J]. 科学中国人，2003 (8)：47-49.

[14] 约翰·克里斯蒂安·史密斯. 认知科学的历史基础 [M]. 武建峰，译. 北京：科学出版社，2014.

[15] R. Harnish. Minds，Brains，Computers：An Historical Introduction to the Foundations of Cognitive Science [M]. Wiley-Blackwell，2001.

[16] E. Smith. Cognitive Psychology：Mind and Brain [M]. Pearson/Prentice Hall，Pearson Education International，2007.

[17] M. Minsky. The Emotion Machine：Commonsense Thinking，Artificial Intelligence，and the Future of the Human Mind [M]. Simon & Schuster，2007.

第 4 章

演化计算与群智能优化

4.1 演化计算发展

随着微电子技术和计算机技术逐步渗透到人类科技的各个领域，技术发展与转型迎来了一个飞速发展的新时代。计算机学科与其他学科的交叉融合为新兴学科的诞生与发展提供了契机，对人类社会产生了深远的影响。与此同时，随着社会发展和进步，人们对计算速度和智能化的硬件、软件以及与之相伴的计算服务能力给予了不断提升的期望。演化计算作为一类适用于求解大规模优化问题的并行且具备自组织、自适应、自学习等智能特征的优化算法得到了广泛关注。

大自然一直是人类解决各种问题获取灵感的思想源泉，生物进化论揭示了生物长期自然选择的进化发展规律，它将生物进化归结为遗传、变异和选择三个主要原因。演化计算就是模拟自然界生物演化过程产生的一种群体导向随机搜索技术和方法，它的基本原则是优胜劣汰的自然选择法则。演化算法采用简单的编码技术来表示各种复杂的结构，并通过对一组编码表示进行简单的遗传操作（再生、杂交和变异）和优胜劣汰的竞争机制来指导对问题空间的搜索。简而言之，演化算法不用了解问题的全部特征，就可以通过体现进化机制的演化过程完成问题的求解。

当今科学技术和工程应用领域具有挑战性的实践问题大都具有高度的计算复杂性、刻画问题特征的条件少的特点，这些特点是使传统方法失效的致命障碍，而演化计算正好可以克服这些困难。一方面，由于演化计算的进化机制，使得算法具有自组织、自适应、自学习和“复杂无关性”的特征，能在搜索过程中自动获取和积累有关搜索空间的知识，并利用问题固有的知识来缩小搜索空间，自适应地控制搜索过程，动态有效地降低问题的复杂度，从而求得原问题的真正最优解或满意解。另外，由于演化算法对于刻画问题特征的条件要求很少，再加上效率高、易于操作、简单通用等优点，从而使得其已经广泛应用于各种不同的领域中。

演化计算发展史，如图 4－1 所示。

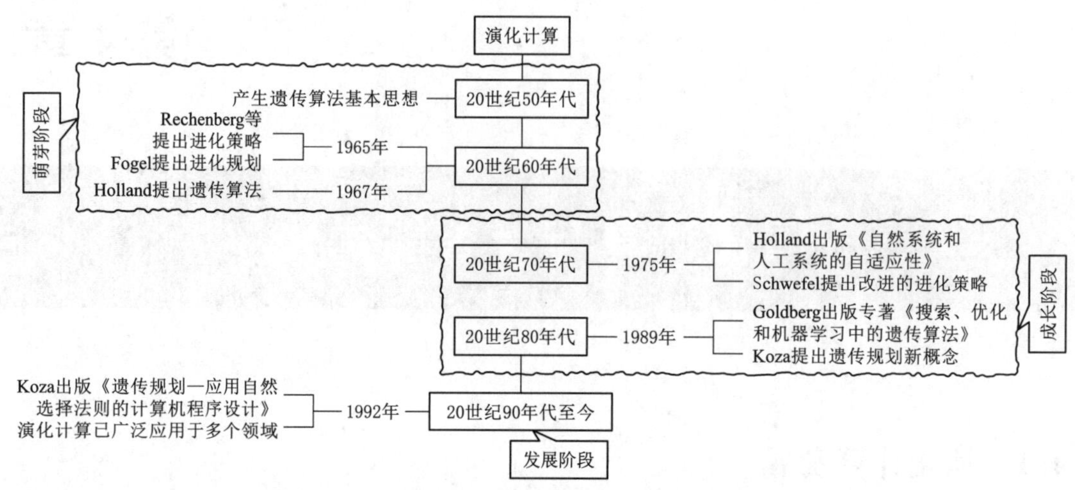

图 4－1　演化计算发展史

4.2　演化计算与群智能优化算法

演化计算是基于模拟自然界中生物演化过程的群体导向随机搜索技术（方法）的总称。演化计算发展的最初阶段主要包括遗传算法（Genetic Algorithm，GA）、演化规划（Evolutionary Programming、EP）和演化策略（Evolution Strategy，ES），20 世纪 90 年代初，在遗传算法的基础上又拓展形成了一个新的分支—遗传程序设计（Genetic Programming，GP），其中以遗传算法最具代表性。

群体智能优化算法是通过模拟简单社会行为实现优化搜索的算法总称。粒子群优化算法与蚁群算法均属于这类算法，其中以粒子群优化算法最具代表性。

本节主要以遗传算法和粒子群算法为代表，对演化计算和群智能优化算法进行较为完整的方法介绍。在此基础上，对多目标智能优化算法及其他群智能优化算法进行概要介绍。

4.2.1　遗传算法

遗传算法是受人类进化历史启示的一种现代启发式优化算法，它的基本思想是来源于达尔文优胜劣汰的进化论，以及孟德尔的遗传学。

众所周知，人类进化起源于森林古猿，从灵长类经过漫长的进化过程一步一步发展而来。经历了猿人类、原始人类、智人类、现代人类四个阶段。人类在进化的历史过程中，实现了不断适应周围环境、提升自身生存能力，以及体现适者生存、优胜劣汰的不断进化、优化的过程。人类进化图如图 4－2 所示。

4.2.1.1　遗传算法起源

遗传算法（Genetic Algorithm，GA）是一种通过模拟自然进化过程搜索最优解的方法。它最早由美国学者 John holland 于 20 世纪 70 年代提出，该算法是根据大自然中生物体进化规律而设计提出的，是模拟达尔文生物进化论的自然选择和遗传学机理的生物进化

图 4-2 人类进化图

过程的计算模型。该算法通过数学的方式，利用计算机仿真运算，将问题的求解过程转换成类似生物进化中的染色体基因的交叉、变异等过程。在求解较为复杂的组合优化问题时，相对一些常规的优化算法，通常能够较快地获得较好的优化结果。遗传算法已被人们广泛地应用于组合优化、机器学习、信号处理、自适应控制和人工生命等领域。遗传算法发展历程图，如图 4-3 所示。

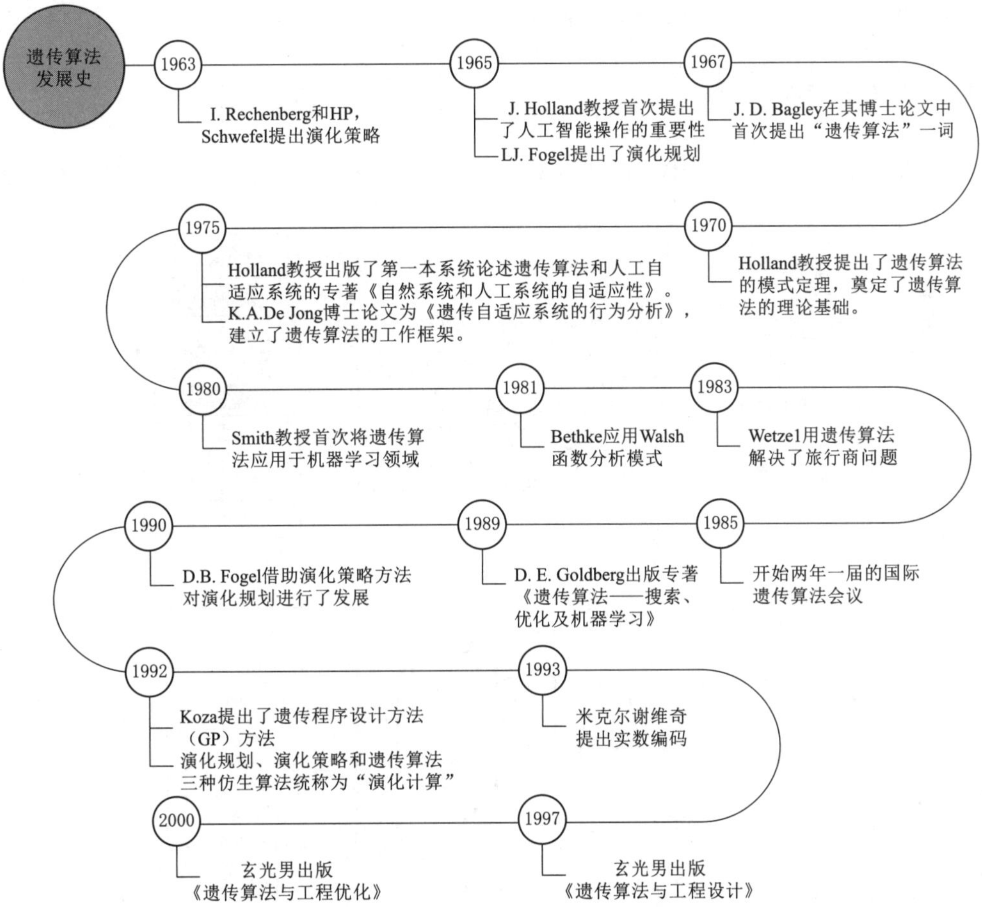

遗传算法发展史

1963
I. Rechenberg和HP，Schwefel提出演化策略

1965
J. Holland教授首次提出了人工智能操作的重要性
LJ. Fogel提出了演化规划

1967
J. D. Bagley在其博士论文中首次提出“遗传算法”一词

1970
Holland教授提出了遗传算法的模式定理，奠定了遗传算法的理论基础。

1975
Holland教授出版了第一本系统论述遗传算法和人工自适应系统的专著《自然系统和人工系统的自适应性》。
K.A.De Jong博士论文为《遗传自适应系统的行为分析》，建立了遗传算法的工作框架。

1980
Smith教授首次将遗传算法应用于机器学习领域

1981
Bethke应用Walsh函数分析模式

1983
Wetze1用遗传算法解决了旅行商问题

1985
开始两年一届的国际遗传算法会议

1989
D. E. Goldberg出版专著《遗传算法——搜索、优化及机器学习》

1990
D.B. Fogel借助演化策略方法对演化规划进行了发展

1992
Koza提出了遗传程序设计方法（GP）方法
演化规划、演化策略和遗传算法三种仿生算法统称为“演化计算”

1993
米克尔谢维奇提出实数编码

1997
玄光男出版《遗传算法与工程设计》

2000
玄光男出版《遗传算法与工程优化》

图 4-3 遗传算法发展历程图

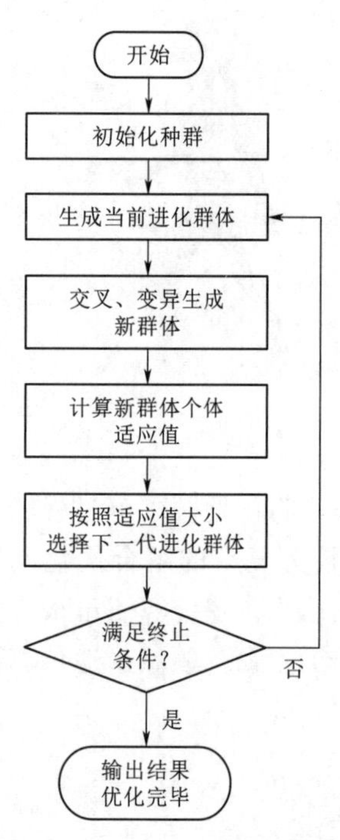

图 4-4　遗传算法运算过程图

4.2.1.2　遗传算法的基本流程

遗传算法根据达尔文“适者生存，优胜劣汰”的思想寻找最优解，并且依概率可以找到全局最优解。算法涉及的主要名词如下：

个体（即染色体）：一个个体代表一个具体问题的解，一个个体可以包含若干基因（即决策变量）。

基因：一个基因代表具体问题解的一个决策变量。

种群：多个个体（染色体）构成一个种群。即一个问题的多组解便构成了解的种群。

遗传算法的目的就是让种群中“优胜劣汰”，最终只剩下一个最优解。基于上述算法思想的遗传算法运算过程如图 4-4 所示，二进制编码遗传算法实现的通用框架如图 4-5 所示。

(1) 初始化：设置进化代数计数器 $t=0$，设置最大进化代数 T，随机生成 M 个个体作为初始群体 $P(0)$。

(2) 个体评价：运用轮盘赌策略计算群体 $P(t)$ 中各个个体的相对适应度为

$$P_i = \frac{F_i}{\sum_{i=1}^{n} F_i} \tag{4-1}$$

式中：n 为群体大小；F_i 为个体 i 的适应度；P_i 为个体 i 被选中遗传到下一代群体的概率。

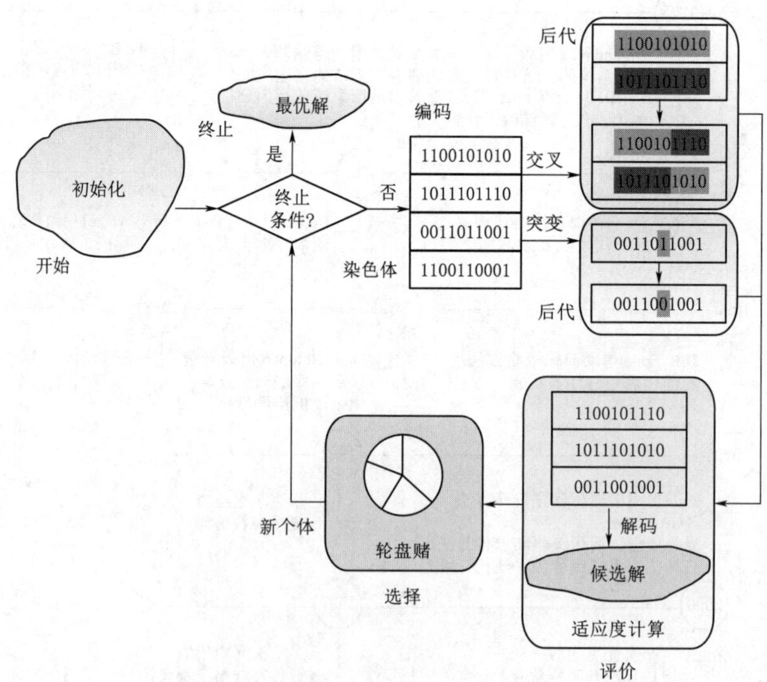

图 4-5　二进制编码遗传算法实现的通用框架

(3) 选择运算：将选择算子作用于群体。选择的目的是把优化的个体直接遗传到下一代或通过配对交叉产生新的个体再遗传到下一代。选择操作是建立在群体中个体的适应度评估基础上的。

(4) 交叉运算：将交叉算子作用于群体。遗传算法中起核心作用的就是交叉算子。

(5) 变异运算：将变异算子作用于群体。即是对群体中的个体串的某些基因座上的基因值作变动。群体 $P(t)$ 经过选择、交叉、变异运算之后得到下一代群体 $P(t+1)$。

(6) 终止条件判断：若 $t=T$，则以进化过程中所得到的具有最大适应度个体作为最优解输出，终止计算。

4.2.1.3 算法设计

遗传算法的设计包括编码、适应度函数、遗传操作算子、初始群体、精英保留策略、参数设定等六方面内容。

1. 编码

由于遗传算法不能直接处理问题空间的参数，因此必须通过编码将要求解的问题表示成遗传空间的染色体或者个体。这一转换操作就称为编码，也可以称作问题的表示。评估编码策略常采用完备性、健全性、非冗余性三个规范。

2. 适应度函数

进化论中的适应度，是表示某一个体对环境的适应能力，也表示该个体繁殖后代的能力。遗传算法的适应度函数也称为评价函数，是用来判断群体中的个体的优劣程度的指标，它是根据所求问题的目标函数来进行评估的。

遗传算法在搜索进化过程中一般不需要其他外部信息，仅用评估函数来评估个体或解的优劣，并作为以后遗传操作的依据。由于遗传算法中，适应度函数要比较排序并在此基础上计算选择概率，所以适应度函数的值要取正值。由此可见，在不少场合，将目标函数映射成求最大值形式且函数值非负的适应度函数是必要的。

适应度函数的设计主要满足以下条件：单值、连续、非负、最大化；合理、一致性；计算量小；通用性强。在具体应用中，适应度函数的设计要结合求解问题本身的要求而定。适应度函数设计直接影响到遗传算法的性能。

3. 遗传操作算子

遗传操作算子包括选择算子，杂交算子，变异算子三种。在进行寻优的过程中，如果事先很难得知问题的求解步骤，在解空间进行搜索这一办法就成为更为广泛的策略之一。现有两种具有代表性的搜索行为，一种是随机搜索，一种是有向搜索。随机搜索以整个解空间作为搜索范围，广泛搜索并能从局部最优中跳离；有向搜索深度探索最优解，能够向着局部最优解进行有向爬山。遗传算法结合了随机和有向两种搜索能力，它可以在深度搜索和广度搜索之间维持适当的平衡。在遗传算法中，由选择算子负责深度搜索累积的信息，杂交算子和变异算子负责广度搜索解空间中新的区域。

(1) 选择算子。在生物的遗传和自然进化过程中，对生存环境适应程度较高的物种将有更多的机会遗传到下一代；而对生存环境适应程度较低的物种遗传到下一代的机会就相对较少。模仿这个过程，遗传算法使用选择算子或称复制算子来对种群中的个体进行优胜劣汰操作：适应度较高的个体被遗传到下一代种群中的概率较大；适应度较低的个体被遗传到下一代种群中的概率较小。遗传运算中的选择操作就是用来确定从亲代种群中按某种方法选取哪些个体遗传到下一代种群中的一种遗传运算。选择操作建立在对个体的适应度进行评价的基础之上。选择操作的主要目的是在保持种群大小恒定的情况下复制种群中适应度高的个体，去除种群中适应度低的个体。首先计算适应度，适应度计算之后按照适应度进行父代个体的选择。

（2）杂交算子。交叉又称基因重组，在生物的自然进化过程中，两个同源染色体通过交配而重组，形成新的染色体，从而产生出新的个体或物种。交配重组是生物遗传和进化过程中的一个主要环节。模仿这个环节，在遗传算法中也使用杂交算子来产生新的个体。遗传算法中的所谓杂交运算，是指对两个相互配对的染色体按某种方式相互交换其部分基因，从而形成两个新的个体。注意，选择算子是不能在种群中建立任何新的个体，它只能以不复制适应度较差的个体为代价复制多个适应较高的个体，新个体的建立只能通过交叉算子和变异算子来实现。交叉运算是遗传算法区别于其他进化算法的重要特征，它在遗传算法中起着关键作用，在遗传算法中是产生新个体的主要方法，在杂交运算之前还必须先对种群中的个体进行配对。常用的配对策略是随机配对，即将种群中的个体以随机的方式组成对配对个体组，交叉操作是在这些配对个体组中的两个个体之间进行的。交叉算子的设计和实现与所研究的问题密切相关，一般要求它既不要太多地破坏个体编码串中表示优良性状的优良模式，又要能够有效地产生出一些较好的新个体模式。

（3）变异算子。在生物的遗传和自然进化过程中，其细胞分裂复制环节有可能会因为某些偶然因素的影响而产生一些复制差错，这样就会导致生物的某些基因发生某种变异，从而产生出新的染色体，表现出新的生物性状。虽然发生这种变异的可能性比较小，但它也是产生新物种的一个不可忽视的原因。模仿生物遗传和进化过程中的这种变异环节，在遗传算法中也引入了变异算子来产生新的个体。遗传算法中的所谓变异运算，是指将个体染色体编码串中某些基因座上的基因值用该基因座的其他等位基因来替换，从而形成一个新的个体。

4. *初始群体*

遗传算法中初始群体中的个体是随机产生的。一般来讲，初始群体的设定可采取如下的策略：根据问题固有知识，设法把握最优解所占空间在整个问题空间中的分布范围，然后，在此分布范围内设定初始群体；先随机生成一定数目的个体，然后从中挑出最好的个体加到初始群体中。这种过程不断迭代，直到初始群体中个体数达到了预先确定的规模。

5. *精英保留策略*

为了防止当前群体的最优个体在下一代发生丢失，导致遗传算法不能收敛到全局最优解，De Jong 在其博士论文中提出了“精英选择（elitist selection or elitism）”策略，也称为“精英保留”（elitist preservation）策略。该策略的思想是，把群体在进化过程中迄今出现的最好个体（精英个体，elitist）不进行配对交叉而直接复制到下一代中。

为了保持群体的规模不变，如果精英个体被加入到新一代群体中，则可以将新一代群体中适应度值最小的个体淘汰掉。

精英个体是种群进化到当前为止遗传算法搜索到的适应度值最高的个体，它具有最好的基因结构和优良特性。采用精英保留的优点是，遗传算法在进化过程中，迄今出现的最优个体不会被选择、交叉和变异操作所丢失和破坏。精英保留策略对改进标准遗传算法的全局收敛能力产生了重大作用，Rudolph已经从理论上证明了具有精英保留的标准遗传算法是全局收敛的。

6. 参数设定

基本遗传算法主要包括群体规模、终止进化代数、交叉概率、变异概率等。

4.2.1.4 遗传算法应用示例

由于遗传算法的整体搜索策略和优化搜索方法在计算时不依赖于梯度信息或其他辅助知识，而只需要影响搜索方向的目标函数和相应的适应度函数，所以遗传算法提供了一种求解复杂系统问题的通用框架，它不依赖于问题的具体领域，对问题的种类有很强的鲁棒性，所以广泛应用于各种领域。

1. 应用示例1：函数优化

函数优化是遗传算法的经典应用领域，也是遗传算法进行性能评价的常用算例，许多人构造出了各种各样复杂形式的测试函数，如连续函数和离散函数、凸函数和凹函数、低维函数和高维函数、单峰函数和多峰函数等。对于一些非线性、多模型、多目标的函数优化问题，用其他优化方法较难求解，而遗传算法可以方便的得到较好的结果。

以Rastrigin函数为例说明遗传算法求解过程，函数（图4-6）可表述为

$$f(x) = 20 + x_1^2 + x_2^2 - 10(\cos 2\pi x_1 + \cos 2\pi x_2) \tag{4-2}$$

算法的具体求解过程如下：

（1）种群初始化。首先通过随机生成的方式来创造一个种群，一般该种群的数量为100～500；采用二进制将一个染色体（解）编码为基因型；随后用进制转化，将二进制的基因型转化成十进制的表现型。

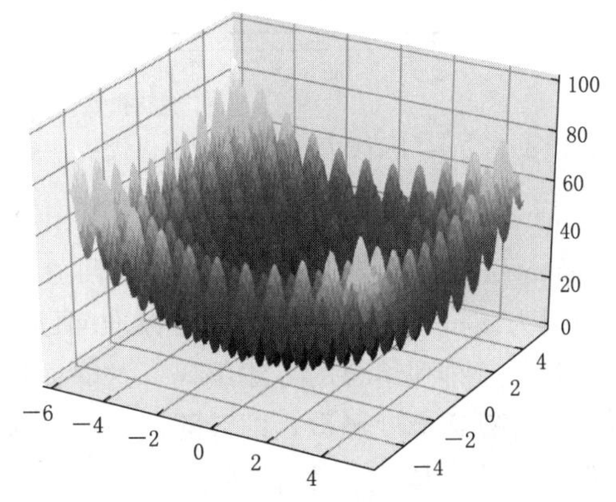

图4-6 式（4-2）函数图

（2）适应度计算（种群评估）。这里我们直接将目标函数值作为个体的适应度。个体适应度与其对应的个体表现型x的目标函数值相关联，x越接近于目标函数的最优点，其适应度越大，从而其存活的概率越大；反之适应度越小，存活概率越小。

（3）选择（复制）操作。根据种群中个体的适应度大小，通过轮盘赌等方式将适应度高的个体从当前种群中选择出来。其中轮盘赌即是与适应度成正比的概率来确定各个个体遗传到下一代群体中的数量。具体步骤如下：首先计算出所有个体的适应度总和$\sum F_i$；其次计算出每个个体的相对适应度大小$F_i/\sum F_i$；再产生一个0到1之间的随机数，依据随机数出现在上述哪个概率区域内来确定各个个体被选中的次数。

（4）交叉（交配）运算。该步骤是遗传算法中产生新的个体的主要操作过程，它用一定的交配概率阈值（pc，一般$pc=0.4$～0.99）来控制是否采取单点交叉，多点交叉等方式生成新的交叉个体。具体步骤如下：先对群体随机配对；再随机设定交叉点的位置；再互换配对染色体间的部分基因。

(5) 变异运算。该步骤是产生新的个体的另一种操作。一般先随机产生变异点，再根据变异概率阈值（pm，一般 $pm=0.0001\sim0.1$）将变异点的原有基因取反。

(6) 终止判断。如果满足条件（迭代次数，一般是 200～500 次）则终止算法，否则返回到适应度计算［算法进程 (2)］。

本次实验参数设置见表 4-1。

表 4-1　实验参数设置

迭代次数/次	交叉概率	变异概率	种群大小/个
1000	0.8	0.01	400

由图 4-7 可得到，随着迭代次数的增加，优化目标函数值由 10 逐渐向最小值过渡，最终稳定在 0。

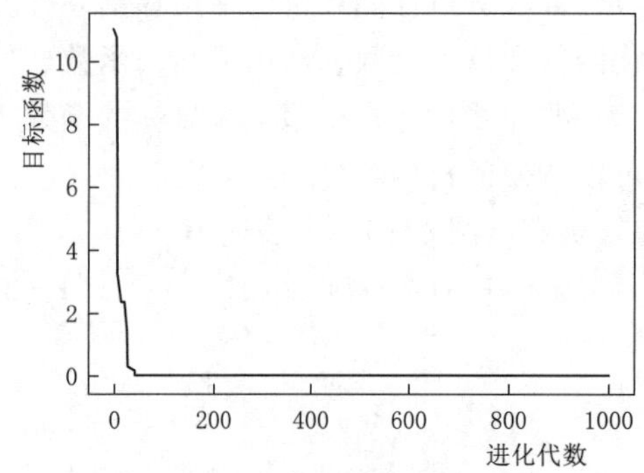

图 4-7　目标函数随遗传算法进化代数不断改进的进化曲线

2. 应用示例 2：组合优化

随着问题规模的增大，组合优化问题的搜索空间也急剧增大，有时在计算上用枚举法很难求出最优解。对这类复杂的问题，人们已经意识到应把主要精力放在寻求满意解上，而遗传算法是寻求这种满意解的最佳工具之一。实践证明，遗传算法对于组合优化中的 NP 问题非常有效。例如遗传算法已经在求解旅行商问题、背包问题、装箱问题、图形划分问题等方面得到成功的应用。

(1) 示例 1：巡回旅行商问题（Traveling Salesman Problem，TSP）问题。巡回旅行商问题（TSP）是一个经典的组合优化问题，已经成为测试组合优化新算法的标准问题。应用遗传算法解决 TSP 问题：首先对访问城市序列进行排列组合的方法编码，这保证了每个城市经过且只经过一次；接着生成初始种群，并计算适应度函数，即计算遍历所有城市的距离；然后用最优保存法确定选择算子，以保证优秀个体直接复制到下一代。采用有序交叉和倒置变异法确定交叉算子和变异算子。

以 10 个城市的 TSP 问题为例，经 180 次迭代后仿真结果图如图 4-8 所示。

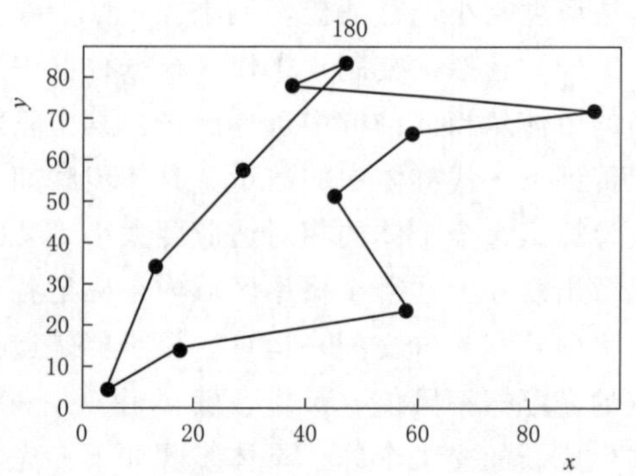

图 4-8　遗传算法解决 TSP 问题仿真图

(2) 示例 2：背包问题。在过去的几十年中，背包问题得到了深入的研究，可以模拟许多工业情况。

最经典的应用是资本预算，货物装载和切割库存。这个问题是通过在各种对象（项目）中选择一些对象来填充背包。有 n 种不同的可用项，每个项 j 的权重为 w_j，利润为 c_j。问题是找到一个最佳的项目子集，以便在背负背包重量的情况下最大化总利润。这就是所谓的 0－1 背包问题，这是一个具有单一约束的纯整数规划，并且形成了非常重要的一类整数规划（图 4－9）。

（3）示例 3：装箱问题。装箱问题包括将 n 个对象放入多个箱子（最多 n 个箱子）。每个对象的权重（$w_i>0$），每个容器的容量有限（$c_i>0$）。装箱问题是找到对箱的对象的最佳分配，以使每个箱中的对象的总重量不超过其容量，并且将使用的箱数最小化（图 4－10）。装箱问题是许多具有实际重要性的优化问题的基础。

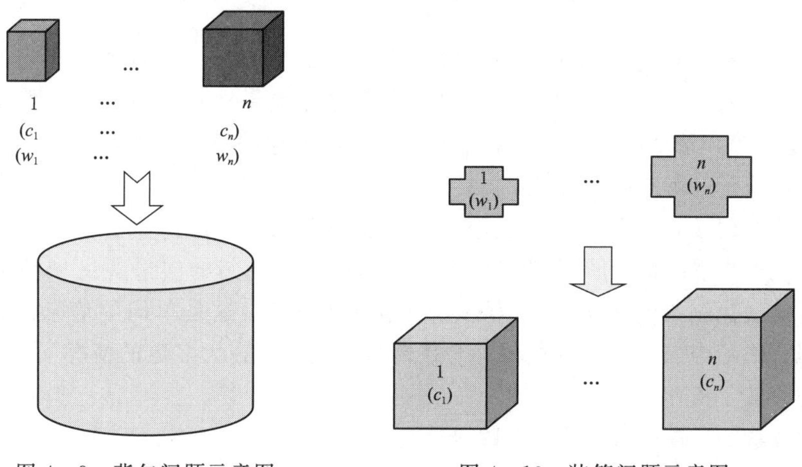

图 4－9　背包问题示意图　　　　图 4－10　装箱问题示意图

通过上述示例可以看出，针对旅行商问题、背包问题、装箱问题等应用 GA 可以得到良好的优化结果，并且收敛速度快、鲁棒性强。此外，GA 在生产调度问题、自动控制、机器人学、图像处理、人工生命、遗传编码和机器学习等方面均获得广泛的运用。

4.2.2　粒子群算法

粒子群算法被广泛用于求极值的问题。在鸟群觅食过程中，个体鸟与群体之存在一种信息共享机制，鸟儿会根据自身搜索经验和群体搜索经验来时时调整自己的飞行状态，以期找到实物最多的地方。粒子群图解如图 4－11 所示。

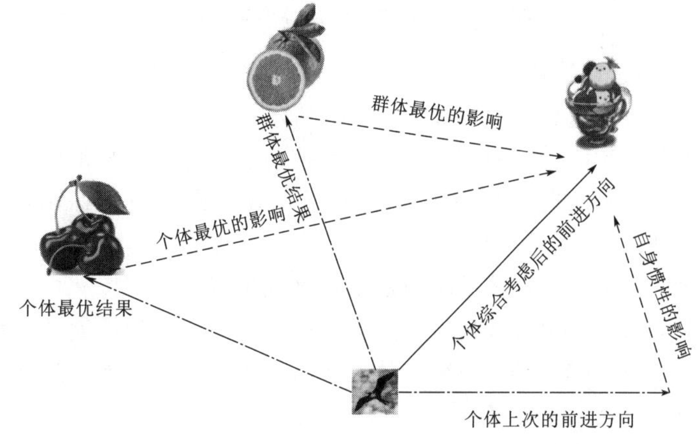

图 4－11　粒子群图解

4.2.2.1　粒子群算法起源

粒子群优化算法（particle swarm optimization，PSO）是通过模拟鸟群觅食行为而发展起来的一种基于群体协作的随机搜索算法。通常认为它是群集智能（swarm intelligence，SI）的一种，是由 Eberhart 博士和 Kennedy 博士发明。PSO 模拟鸟群的捕食行为：①一群鸟在随机搜索食物，在这个区域里只有一块食物；②所有的鸟都不知道食物在那里；③他们知道当前的位置离食物还有多远。所以，最简单有效的算法就是搜寻离食物最近的鸟的周围区域。

PSO 从这种模型中得到启示并用于解决优化问题。PSO 中：每个优化问题的解都是搜索空间中的一只鸟，称之为“粒子”；所有的粒子都有一个由被优化的函数决定的适应值（fitnessvalue），每个粒子还有一个速度决定他们飞翔的方向和距离；然后粒子们就追随当前的最优粒子在解空间中搜索。

与遗传算法比较，PSO 的信息共享机制是很不同的。在遗传算法中，染色体（chromosomes）互相共享信息，所以整个种群的移动是比较均匀的向最优区域移动。在 PSO 中，只有群体最优解（gbest）将其信息分享给其他粒子，这是单向的信息流动。整个搜索更新过程是跟随当前最优解的过程。与遗传算法比较，在大多数的情况下，所有的粒子可能更快的收敛于最优解。

粒子群算法的发展历程如图 4－12 所示。

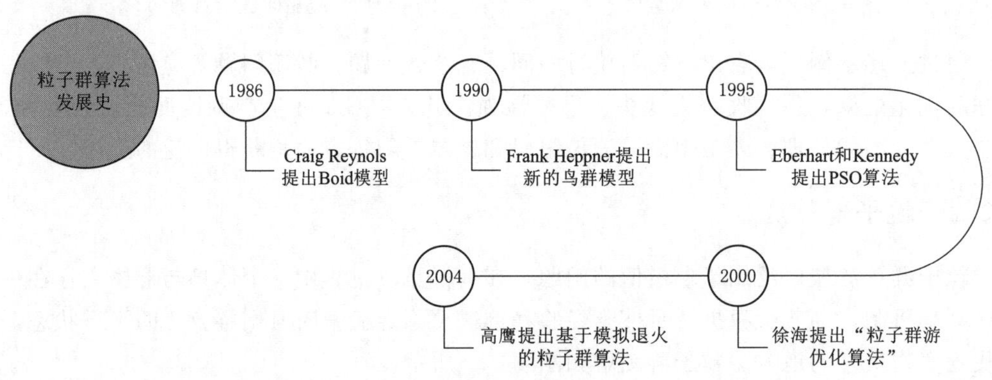

图 4－12　粒子群算法的发展历程

4.2.2.2　粒子群算法运算过程

典型粒子群优化算法运算过程图如图 4－13 所示。

（1）随机初始化粒子群的初速度（自变量数值初始变化量）与位置（自变量取值）。

（2）计算所有粒子当前所在位置对应的模型函数（或者说目标函数、适应度函数）的值。

（3）更新本次迭代中粒子个体与群体的历史最优位置。

（4）根据以上更新的历史最优位置更新粒子的下一步飞行的速度及位置。

（5）重复第（2）～（5）步，直到个体最优值不再发生变化或达到指定迭代次数。

4.2.2.3　算法设计

粒子群算法在求解优化问题时，先将优化问题的初始解抽象为一群随机粒子，然后通

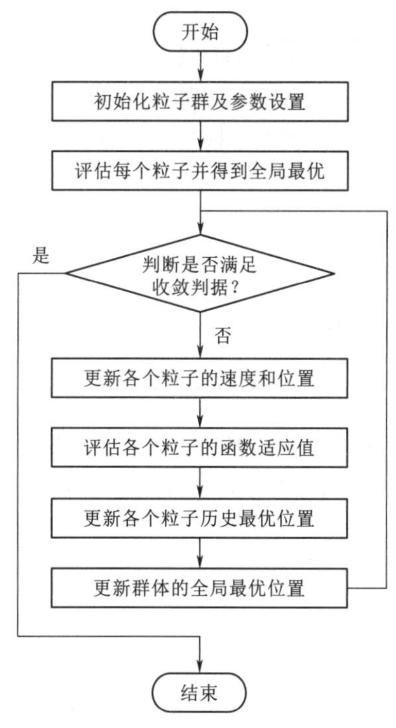

图 4-13　典型粒子群优化算法运算过程图

过对粒子群的多次迭代求出问题的最优解。每个粒子都拥有位置 x_i^t 和速度 v_i^t 两种属性，其中粒子的位置属性就代表优化问题的解，速度属性表示粒子的移动方向和大小。在每次的迭代过程中，每个粒子根据自身找到的个体历史最优解（*pbest*）和种群找到的群体历史最优解（*gbest*）来更新自身位置。当达到最大迭代次数或达到迭代终止条件时，终止迭代过程，最后粒子群找到的群体历史最优解（*gbest*）作为问题的最优解。

在每次迭代过程中，每个粒子的速度、位置更新公式为

$$v_i^{t+1} = wv_i^t + c_1 r_1 (pbest_i - x_i^t) + c_2 r_2 (gbest - x_i^t) \tag{4-3}$$

$$x_i^{t+1} = x_i^t + v_i^{t+1} \tag{4-4}$$

式中　v_i^t——第 i 个粒子在 t 时刻的速度；

v_i^{t+1}——第 i 个粒子在 $t+1$ 时刻的速度，即更新后的速度；

x_i^t——第 i 个粒子在 t 时刻的位置；

x_i^{t+1}——第 i 个粒子在 $t+1$ 时刻的位置，即更新后的位置。

w 表示惯性权重，它表示粒子在上一时刻的速度对当前时刻粒子速度的影响，当 $w=1$ 时，就是基本粒子群算法，目前应用最广泛的惯性权重设置方法是随着迭代次数的增加，惯性权重逐渐变小。这种设置方法在粒子群迭代初期，可以很好的搜索全部可行解区域，增大粒子群获得最优解的可能性，避免陷入局部最优，而迭代后期惯性权重的减小，可以加快粒子群的收敛速度；c_1，c_2 称为学习因子，一般取 2；r_1，r_2 是 0～1 之间的随机数；$pbest_i$ 是第 i 个粒子在迭代过程中自身找的最好位置；$gbest$ 是在迭代过程中，整个种群找到的最好位置。

4.2.2.4　粒子群优化算法应用示例

举例粒子群算法求解 Schaffer 函数最值问题，即

$$f(x,y) = 0.5 - \frac{\sin^2 \sqrt{x^2 + y^2} - 0.5}{[1 + 0.001(x^2 + y^2)]^2} \tag{4-5}$$

式（4-5）生成的函数图如图 4-14 所示。

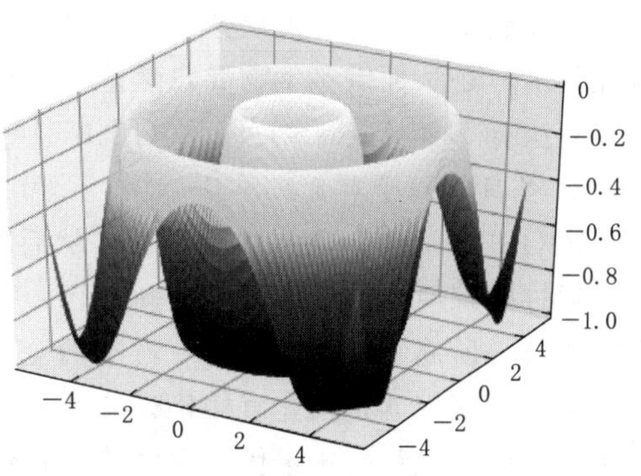

图 4-14　式（4-5）生成的函数图

种群产生：产生随机点，初始的速度为 [0, 1]，在本例中，适应度就是函数值，适应度越大越好。在粒子群算法中，适应度不

一定要越大越好，而是确定适应度的好坏，只需要根据是适应度好坏确定最佳位置。

在迭代过程中，会有粒子跑出范围，在这种情况下，一般不强行将粒子重新拉回到初始化解空间。因为即使粒子跑出空间，随着迭代的进行，如果在初始化空间内有更好的解存在，那么粒子也可以自行返回到初始化空间。研究表明，即使将初始化空间不设为问题的约束空间，粒子也可能找到最优解。

本次实验参数设置见表 4－2。

表 4－2　　实验参数设置

迭代次数/次	粒子位置限制	粒子速度限制	粒子群规模
1000	[−5，5]	[−0.1，0.1]	200

实验结果最小值为−1，每代最优个体适应度值仿真如图 4－15 所示。由图可得，随着迭代次数的增加，粒子群优化算法已优化出函数的最小值为−1，由此可见粒子群算法具有相当快的逼近最优解的速度。

4.2.3　多目标智能优化算法

相对于单目标智能优化算法而言，多目标智能优化算法在适应度设计方面有设计原则与理念的差异。经典的多目标智能优化算法主要包括多目标遗传算法与多目标粒子群优化算法。

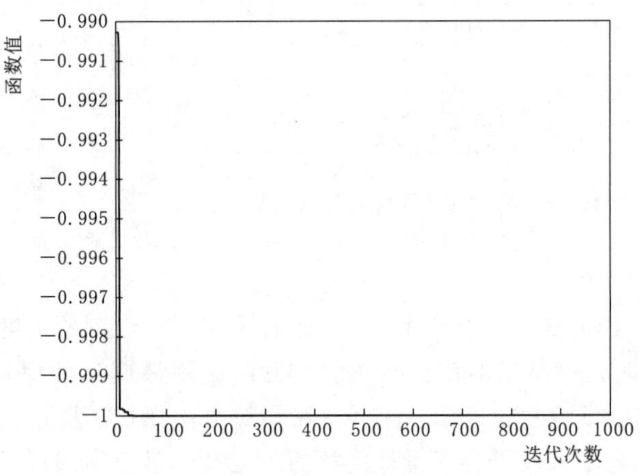

图 4－15　粒子群算法目标函数随进化过程变化曲线图

1. *多目标遗传算法*

多目标最优化是一门迅速发展起来的学科，是最优化的一个重要分支。它主要研究在某种意义下多个数值目标的同时最优化问题。绝大多数传统的多目标优化方法首先是将多个目标通过某种技术转换为一个目标的优化问题，然后再借助数学规划工具来求解。而遗传算法是受生物学进化学说和遗传学理论的启发而发展起来的，是一类模拟自然生物进化过程与机制求解问题的自组织与自适应的人工智能技术，是一种借鉴生物界自然选择和自然遗传机制的随机的搜索算法。常用的多目标遗传算法有 NSGA、NSGA－Ⅱ（图 4－16）等。

2. *多目标粒子群优化算法*

PSO 初始化为一随机粒子种群，然后随着迭代演化逐步找到最优解。在每次迭代中，粒子通过跟踪两个“极值”来更新自己：一个是粒子本身所找到的个体极值 *pbest*；另一个是该粒子所属邻居范围内所有粒子的全局极值 *gbest*。MOPSO 与求解单目标的 PSO 相比，唯一的区别就是不能直接确定全局极值 *gbest*，按照帕累托（Pareto）支配关系从该粒子的当前位置和历史最优位置中选取较优者作为当前个体极值，若无支配关系，则从两者中随机选取一个。

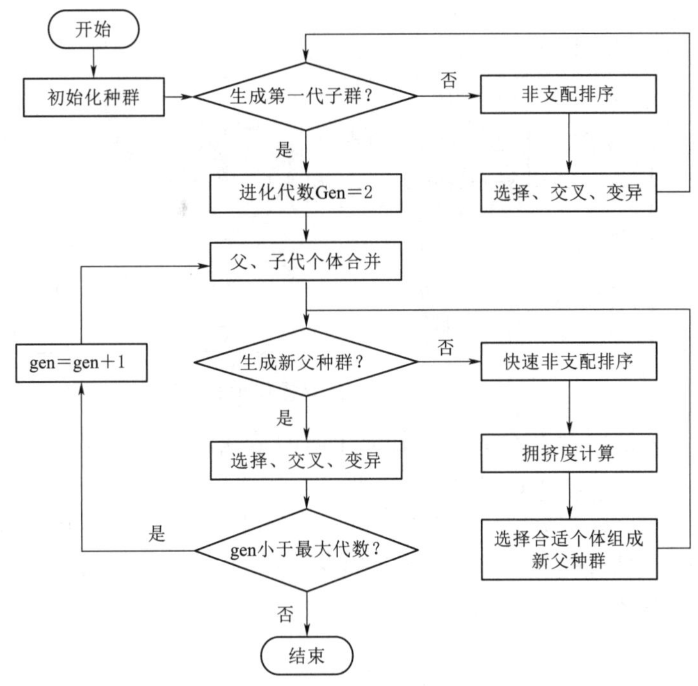

图 4-16　NSGA-Ⅱ算法运算流程图

4.2.3.1　多目标进化算法适应度设计原则

对于单目标问题，遗传算法和粒子群算法均展现出其优越性。但是实现多目标优化，关键问题是如何去衡量一个个体的好坏，不存在唯一的全局最优解，过多的非劣解是无法直接应用的，所以在求解时就是要寻找一个最终解。

1. 求最终解的方法

求最终解主要有三类方法，具体如下：

（1）求非劣解的生成法，即先求出大量的非劣解，构成非劣解的一个子集，然后按照决策者的意图找出最终解（生成法主要有加权法、约束法、加权法和约束法结合的混合法以及多目标遗传算法）。

（2）交互法，不先求出很多的非劣解，而是通过分析者与决策者对话的方式，逐步求出最终解。

（3）事先要求决策者提供目标之间的相对重要程度，算法以此为依据，将多目标问题转化为单目标问题进行求解。

2. 适应度设计方法

适应度设计方法包括向量评价遗传算法（VEGA）、Pareto 分级算法（PRA）、随机加权遗传算法（RWGA）以及精英保留的强度帕累托进化算法（SPEA）等。

（1）VEGA。该方法是解决 MOP 问题的第一项值得注意的工作，它使用适应度度量以创建下一代。每一代中的选择步骤成为一个循环，每次通过循环时，都会根据每个目标选择下一代或子种群的适当部分。通过应用交叉和变异算子彻底改组了整个种群。这样做是为了实现不同亚种群的交配。VEGA 选择操作示意图，如图 4-17 所示。

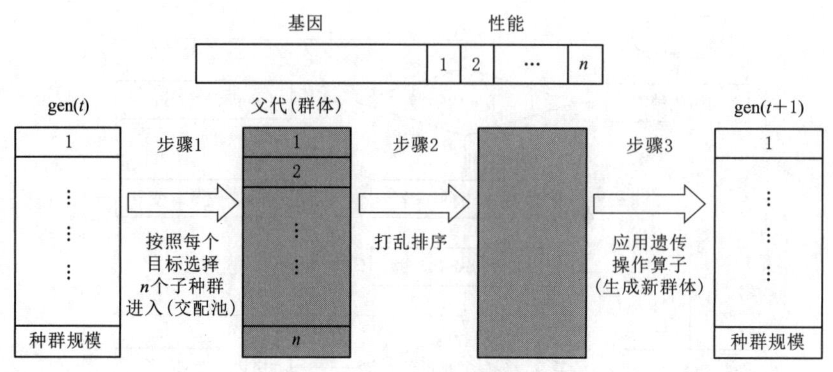

图 4-17　VEGA 选择操作示意图

(2) PRA。该方法为所有非支配解分配相同的适应度值，以使它们具有相同的再现概率。具有两个目标的案例图，如图 4-18 所示。

(3) RWGA。Murata，Ishibuchi 和 Tanaka (1998) 提出了一种随机加权遗传算法，以获得朝向帕累托边界的可变搜索方向。在标准空间沿固定方向搜索如图 4-19 所示，在标准空间朝多方向搜索如图 4-20 所示。

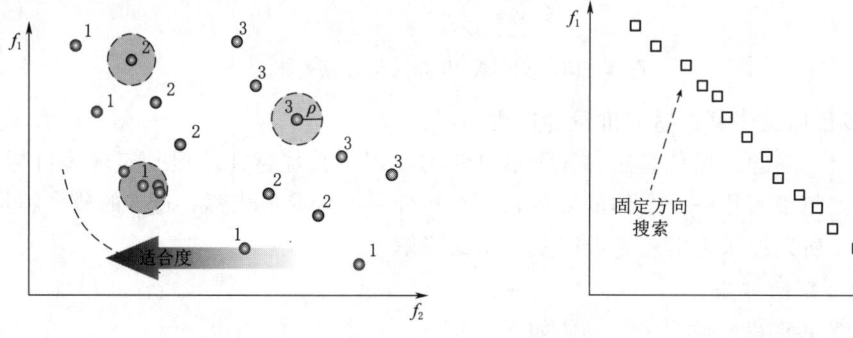

图 4-18　具有两个目标的案例图　　　　图 4-19　在标准空间沿固定方向搜索

(4) SPEA。Zitzler，E. 和 L. Thiele (1999) 提出了一种用于多准则优化的新进化方法，即强度帕累托进化算法 (SPEA)，该方法以独特的方式结合了先前的多目标 EA 的若干功能。具有两个目标的最大化问题的两种情况如图 4-21 所示。

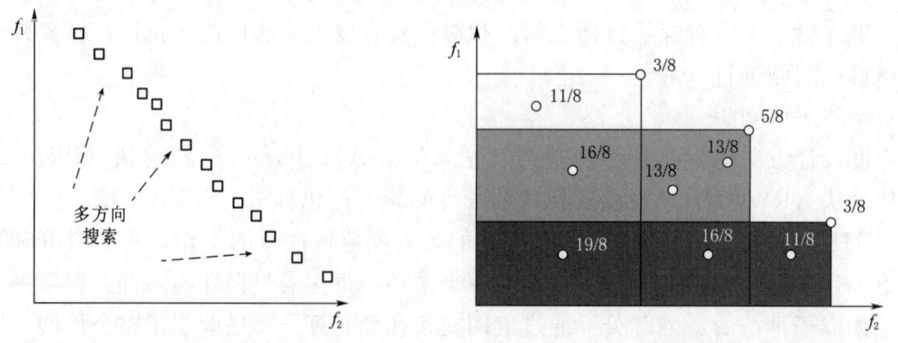

图 4-20　在标准空间朝多方向搜索　　　图 4-21　具有两个目标的最大化问题的两种情况

4.2.3.2 多目标遗传算法

问题定义：具有多个目标函数；各个函数之间在最优化方向上存在冲突；往往需要人的参与；目标函数集求极大或者极小，两者只能取其一；某个目标函数的提高需要另一个函数降低作为代价，这样就出现了帕累托解。

目前求解帕累托前沿解的主要算法有基于数学的规划方法和基于遗传算法的两类方法。

1984 年，Schaffer 在其博士学位论文中首次探讨了基于单目标子群体进化的向量评价遗传算法（Vector Evaluated Genetic Algorithm，VEGA）解决 MOP。之后，Goldberg 于 1989 年在其著作中对 GA 用于求解 MOP 的非劣解分级及适应值共享策略问题的研究进行总结，给出了多目标遗传算法设计的指导性原则。Horn 与 Nafpliotis、Srivinas 与 Deb 以及 Fonseca 与 Fleming 等后来根据 Goldberg 的这些指导性原则，分别提出了不同的寻求多目标优化非劣解集的 MOGA；此后，许多学者根据随机搜索算法的收敛性理论，将精英保留策略引入多目标遗传算法，极大改善了非精英保留 MOGA 的算法性能。根据其发展历史与适应度设计策略，现有多目标遗传算法可分为：

第一类算法，是早期基于单目标群体优化的 MOGA（1984—1991 年）。代表算法有 VEGA、WBGA、DM 等。Ishibuchi、Murata 等 1996 年提出的 MOGLS 是在随机权策略的 WBGA（即 RWGA）中引入局部搜索的改进算法，其本质属于这类算法。

第二类算法，是基于 Goldberg 提出的适应值分级和共享策略的多目标遗传算法（Multiple ObjectiveGenetic Algorithm，MOGA）（1993—1996 年）。这类算法在适应值设计中鼓励非劣解等级优先个体和同一等级内较为稀疏个体以较大概率出现在后代群体中。代表算法有 MOGA、NSGA 和 NPGA 等。

第三类算法，是由第二类算法发展起来的精英保留策略 MOGA（1998 年）。这类算法通过在进化过程中引入外部伴随群体对群体中的精英个体加以保留，同时采用更加成熟的适应值设计策略，使算法不仅在收敛速度上有所提高，而且在优化性能上也有所改善。代表算法有 NPGA-Ⅱ、NSGA-Ⅱ、PAES 和 SPEA 等。

第四类算法，是采用其他搜索算法策略改进的 MOEA（1998 年）。这类算法由于采用的进化策略是基于模拟退火搜索、禁忌搜索、粒子群优化、小生境策略，因此在早期的多目标进化算法研究中并未受到广泛重视，只是在近年随着多目标遗传算法局部搜索性能欠佳的不足逐渐呈现，以及其他进化策略单目标进化算法的迅速发展才开始活跃起来。代表算法有 MOSE、MOPSO 等。

多目标遗传算法是用来分析和解决多目标优化问题的一种进化算法，其核心就是协调各个目标函数之间的关系，找出使得各个目标函数都尽可能达到比较大的（或比较小的）函数值的最优解集。在众多多目标优化的遗传算法中，NSGA-Ⅱ算法［带精英策略的非支配排序遗传算法（Elitist Non-Dominated Sorting Genetic Algorithm，NSGA-Ⅱ），NSGA-Ⅱ］是影响最大和应用范围最广的一种多目标遗传算法。在其出现以后，由于该算法简单有效以及比较明显的优越性，已经成为多目标优化问题中的基本算法之一。

NSGA-Ⅱ求解 ZDT2 多目标函数应用示例

$$f_1(x) = x_1 \tag{4-6}$$

$$f_2(x) = g(x)\left[1-\left(\frac{f_1(x)}{g(x)}\right)^2\right] \tag{4-7}$$

$$g(x) = 1+\frac{9\sum_{i=2}^{n} x_i}{(n-1)},\ x = [x_1,\cdots,x_n]^{\mathrm{T}} \in [0,1] \tag{4-8}$$

实验参数设置见表 4-3。

表 4-3　实验参数设置

迭代次数/次	交叉概率	变异概率	种群大小/个
500	0.4	0.4	100

NSGA-Ⅱ算法求解 ZDT2 算例的非劣解集如图 4-22 所示。

4.2.3.3　多目标粒子群算法

MOPSO 算法的发展相对较晚，相应的成果也较少，2004 年 Coello 提出的算法具有里程碑的意义，它是最早发表在国际顶级期刊的 MOPSO 算法。在多目标优化的环境下，可能存在多个彼此不受支配的全局极值，即全局极值不再唯一，因此在算法运行的过程中如何选取全局极值、个体极值、维护好外部档案、保证粒子在可行域内飞行等也就成了值得研究者思考的问题。目前，研究者也提出了多种有效的方法选取粒子的全局极值。Coello 等首先为每个群体（至少包含一个外部粒子）划分的格子定义了适应度值，根据轮盘赌方法选取一个格子，随机选择一个外部粒子群的个体作为全局极值。

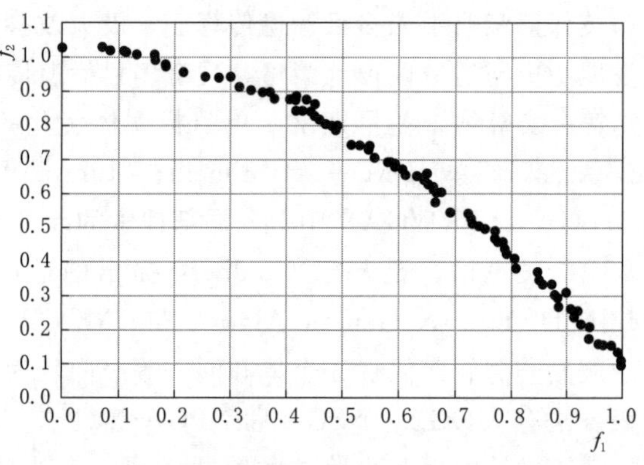

图 4-22　NSGA-Ⅱ算法求解 ZDT2 算例的非劣解集

运用粒子群算法求解多目标优化问题，存在以下问题：

(1) 最优粒子的选取。搜索过程中产生多个非劣解，如何从中选择一个粒子作为最优粒子，以引导整个种群的飞行，选择的策略至关重要。

(2) 历史飞行位置的记录。如何保存种群在搜索过程中得到的非劣解。

(3) 防止算法早熟。如何保持种群的多样性，以防止整个种群过快收敛于局部最优解。

随着众多多目标粒子群优化算法相继被提出，提高算法性能的主要目标为提高算法全局搜索能力和保持种群的多样性，已成为众多学者的研究方向。

多目标粒子群算法由于其参数设置简单、搜索性能好等优点，获得众多国内外学者的广泛关注。在工业应用方面，相关学者改进算法中的粒子位置以及速度更新策略，并通过设置图像边沿能量阈值的方法以加快图像识别速度和降低噪声。在生产调度方面，可以将流水车间调度问题中的平均完工时间以及平均延迟时间作为多目标粒子群算法中的两个调度目标，通过设置理想最优点以寻找问题的局部最优解。与此同时，利用多种启发式算法改进粒子群算法的搜索性能也已取得较大进展。Lei 提出将离散的作业车间调度问题转化为连续优化问题，设计档案粒子群算法，将算法的档案维护和全局最好位置的选取结合在一起，以解决多目标作业车间最小化总拖后时间和最大完成时间的调度目标。

4.2.4 其他算法

1. 蚁群算法

（1）起源。蚁群系统（Ant System 或 Ant Colony System）是由意大利学者 Dorigo、Maniezzo 等于 20 世纪 90 年代首先提出来的。

（2）核心思想。他们在研究蚂蚁觅食的过程中，发现单个蚂蚁的行为比较简单，但是蚁群整体却可以体现一些智能的行为。例如蚁群可以在不同的环境下，寻找最短到达食物源的路径。这是因为蚁群内的蚂蚁可以通过某种信息机制实现信息的传递。

（3）特点。后又经进一步研究发现，蚂蚁会在其经过的路径上释放一种可以称之为“信息素”的物质，蚁群内的蚂蚁对“信息素”具有感知能力，它们会沿着“信息素”浓度较高路径行走，而每只路过的蚂蚁都会在路上留下“信息素”，这就形成一种类似正反馈的机制，这样经过一段时间后，整个蚁群就会沿着最短路径到达食物源。

2. 模拟退火法

（1）起源。模拟退火算法（Simulated Annealing，SA）最早的思想是由 N. Metropolis 等于 1953 年提出。1983 年，S. Kirkpatrick 等成功地将退火思想引入到组合优化领域。

（2）核心思想。它是基于 Monte - Carlo 迭代求解策略的一种随机寻优算法，其出发点是基于物理中固体物质的退火过程与一般组合优化问题之间的相似性。模拟退火算法从某一较高初温出发，伴随温度参数的不断下降，结合概率突跳特性在解空间中随机寻找目标函数的全局最优解，即在局部最优解能概率性地跳出并最终趋于全局最优。

（3）特点。模拟退火算法是一种通用的优化算法，理论上算法具有概率的全局优化性能，目前已在工程中得到了广泛应用，诸如 VLSI、生产调度、控制工程、机器学习、神经网络、信号处理等领域。模拟退火算法是通过赋予搜索过程一种时变且最终趋于零的概率突跳性，从而可有效避免陷入局部极小并最终趋于全局最优的串行结构的优化算法。

3. 禁忌搜索

（1）起源。禁忌搜索（Tabu Search，TS，又称禁忌搜寻）法是一种现代启发式算法，由美国科罗拉多大学教授 Fred Glover 在 1986 年左右提出的。

（2）核心思想。是一个用来跳脱局部最优解的搜索方法，需先创立一个初始化的方案。

（3）特点。基于初始化方案，算法“移动”到一相邻的方案。经过许多连续的移动过程，提高解的质量。

4.3 演化算法与群智能优化算法发展史

演化算法是一系列搜索技术，尽管算法有很多变化，但是都是基于自然进化过程的基本计算模型。与传统的基于微积分的方法和穷举法等优化算法相比具有高鲁棒性和广泛适用性，是一种全局优化方法，具有自组织、自适应等特性，自 20 世纪开始到今天，演化算法经过不断的补充完善，已成为在众多领域都有着广泛应用的算法。演化计算发展历程见表 4-4。演化算法与群智能优化算法发展历程如图 4-23 所示。多目标优化算法发展历程见表 4-5。多目标遗传算法、粒子群算法发展史图如图 4-24 所示。

表 4-4　　演化计算发展历程

发展阶段	年份	算法名称	发展历程
起步阶段	1953	模拟退火法	由 N. Metropolis 等最早提出
	1965	遗传算法	J. H. Holland 教授首次提出了人工智能操作的重要性，并将其应用到自然系统和人工系统中
	1967	遗传算法	Holland 教授的学生 J. D. Bagley 在其博士论文中首次提出“遗传算法”一词，并发表了遗传算法应用方面的第一篇论文，从而创立了自适应遗传算法的概念
发展阶段	1970	遗传算法	Holland 教授提出了遗传算法的基本定理——模式定理，奠定了遗传算法的理论基础
	1975	遗传算法	Holland 教授出版了第一本系统论述遗传算法和人工自适应系统的专著《自然系统和人工系统的自适应性》
	1975	遗传算法	K. A. De Jong 的博士论文为《遗传自适应系统的行为分析》，进行了大量的纯数值函数优化计算实验，建立了遗传算法的工作框架
	1983	模拟退火法	S. Kirkpatrick 等成功地将退火思想引入到组合优化领域
	1986	禁忌搜索	Glover 教授于 1986 年在一篇论文中首次提出
	1989	禁忌搜索	瑞士联邦理工学院 Werra 所带领的团队进行开创性工作
	1989	遗传算法	D. E. Goldberg 出版了专著《搜索、优化和机器学习中的遗传算法》
成熟阶段	1990	禁忌搜索	随着 Glodberg 第一篇介绍禁忌搜索的专著 *Tabu Search*：*A Tutorial* 发表于 *Interfaces*，禁忌搜索的研究达到了一个高峰
	1991	遗传算法	Davis 编辑出版了《遗传算法手册》
	1992	遗传算法	J. R. Koza 将遗传算法应用于计算机程序的优化设计及自动生成，提出了遗传规划的概念
	1992	蚁群算法	由 Marco Dorigo 在他的博士论文中提出，其灵感来源于蚂蚁在寻找食物过程中发现路径的行为
	1995	粒子群算法	由 Eberhart 和 Kennedy 最早提出，基本概念源于对鸟群觅食行为的研究
	1997	禁忌搜索	Glover 与 Laguna 合著的第一本禁忌搜索专著正式出版，标志着禁忌搜索的相关研究日趋完善，并得到了同行的认可

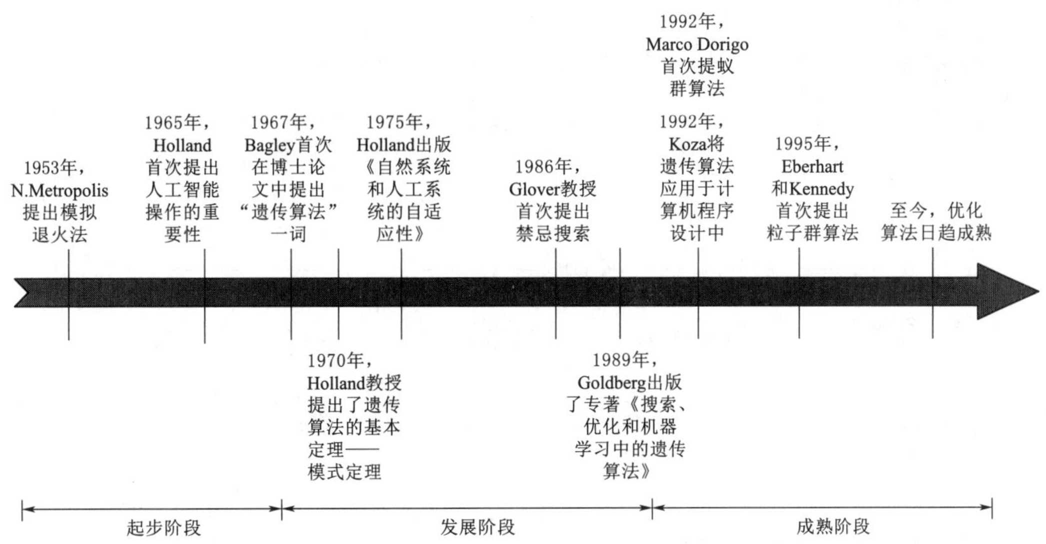

图 4-23　演化算法与群智能优化算法发展历程

表 4-5　　多目标优化算法发展历程

算法名称	年份	发　展　历　程
多目标遗传算法	1984	Schaffer 提出 VEGA
多目标遗传算法	1989	D. E. Goldberg 出版专著《搜索、优化和机器学习中的遗传算法》
多目标遗传算法	1993	(1) Fonseca、Fleming 提出多目标优化算法（MOGA）； (2) Horn、Nafpliotis 提出小组决胜遗传算法（NPGA）
多目标遗传算法	1995	Srinivas、Deb 提出非支配排序遗传算法（NSGA）
多目标遗传算法	1996	Ishibuchi 提出 MOGLS
多目标遗传算法	1999	Zitzler 提出 SPEA
多目标遗传算法	2001	Zitzler 提出 SPEA-Ⅱ
多目标遗传算法	2002	Deb 提出 NSGA-Ⅱ
多目标粒子群	2002	Coello、Ray 提出多目标粒子群优化算法（MOPSO）
多目标粒子群	2004	Coello 提出归档机制的多目标粒子群算法（CMOPSO）
多目标遗传算法	2004	郑金华提出基于聚类的快速多目标遗传算法
多目标粒子群	2007	Brits 提出小生境技术多目标粒子群算法
多目标粒子群	2007	Tripathi 提出基于时间变化权重和加速系数的多目标粒子群算法
多目标粒子群	2014	Y. J. Zeng 提出混合多目标粒子群算法（HMOPSO）

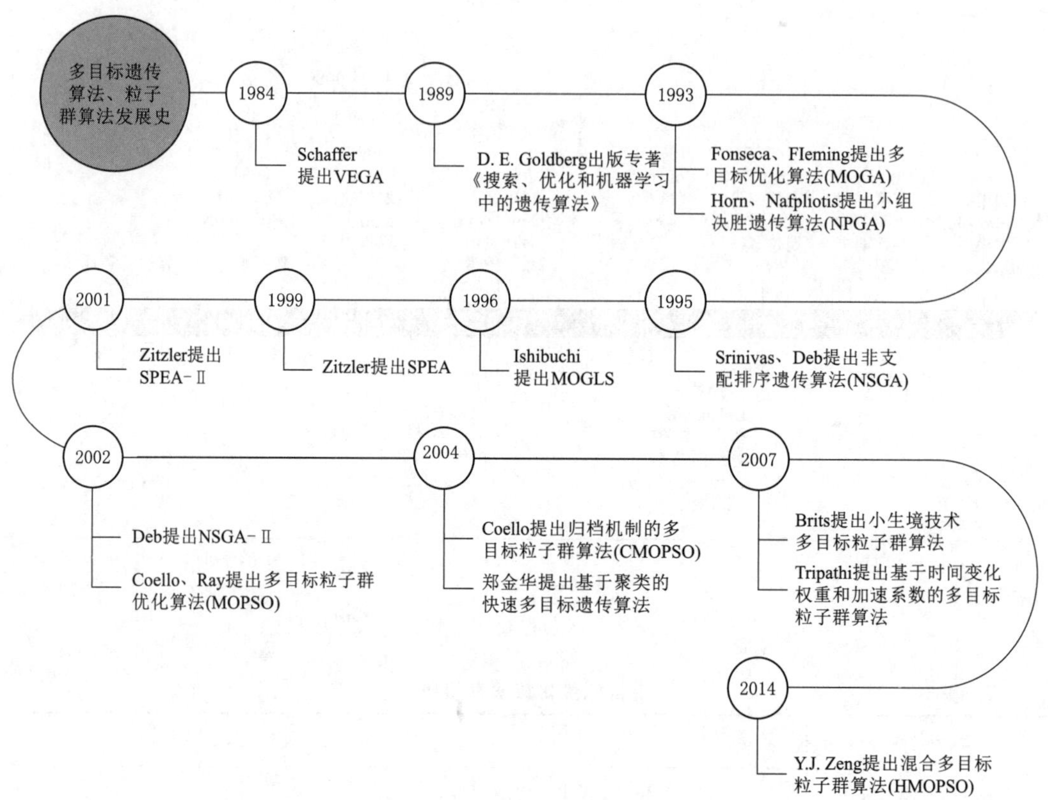

图 4-24 多目标遗传算法、粒子群算法发展史图

群智能的优化方法和演化计算都是基于群体迭代的随机优化搜索，因此群智能也一度被归类为演化计算之中。通过对自然进化过程的简单化模拟得到一种有效的计算机算法，这种思想的萌芽在 20 世纪五六十年代已多次相互独立地出现，在 20 世纪七八十年代才得到发展和推广。自 20 世纪 80 年代中期以来，世界上许多国家都掀起了演化计算的研究热潮。目前，以演化计算为主题的国际会议在世界各地定期召开，如 IEEE。随着演化计算的广泛应用，一些杂志都设置专栏介绍这方面的文章。

现在，演化计算的研究内容十分广泛，例如演化计算的设计与分析、演化计算的理论基础以及在各个领域中的应用等。随着演化计算的理论研究的不断深入和应用领域的不断扩展，演化计算将会取得很大的成功，必将在当今社会占据更重要的位置。

参 考 文 献

[1] 丁立新，康立山，陈毓屏，等. 演化计算研究进展 [J]. 武汉大学学报：自然科学版，1998，19 (5)：561-568.

[2] 周明，孙树栋. 遗传算法原理及应用 [M]. 北京：国防工业出版社，1999.

[3] 苑希民. 神经网络和遗传算法在水科学领域的应用 [M]. 北京：中国水利水电出版社，2002.

[4] 王小平，曹立明. 遗传算法——理论、应用与软件实现 [M]. 西安：西安交通大学出版社，2002.

[5] Gen M, Cheng R W. Genetic Algorithms and Engineering Design [M]. New York: John—Weily&Sons Inc. 1997.

[6] Gen M, Cheng R W. Genetic Algorithms and Engineering Optimization [M]. New York: John—Weily&Sons Inc. 2000.

[7] 刘建华. 粒子群算法的基本理论及其改进研究 [D]. 长沙：中南大学，2009.

[8] 王俊伟. 粒子群优化算法的改进及应用 [D]. 沈阳：东北大学，2006.

[9] 师瑞峰. 多目标进化算法研究及其在生产排序中的应用 [D]. 北京：北京航空航天大学，2006.

[10] 徐磊. 基于遗传算法的多目标优化问题的研究与应用 [D]. 长沙：中南大学，2007.

第 5 章

博弈论与智能决策

5.1 博弈论的萌芽与创立标志

5.1.1 从 AlphaGo 战胜顶级棋手说起

2017 年 5 月，在中国浙江乌镇举办了一场举世瞩目的围棋“人—机”挑战赛，由 Google（谷歌）人工智能 AlphaGo（阿尔法狗）对阵世界围棋冠军柯洁。经过 3 天的激烈对弈，AlphaGo 以 3∶0 的总比分完胜，这一轰动事件引起了人们的广泛关注与报道。其实，2016 年 3 月 AlphaGo 以总比分 4∶1 击败韩国围棋九段大师李世石时就已震惊了世界。

AlphaGo 的强大，在于它集成了当今人工智能的一些顶尖技术，俗称拥有“2 个大脑”。在 AlphaGo 之前，人类与人工智能在棋类领域的较量一直局限在国际象棋领域，具代表性的当属 20 多年前的 Deep Blue（深蓝）。1997 年 5 月，由 IBM（国际商业机器公司）研发的世界上第一台超级国际象棋电脑 Deep Blue 以 3.5∶2.5 的比分战胜了国际象棋特级大师加里·卡斯帕罗夫。

Deep Blue 与 AlphaGo 事件具有相同的本质特征，即“人工智能”与“人类智慧的王者”的对决，它们的胜出表征了人工智能的长足进步和重大突破。

若将这样的“人—机”棋类大战视为实验，那么它的理论研究结论可追溯到 1913 年德国数学家 Ernst Zermelo 以德文发表的策梅洛定理（于 1997 年被他人译为英语）。该定理是一条博弈论的定理：在两人的有限游戏中，如果双方均拥有完全的资讯，那先行或后行者当中必有一方有必胜或必败的策略。策梅洛定理的更通俗易懂的阐释是：西方人认为“上帝”的智力是无边的，若两个“上帝”对弈西方的象棋或东方的围棋，那么他俩会觉得极其无聊，因为只要确定了谁“执先”输赢便已揭晓。

诚然凡人难以企及“上帝”的智力，但这并不妨碍科学家们持续“武装”升级计算机的“智能”借由 Deep Blue 与 AlphaGo 向人类国际象棋或围棋的顶尖高手发起一次又一次的挑战。但策梅洛定理似乎也幽默且善意地提醒人们：不能一直拿“人—机”棋类挑战赛当作展示人工智能成就的舞台。

5.1.2 博弈论的萌芽期

在 19 世纪到 20 世纪 30 年代期间，有许多的数学学者持续尝试从人类众多竞赛与游戏中引申出严谨的竞争博弈。代表性人物有：1913 年，德国数学家策梅洛发表策梅洛定理；1921—1927 年，波雷尔（Borel）给出了混合策略的现代表述，推演了有数种策略的两人博弈的极小化极大化解；1928 年，冯·诺伊曼（John von Neumann）和摩根斯坦（Oskar Morgenstern）给出了扩展形博弈定义，并证明了有限策略的两人零和博弈有确定的结果等。

这一时期，尽管没有形成一套系统的理论，但这些早期的零星研究对博弈论的形成和发展起到了不可或缺的推动作用，甚至其中一些理论到现在都堪称经典，因此，19 世纪到 20 世纪 30 年代，可以被称作博弈论的萌芽期。

5.1.3 博弈论创立的标志

虽然自 20 世纪初开始陆续有学者进行着博弈的研究，但始终是零散的，并没有形成完整的思想体系和理论体系，且人们主要集中在研究严格的竞争对策，即两人零和博弈。直到 1944 年，诺伊曼和摩根斯坦合作的巨著《博弈论与经济行为》（*The Theory of Games and Economic Behavior*）的出版（图 5-1），才标志着系统的博弈理论的初步形成，正式奠定了博弈的理论基础。

（a）冯·诺伊曼（1903—1957年）
(John von Neumann)

（b）摩根斯坦（1902—1977年）
(Oskar Morgenstern)

图 5-1　《博弈论与经济行为》的作者

冯·诺伊曼一生主要在两大领域做出了改变世界的贡献：一是在计算机领域，被誉为“计算机之父”；二是创立博弈论，被誉为“博弈论之父”。当他遇到美国经济学家摩根斯坦时，两人携手合作方使得博弈论进入经济学的广阔领域。摩根斯坦被认为是世界顶尖的数理经济学家之一，他将数学应用于经济学，分析人类的各种战略问题，以便获得最大利益和尽可能地减少损失。《博弈论与经济行为》给出了博弈论研究的一般框架、概念术语和表达方法，提出了较系统的博弈理论，将两人博弈推广到 n 人博弈，并将博弈论系统地应用于经济学研究。

5.2　博弈论的基础知识

博弈通常可理解为：一些个人、团队或组织，面对一定的环境条件，在一定的规则下，同时或先后，一次或多次，从各自允许选择的行为或策略中进行选择并加以实施，然后从中获得各自相应结果的过程。人类社会中，小到棋牌的竞合游戏，大到公司、集团甚至国家之间的竞争合作均可视作为博弈。

5.2.1　博弈的组成要素

构成或形成一个博弈是需要有一定条件的。一般而言，博弈应具有参与者（Players）、策略（Strategies）和效用（Payoff）三个基本要素。

1. 参与者

参与者是构成博弈的基础要件，又称博弈方或者局中人。它指博弈中选择策略以实现自身利益最大化的行为主体，参与者可以是个人，也可以是团队、公司、政府甚至国家等。根据博弈参与者数量的多寡，通常又可细分为单人博弈、双人博弈、三人博弈以及多人博弈等。

参与者的英文术语 Players 之所以为复数是因为博弈是多方至少是双方的互动。只有单方的属特例，例如某家公司的营销决策问题可视作为其与市场环境的特殊博弈。

在多人博弈($i\in\{1,2,\cdots,n\}$)中，为分析描述方便起见，通常将某个参与者 i 之外的其他参与者称为“i”的对手，并记为“$-i$”。

2. 策略

策略也是构成博弈的基础要件。若每一位参与者均只有唯一的策略无选择余地，这样的“对峙”或“僵持”不属通常意义的“互动”。多方互动的本质特征是各方具有策略的寻优空间。因此，策略的英文术语 Strategies 是复数形式。

每位参与者的可选择策略集合称为其策略空间。策略又细分为纯策略与混合策略。在不引起与混合策略相混淆时，为叙述简便，一般将纯策略（Pure Strategy）简称为策略。

纯策略：指参与者从己方策略集合中任选的一个策略。

记参与者 i 的策略为 $s_i, s_i\in S_i$，其中 S_i 为参与者 i 可选择的所有策略的集合，也称策略空间。

n 个参与者均各自选择一个策略形成的向量 $S=(S_1,S_2,\cdots,S_n)$ 称为一个策略组合(strategy profile)，策略组合的集合记为 X_iS_i。

记参与者 i 之外其他参与者（即 i 的对手）所采取策略组合为 $s_{-i}, s_{-i}\in S_{-i}$。对于只有一个参与者改变策略的情况，即$(S_1,\cdots,S_{i-1},S_i',S_{i+1},\cdots,S_n)$，或记为$(S_i',S_{-i})$。

混合策略（mixed strategy）：参与者 i 的混合策略 σ_i 是指按概率分布在其纯策略空间 S_i上实施的策略“综合”选择。例如，参与者 i 的策略空间 $S_i=(\mathrm{A},\mathrm{B})$，即其纯策略要么选 A 要么选 B；若选择策略 A 的概率为 $p(p\in[0,1])$，则选择策略 B 的概率为 $1-p$，这时参与者 i 的策略为混合策略 σ_i。σ_i 的物理意义是参与者 i 按概率 p 与 $1-p$ 把策略 A、B“组装”而成的一个综合策略。在随后的演化博弈中，所谓的混合策略概念就将更好理解。

3. 收益

参与者在选定策略并付诸实施后将获得相应的收益（Payoff）或效用（Utility）。在完全理性的假设下，参与者博弈的目的是追求收益的最佳化。需特别指出的是，博弈中每一方的收益不仅与己方的策略选择密切相关而且还与对手的策略选择息息相关。

5.2.2 博弈的两种常用非数学描述方法

人们常采用标准式（normal form）与扩展式（extensive form）两种简便的博弈描述方法或形式。

1. 标准式博弈

在标准式博弈中，以收益表或数字矩阵来描述一个给定的博弈。对于参与者不超过三方且策略空间不大的博弈，收益表具有简便高效的特征。这里所列举的案例主要以该形式描述。

2. 扩展式博弈

在扩展式博弈中，以博弈树来描述一个给定的博弈过程。任何一个博弈树都由节点、枝和信息集三个基本要素构成。博弈树便于呈现参与者决策的先后顺序以及决策时所掌握的信息。

这两种简便的博弈描述方法各具特色，也可相互转换，但标准式更常采用。

5.2.3 最优反应策略与占优策略

若博弈参与者之间不具有强有力的契约关系，这样的互动称为非合作博弈，否则为合作博弈。这里所讨论的内容均属非合作博弈范畴。在非合作博弈中，各方各自为追寻己方收益的最大化。为了分析他们的互动规律特点，必须先建立相关的一些基础概念，如最优反应策略（best response strategy）、占优策略（dominant strategy）以及纳什均衡（Nash equilibrium）等。在讲述这些基础概念时，辅以经典案例，以期获得更好的理解。

（1）最优反应策略。对参与者 i 而言，当对手选定某一策略组合时，能为己方带来最佳收益的策略则为最优反应策略。在完全理性假设下，每一位参与者只愿选择最优反应策略。

（2）占优策略。对参与者 i 而言，如果无论对手选定何种策略组合，s_i 均为己方的最优反应策略，则称 s_i 为参与者 i 的占优策略。

换言之，对参与者 i 而言，$s_i \in S_i$。若对于任意 $s_{-i}, s_{-i} \in S_{-i}, u_i(s_i, s_{-i}) \geqslant u_i(s_i', s_{-i})$ 均成立，则称 s_i 为参与者 i 的占优策略。

5.2.4 囚徒困境与 Nim 游戏

为便于初学者理解，本章尽可能结合案例分析来阐述博弈论的知识，这些案例参考了案例丰富的文献。

【案例 1】 囚徒困境（prisoner's dilemma）

囚徒困境这一经典案例最早是由美国普斯林顿大学数学家塔克（A. W. Tucker）于1950年提出来的，故事演绎至今已有众多不同的版本。其中之一为：一位富翁在家中被杀，财物被盗。警方抓到两个犯罪嫌疑人甲和乙，并从他们的住处搜出了被害人家中丢失的财物。检方将两人隔离审讯，检察官分别告诉他们说：“你们侵占他人财物罪证确凿，如果都不认谋杀罪，你们都会被判 1 年有期徒刑；如果有人承认谋杀罪而另一人不认，那么认罪的可作为污点证人将释放，不认罪的则将被判 20 年有期徒刑；如果你们都认谋杀罪，双方均将被判 10 年有期徒刑。”甲乙双方的囚徒困境博弈可以表 5 - 1 的收益表来描述。收益表可清楚描述出博弈双方的策略空间以及所有策略组合下双方各自的收益。约定：收益表中每个方格的数字，第一个为左边参与者甲的收益，第二个数字为上方乙的收益。

表 5 - 1　　　　　　　　　　囚徒困境收益矩阵

		乙	
		认罪	不认罪
甲	认罪	−10，−10	0，−20
	不认罪	−20，0	−1，−1

表 5 - 1 清晰表述了囚徒困境博弈的三要素。嫌疑犯甲的策略寻优，需要考虑 2 个场景，即对手乙可能认罪也可能不认罪。当乙选择认罪时，甲的最优反应策略是认罪；当乙选择不认罪时，甲的最优反应策略仍是认罪。因此甲存在占优策略即认罪。同理，乙也存在占优策略且也是认罪。显然，该博弈双方均选定认罪，结果是 2 人均被判 10 年刑期。

若博弈参与方均有占优策略，其结果无疑是各方选定己方的占优策略，这一策略组合也必然是稳定的且被称为占优策略均衡（dominant strategy equilibrium）。

囚徒困境虽是一个虚拟的博弈案例，它的经典在于揭示了“各方从利己出发，结果不但不利他也不利己”。囚徒困境是亚当・斯密（Adam Smith）“看不见的手”的原理（在市场经济中，每一个人都从利己的目的出发，而最终全社会达到利他的效果）之悖论。

囚徒困境并非一个孤立的案例，而是一类博弈的代表。所有具同样特征（各方从利己出发，结果不但不利他而且并不利己）的博弈都可归类为囚徒困境，例如军备竞赛、稀有资源的掠夺以及环境污染等问题。

【案例 2】　钢镚（Nim）游戏

最简单的 Nim 2 人游戏如图 5 - 2 所示，3 枚钢镚分 2 行排列。游戏规则是：2 位选手轮流取走钢镚；选手只能选择一行取钢镚，且从中取走不少于 1 枚的钢镚；取完最后一枚钢镚的一方为胜。

图 5 - 2　Nim 游戏

假定游戏的两个参与者是小朋友涛涛和洋洋，且涛涛为先手。执先者涛涛能必胜吗？

对于这个两位参与者分先后依此轮流决策的游戏，选用树形图描述两个选手的决策更为便利（图 5 - 3）。涛涛从左边第一个圆圈开始游戏，每个圆圈都表示轮到某选手时其所面对的钢镚情况。第一轮，涛涛将看到三枚钢镚，他可以做出三种选择：①从第一行拿走一枚钢镚；②从第二行拿走一枚钢镚；③从第二行拿走两枚钢镚。

第一个圆圈右侧从上到下的三个箭头分别代表了涛涛的三种选择，如果涛涛采用第一种方法，摆在洋洋面前的将是两个并排的钢镚（如第二列最上面的圆圈所示），洋洋可以拿走其中一枚，也可两枚全部拿走（如第三列最上面两个圆圈所示）。当然，如果全部拿走，洋洋将赢得游戏。

从图5-3中还可以看到涛涛其他两种选择的情况。若涛涛采用第三种方法，将给洋洋留下唯一选择，即拿走余下的钢镚，洋洋获胜。对涛涛来说，第二种方法可能更加有利。在第二列中间的圆圈中，留给洋洋的是两行各一枚钢镚，洋洋必须从中取走一枚，但是无论取走哪一枚钢镚，涛涛都将把余下的最后一枚拿走，这样涛涛将获胜。所以，对于涛涛来说，最好的选择是首先从第二行拿走一枚钢镚，这样洋洋的任何选择都无法阻止涛涛获得胜利。

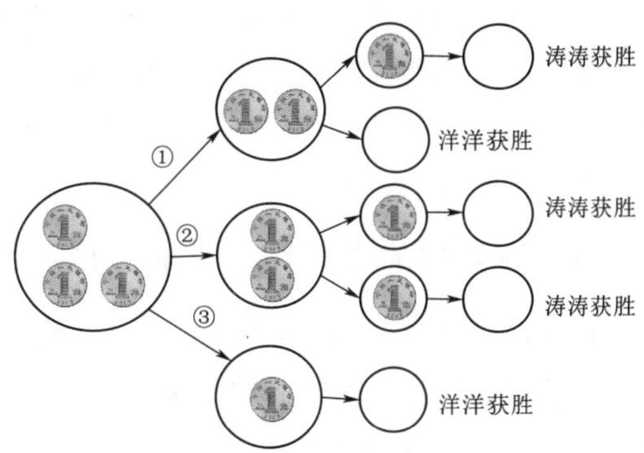

图5-3　Nim游戏的决策树

基于以上分析，可以明确出执先者涛涛必胜。涛涛的最优反应策略是“第一轮从第二行取出一枚钢镚，第三轮拿走洋洋留下的任意一枚钢镚”。洋洋的最优反应策略是“若涛涛只留下一行钢镚，则全部拿走”。

钢镚游戏可以帮助我们更好地理解策梅洛定理，更好地体会两个“上帝”下棋时的无趣。

5.2.5 占优策略的均衡博弈

如果一个博弈所有参与方均有占优策略，那么各方必然选定己方的占优策略，博弈的结果就是占优策略均衡。囚徒困境双方均有占优策略，但甲乙犯罪嫌疑人“算计来算计去”结果却是不利他也不利己。那么是否具有占优策略均衡的博弈都与囚徒困境特性一样？回答是否定的。

【案例3】 合作研发新产品

新大地软件公司与东方设备公司合作研发一种新产品。在合作中，两家公司均有两种策略可供选择：全力投入或一般投入；如果两家公司都全力投入，产品研发将很成功，双方收益均为5个基本单位；倘若一家全力投入另一家一般投入，则选择一般投入的可获得4个基本单位的收益，全力投入的可获得2个基本单位的收益，原因在于成果共享但双方所付成本有差异；若两家公司都一般投入，产品研发将成效有限，双方收益均为1个基本单位。该合作研发新产品博弈的收益表见表5-2。

表5-2　　合作研发新产品

		东方	
		全力	一般
新大地	全力	5，5	2，4
	一般	4，2	1，1

由表5-2可见，新大地与东方两家公司，不管对手如何抉择己方的最优反应策略均

是全力投入。换言之，双方都有占优策略。合作研发新产品博弈的结果一定是双方都全力投入，即博弈结果为占优策略均衡（全力投入，全力投入）。

合作研发新产品与囚徒困境的异同点：①相同点，两个博弈双方均有占优策略，结果自然是各自的占优策略均衡（全力投入，全力投入）与（认罪，认罪）；②不同点，合作研发新产品博弈的占优策略均衡下双方均实现了收益最大化，但囚徒困境博弈的占优策略均衡下不仅不利他且也不利己。

5.2.6　博弈中的占优策略并非一成不变

应该说博弈不可能都像囚徒困境与合作研发新产品那样简单，即每个参与方均有占优策略。更普遍的情形是每方的最优反应策略要视对手的抉择而定，当对手做不同的抉择时己方的最优反应策略并非一成不变。

【案例 4】　教科书博弈

李强与马琳两教授都在撰写博弈论的教科书。两本书原理部分相差无几，但教材篇幅的长短可能不同。一般认为两本同样题材原理内容相差无几的教科书，教授们通常更愿选择篇幅长一些有更多案例的那本，每位作者都想拥有更多的读者。但是书写得越长所付出的努力也就越多。假设每位作者都可以在以下三个策略中进行选择：400 页、600 页或 800 页，表 5－3 为教科书博弈。

表 5－3　　教科书博弈

		马琳		
		400 页	600 页	800 页
李强	400 页	45，45	15，50	10，40
	600 页	50，15	40，40	15，45
	800 页	40，10	45，15	35，35

由表 5－3 可知，李强与马琳两教授的最优反应策略并非一成不变而是要视对手的情形而定，具体见表 5－4 与表 5－5。

表 5－4　　李强教授的最优反应策略

若马琳的策略选择为	则李强的最优反应是
400 页	600 页
600 页	800 页
800 页	800 页

表 5－5　　马琳教授的最优反应策略

若李强的策略选择为	则马琳的最优反应是
400 页	600 页
600 页	800 页
800 页	800 页

教科书博弈中两位教授均没有占优策略。那么该博弈是否存在明确的结果呢？两位教授的互动一共有 9 种可能的策略组合，但只有（800 页，800 页）这个策略组合下每方的策略都是对方策略选择的最优反应，在这一特征上它与案例 1 的（认罪，认罪）和案例 2 的（全力投入，全力投入）是一样的；其他 8 个策略组合均不具有此特征，至少有一方在利益驱使下将毫不迟疑地跳脱原策略组合，进而触发双方策略调整直至两位教授均选择把书写到 800 页为止。只要两位教授是完全理性的，（800 页，800 页）就是教科书非合作博

弈的结果。

5.2.7 纳什均衡

由案例 1 和案例 2 的分析可知，若一个给定的博弈有占优策略均衡，那么该博弈的结果就是其占优策略均衡。然而，绝大多数的博弈并不存在占优策略均衡，是否有其他概念或方法可用来分析出参与者稳定可预测的互动行为模式？答案是肯定的，那就是博弈论中的一个重要概念——纳什均衡。

均衡在博弈论中是指稳定可预测的互动行为模式。纳什均衡是以发现它的数学家约翰·纳什（John Nash）的名字命名的，以纪念他对博弈论的杰出贡献。约翰·纳什荣获 1994 年诺贝尔经济学奖。案例 4 中的（800 页，800 页）策略组合就是一个纳什均衡。纳什均衡的普适性远强于占优战略均衡。任意一个占优策略均衡一定是纳什均衡，但反之则不一定成立，逻辑上就像每只宠物狗属于狗但并非每条狗都是宠物狗一样。

纳什均衡是一个策略组合，在这个策略组合中每方的策略都是针对其他人策略的最优反应。若一个策略组合 $s* = (s_1*, s_2*, \cdots, s_n*)$，对于所有参与者 $i(i=1,2,\cdots,n)$、$s_i \in S_i$、$s_{-i} \in S_{-i}$，不等式 $u_i(s_i*, s_{-i}*) \geqslant u_i(s_i, s_{-i}*)$均成立，则该策略是一个纳什均衡。

5.2.8 寻找纳什均衡的启发式方法（Heuristic Method）

最优反应策略是个基本概念，依此可以分析出案例 1～案例 3 的纳什均衡。但是如果博弈的参与方较多或参与者的策略空间较大时，这样原始的分析方法效率低下的问题将凸显出来。为此，可以采用画下划线法与画箭头法两种快速寻找纳什均衡的启发式方法。这两种启发式方法基于最优反应策略与纳什均衡等基础概念，虽没有严谨的数学推演但却便捷与可靠。

【案例 5】 两家百货公司商场选址

有两家百货公司拓展业务要在某一城市各自选址兴建一家新的百货商场。可供选择的地区有市郊、市中心、城市东部以及城市西部四个。假设 1：市郊较偏远而顾客稀少；市中心的顾客来自各地区，市场潜力最大；城市东部是城市的富裕区；城市西部是工薪阶层聚集区。假设 2：一家公司为帝豪公司，走时尚风格；另一家为百家乐公司，具有物美价廉的特点。表 5-6 为两家百货公司商场选址博弈的收益表。

表 5-6 两家百货公司商场选址博弈的收益表

		百家乐			
		市郊	市中心	城市东部	城市西部
帝豪	市郊	30，40	50，95	55，95	55，120
	市中心	115，40	100，100	130，85	120，95
	城市东部	125，45	95，65	60，40	115，120
	城市西部	105，50	75，75	95，95	35，55

（1）下划线法。收益表明确了博弈的参与者、策略空间、所有可能的策略组合以及每个策略组合下参与者各方的收益。对于一个以这种收益表描述的给定博弈，确定最优反应

策略的一个简便方法，就是在收益表数字中为每方参与者找出其每个场景下的最佳值，并在其下方标注下划线。

当依次以下划线为每方参与者找出了他所有场景下的最佳值后，再来审视收益表，如果有方格其中所有数字下都有下划线，那么该方格对应的策略组合就是一个纳什均衡，见表5-7中的（市中心，市中心）。

表5-7　　　　商场选址（带下划线）

		百家乐			
		市郊	市中心	城市东部	城市西部
帝豪	市郊	30，40	50，95	55，95	55，120
	市中心	115，40	100，100	130，85	120，95
	城市东部	125，45	95，65	60，40	115，120
	城市西部	105，50	75，75	95，95	35，55

（2）箭头法。相对而言，画箭头稍复杂一些，但它能揭示博弈的更多信息。箭头表示参与者策略的调整方向，沿着箭头方向己方的收益变得更好。

对于一个以收益表描述的给定博弈，需要分析每方参与者在其所有可能面临的场景下以画箭头的方式描绘出策略的调整情况。在每个场景下每位参与者的策略调整情况，指的是始于当下场景的每个策略组合该参与者在利益驱使下的策略改变方向。

当依次以箭头为每方参与者画出了他所有场景下的策略调整方向，再来审视收益表，如果有方格只有箭头进来而没有箭头出去，那么该方格对应的策略组合就是一个纳什均衡，见表5-8中的（市中心，市中心）。

在收益表中，由于左侧那位参与者的策略空间按列排列，所以他的策略调整方向要么由上向下要么由下向上；同理，上方那位参与者的策略调整方向要么由左向右要么由右向左。

由表5-7与表5-8还可得到，对于一个给定且以收益表描述的博弈，既可用画下划线也可以画箭头的方式来分析其纳什均衡的情况。

表5-8　　　　商场选址（带箭头）

		百家乐			
		市郊	市中心	城市东部	城市西部
帝豪	市郊	30，40	50，95	55，95	55，120
	市中心	115，40	100，100	130，85	120，95
	城市东部	125，45	95，65	60，40	115，120
	城市西部	105，50	75，75	95，95	35，55

5.2.9 存在两个纳什均衡的博弈

若一个博弈有且只有一个纳什均衡，便可明确判定参与者的互动结果一定是那个唯一的纳什均衡。如果博弈存在两个甚至更多个纳什均衡时，则难以给出明确的回答。

【案例6】 移树与不移树

小王和小张驾车行驶在同一条马路上，横卧在路上的一棵大树挡住了他们的去路。他们必须将树移走才能继续前进，否则就得绕道前行。由于树大一个人无法独立移走需要两人齐心协力才能顺利移走；若只有一人下车移树不但不能成功还将受伤，而另一人则需护送伤者去医院。因此，对于每个博弈参与者，都有两种战略可供选择：移树或不移树。移树与不移树博弈见表5-9，表中数字表示主观收益。

表5-9　　移树与不移树博弈（带下划线）

		小张	
		移树	不移树
小王	移树	2̲，2̲	−5，0
	不移树	0，−5	1̲，1̲

从表5-9中可以看出，一共有4种策略组合，根据下划线法可知，博弈不仅有而且还具有两个纳什均衡：(移树，移树）和（不移树，不移树)，即要么都移树或者都不移树。

一个博弈若具有两个或以上的纳什均衡，是一件“幸福的烦恼”，因为给不出一个明确的答案。在博弈理论拓展到群体演化博弈之前，众多的博弈论学者致力于“纳什均衡的精炼”，想尽办法获得一些额外信息以助于判断各个均衡发生的概率大小等。托马斯·谢林（Thomas C. Schelling）是在这方面做出杰出贡献的代表。为了纪念他，人们把这种以额外信息为线索精炼得到的纳什均衡称为谢林点（Schelling Point)。

针对本例，若假定小王与小张彼此熟悉，互相了解对方的做事习惯，那么这些额外信息有可能将帮助获得谢林点（移树，移树）或（不移树，不移树)。

案例7同样也是具有2个纳什均衡的博弈，其谢林点更具现实意义。

【案例7】 交通信号灯

一辆宝马车与一辆奔驰车相遇在上海路与南京路相交的十字路口。每辆车有两个策略：前行、等待。假定路口并不宽敞，若两车都前行将发生碰撞酿成严重交通事故；若一车前行而另一车等待，则两车均能先后顺利通过路口且先行通过的获益稍高些；若两车都等待，虽不至于发生交通事故但它们均未能通过路口。两车的互动一共有4种不同的策略组合，交通信号灯见表5-10。从非合作博弈角度来看，该博弈有占优策略均衡吗？有多个纳什均衡？你能预测完全理性的司机们的互动结果吗？

表5-10　　交通信号灯（带下划线）

		奔驰	
		前行	等待
宝马	前行	−10，−10	3̲，1̲
	等待	1̲，3̲	0，0

从表5-10中的下划线可发现：案例7与案例4的博弈同类，博弈双方没有占优策略，因此不存在占优策略均衡；案例7与案例6一样，不仅存在纳什均衡而且还有2个纳

什均衡。正因为博弈存在 2 个纳什均衡，可以想象两个完全理性且互不相识的司机将无所适从。怎样解决这一无所适从的问题？在现实生活中，交通十字路口均装有交通指示灯。这些交通指示灯实质上在默默地为司机们提供谢林点。在城市繁忙的十字路口，一旦交通指示灯故障，交通将瞬间由畅通变打结。

纳什均衡是一个重要的概念，对于有且只有一个纳什均衡的博弈，它能为我们揭晓参与者的互动结果。但案例 6 和案例 7 表明有些博弈可能具有超过一个的纳什均衡，此时仅凭纳什均衡概念难以给出明确的回答。因为参与者无从判断出哪一个纳什均衡会实现，所以很难实现策略协同。在博弈论中，为了突现这一特性，将存在超过一个纳什均衡的博弈称为协调博弈（coordination game）。托马斯·谢林在这方面做出了杰出贡献，荣获了 2005 年度的诺贝尔经济学奖。

5.2.10　不存在纳什均衡的博弈与零和博弈

案例 1～案例 7 均有纳什均衡，其中案例 6 和案例 7 还有 2 个纳什均衡。是否所有的博弈都具有至少 1 个纳什均衡吗？案例 8 将给出了否定的回答。

【案例 8】　猜硬币游戏

双方约定一方为奇方，另一方为偶方；双方同时各出示一枚硬币，正面朝上或背面朝上。如果双方硬币朝上的面相同，则偶方将得到这两枚硬币；如果硬币朝上的面不同，那么奇方将获得这两枚硬币。表 5－11 为猜硬币游戏。

表 5－11　　猜硬币游戏（带下划线）

		偶方	
		正面	反面
奇方	正面	−1，$\underline{1}$	$\underline{1}$，−1
	反面	$\underline{1}$，−1	−1，$\underline{1}$

从表 5－11 中的下划线可知，该博弈没有纳什均衡。因为该博弈没有纳什均衡，所以完全理性的两位玩家的互动充满着随机性与不确定性。该游戏的乐趣正在于其随机性与不确定性，这也从反向阐释了策梅洛定理的通俗解读：若两个“上帝”对弈国际象棋，那么他俩会觉得极其无聊。

仔细观察表 5－11 中的数字，可发现案例 8 还有一个特点，即每种策略组合下参与者的收益之和均为零。具有这一特点的博弈称为零和博弈。

需要特别指出的是，案例 8 没有纳什均衡的结论只有将策略限定在纯策略范围内才成立。如果将策略拓展到混合策略，冯·诺伊曼与摩根斯坦已证实：两人零和博弈即使没有纯策略纳什均衡也必定存在混合策略纳什均衡；约翰·纳什更进一步证明了所有两人博弈都一定存在混合策略纳什均衡。约翰·纳什也凭这一成果荣获了诺贝尔经济学奖。

5.3　经典博弈论分类

前述案例均属于非合作博弈，若按其纳什均衡的特征进行简单归类，如图 5－4 所示。

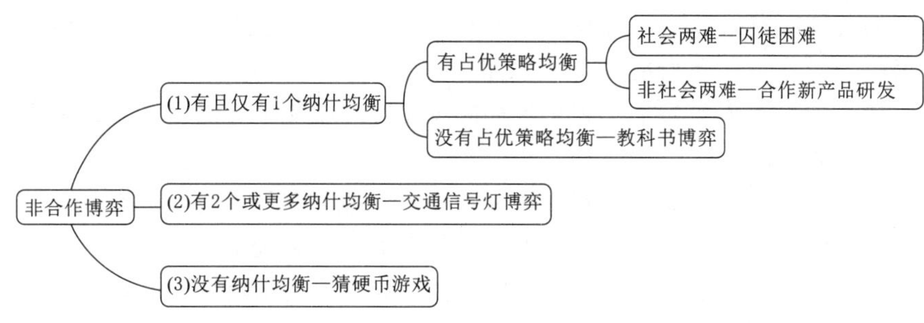

图 5-4　按纳什均衡特征对非合作博弈的分类

由于人们的互动情形与模式多种多样，相应的理论研究成果也是丰富多彩。本节简要介绍几种常见的经典博弈分类方法。

5.3.1　双人博弈、三人博弈、多人博弈

参与者是博弈的决策主体，按参与方数量的多寡，博弈可以分为双人博弈、三人博弈、多人博弈直到 n 人博弈。

(1) 双人博弈、三人博弈。案例 1～案例 8 均属于双人博弈。对这些双人博弈，常采用标准式以收益表的形式来描述，便于用启发式方法快速判定纳什均衡的情况。对于三人博弈，收益表的这一特性仍然有效，只是略微复杂一点。三人博弈作为双人博弈到多人博弈的过渡，能体现出双人博弈不具有的一些特点，例如可能出现两位参与者组成联盟对抗第三方。

【案例 9】　酒吧博弈

西方人喜欢到酒吧消遣。假设博弈方有鲍勃、埃米尔与凯利，下班后他们可以选择待在家里休息或去酒吧消遣。在酒吧消遣的主观感受取决于酒吧里的氛围，人太多嫌吵杂，人太少嫌冷清，如图 5-5 所示；选择待在家里休息的主观收益为 1 个基本单位，表 5-12 为酒吧博弈。这个酒吧博弈三方会如何互动呢？

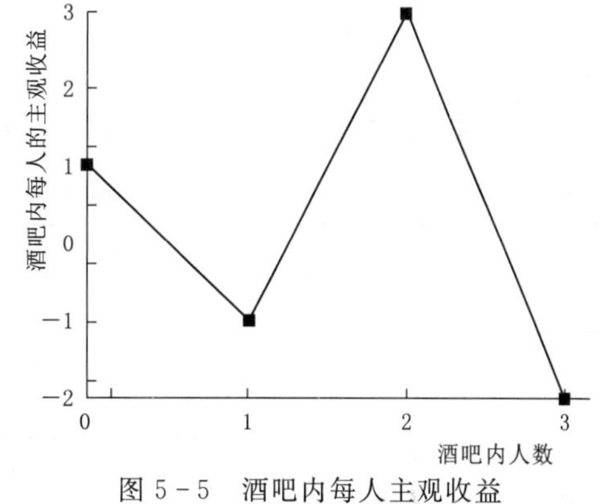

图 5-5　酒吧内每人主观收益

表 5-12　**酒吧博弈（带下划线）**

		凯利			
		家里		酒吧	
		埃米尔		埃米尔	
		家里	酒吧	家里	酒吧
鲍勃	家里	<u>1</u>，<u>1</u>，<u>1</u>	1，−1，1	1，1，−1	<u>1</u>，<u>3</u>，<u>3</u>
	酒吧	−1，1，1	<u>3</u>，<u>3</u>，<u>1</u>	<u>3</u>，<u>1</u>，<u>3</u>	−3，−3，−3

三人博弈的收益表相较两人博弈的稍复杂一些。表 5-12 中，左侧参与者鲍勃与右上

方参与者凯利的策略空间表示如同两人博弈的一样，但右侧中间参与者埃米尔的策略空间细分为了两部分，以这样生成的右下方表格跟三方参与者的策略组合形成一一对应的关系；每个收益表格均有3个数字，从左至右依次代表对应策略组合下左侧、右侧中间以及右上方参与者的收益。

酒吧博弈，依表5-12中的下划线情况可知，一共有4个纳什均衡：（家里，家里，家里）、（家里，酒吧，酒吧）、（酒吧，酒吧，家里）和（酒吧，家里，酒吧）。第1个纳什均衡虽然整体收益远低于后3个纳什均衡，但确实没人能通过单方的策略调整增加己方的收益。后3个纳什均衡的共同特征是“两人在酒吧一人在家里”，由于在酒吧的收益远高于在家的，博弈很可能出现两人结盟去酒吧消费而留下第三方无奈只能待在家里。

如果酒吧博弈三方是同时决策也没有彼此联络结盟的机会，该协调博弈的不确定性就将凸显。可能的演绎情况是，某一夜晚三人都去了酒吧，但因为人多过于喧嚣而感受糟糕，于是下一晚都选择待家里……酒吧常易陷入“人多过于嘈杂”或“人少过于冷清”两个极端。曾经的高校招生“大小年”现象也类似，若去年报考者众多而竞争激烈今年可能报考者骤降，若今年报考者几乎均被录取明年报考者则可能又爆棚……。尽可能多地提供相关信息是解决这类协调博弈不确定性问题的有效办法。

（2）**多人博弈。**若博弈参与者超过三方，则不便于用先前的收益表来描述了，如案例10。

【案例10】　排队博弈

这是一个有6位参与者的博弈。6位就餐者来到食堂，食堂只有一个窗口且还未到开饭时间。这6位就餐者每人可选择站着排队等待依次接受服务，也可选择坐着依随机的顺序接受服务。假设每位选择站着等的需要付出相等的辛苦成本（2个基本单位）而坐着等是零成本，他们的主观收入依接受服务的顺序依次递减，其收益表见表5-13。该排队博弈有纳什均衡吗？

表5-13　　排队博弈的收益表

服务次序	总收入	净收入	服务次序	总收入	净收入
第一	20	18	第四	11	9
第二	17	15	第五	8	6
第三	14	12	第六	5	3

假设6位就餐者都坐着等，那么每个人接受服务的机会是平等，每个人的主观期望收益值为：(1/6)×20＋(1/6)×17＋(1/6)×14＋(1/6)×11＋(1/6)×8＋(1/6)×5＝12.5。对于该博弈的纳什均衡，可采用排除法来分析如下：

首先，判断“每个人都坐着”是不是一个纳什均衡？因为若有人第一个站起来去排队，那么他的净收入为18，而18＞12.5，所以肯定会有人站起来排第1，即“每个人都坐着”肯定不是一个纳什均衡。

是否有人愿意站起来排第2呢？排第1的净收入为15，而5位坐着等的人每位的期望收益为(1/5)×17＋(1/5)×14＋(1/5)×11＋(1/5)×8＋(1/5)×5＝11。由于15＞11，所以肯定会有人站起来排第2，即“1个人站着5个人坐着”不是一个纳什均衡。

同理，也可判断“2个人站着4个人坐着”与“3个人站着3个人坐着”都不是纳什均衡。“4 个人站着 2 个人坐着”是纳什均衡吗?

站着排第 4 的净收入为 9，而 2 位坐着等的人每位的期望收益为(1/2)×8+(1/2)×5=6.5，由于 9>6.5，因此肯定有人愿意站起来排第 4。再加之，因为 6<6.5，2 位坐着等的人没有人愿意站起来排第 5。所以 6 人排队博弈的“4 个人站着 2 个人坐着”确实是纳什均衡。

与前述案例不一样，排队博弈未使用标准式的收益表，而且也未为这 6 位参与者虚拟姓名，而是隐藏采用了多人博弈中的两个重要概念——代表性经济人（representative agent）与状态变量（state variable）。

代表性经济人，假定所有的参与者都是一致的、无差别的，有着同样的战略集，并且存在对称收益。例如，在排队博弈中不管是哪一位只要是排第 1 净收入都是 18，排第 2 则净收入都是 15。在排队博弈的分析中还采用了另一个重要的简化假设—博弈的状态变量，即没有就餐者需要去了解其他对手所选择的策略（例如，谁排队列的第一个，谁排第二个等)。参与者需要知道的只是队列的长度：如果队列比较短，最优反应策略是站起来排队；否则最优反应策略应是坐着等。排队博弈中的状态变量即是队列的长度。

诚然，多人博弈的人数 n 不限于 6，原则上可多至无限，如案例 11。

【案例 11】　通勤者博弈

随着我国经济社会持续快速发展，机动车保有量快速增长。据公安部交通管理局 2021 年 1 月发布消息，2020 年全国机动车保有量达 3.72 亿辆，其中 70 个城市汽车保有量超过 100 万辆。随着家庭汽车消费的迅猛增长，我国绝大多数城市在上下班车流高峰时均常见通拥堵现象。严重的交通拥堵是巨额的社会损耗，因此迫切需要寻求解决之道。本案例尝试阐释规则在交通管理中的作用。

通勤者博弈中的个体数 n 数量规模不限，并以代表性经济人概念对通勤者个体作无差异处理。通勤者代表性经济人对交通工具的选择，假定为开私家车（开车人）或乘坐公交车（乘车人)；通勤者代表性经济人的博弈主观收益取决于其出行途中花费的时间。

假定：路上车辆只有私家车与公交车两类车辆；该城市的公交车足够满足通勤者需要且数量规模不变，于是道路上车辆的增减取决于选择开私家车出行的通勤者数量。在这一假定下，根据交通常识可知有如下规律：若更多的通勤者选择开私家车出行，路上车辆总数将增加进而降低行驶速度甚至造成交通堵塞；行驶速度下降或交通拥堵，将延长所有通勤者通行的时间，造成他们的主观收益降低。

该博弈的状态变量是开车人与乘车人的比例。如果在现行交通管理中收益情况如图 5-6 所示，完全理性的通勤者会如何互动?博弈的纳什均衡情况如何?

从图 5-6 可见：无论选择何种交通工具的通勤者，随着开车人的比例增大，由于通行速度越来越缓慢，所有人的收益都同速下降；但是无论多少人选择公交出行，开私家车是占优策略。因此，该博弈不但有纳什均衡而且还是占优策略均衡。不过，遗憾的是

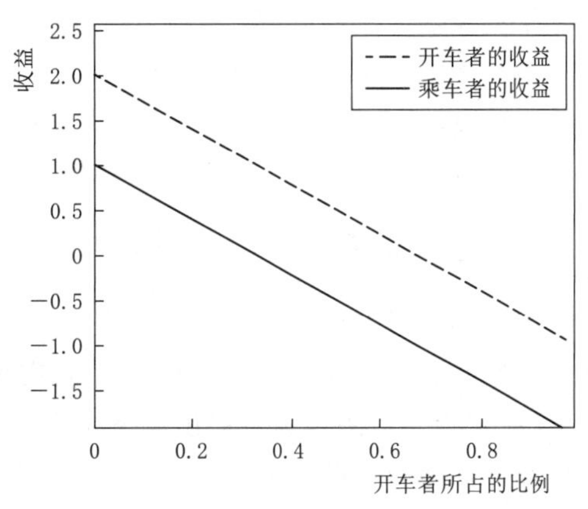

图 5-6　通勤者的主观收益

该占优策略均衡下每位通勤者的收益均为−1.5，远低于所有人选择乘坐公交车时的1。这意味着，现行交通管理下，通勤者博弈是囚徒困境，是一个社会两难问题。

造成这一社会两难问题的根源在于现行交通管理下开私家车是占优策略。若以 x 表示开车者所占比例，y 表示通勤者主观收益，则用数学表达式写出两类通勤者的收益函数后就清晰了：$y_{乘车人}=-3x+1$；$y_{开车人}=-3x+2$；恒有 $y_{开车人}>y_{乘车人}$。

图5-6的博弈是个社会两难问题。对于这样的社会两难问题应怎样寻求解决之道呢？我们不妨先简要回顾一下案例1与案例3，两个案例均有占优策略均衡，但前者属“社会两难”后者却是“皆大欢喜”，造成差别的根本原因在于收益表中数字差异背后隐藏的收益变化规律。所以，通过调整图5-6中的两条直线可能打破原有的“所有通勤者均选择开私家车”这个占优策略均衡。简单起见，假设只调整开车人的收益变化规律，乘车人的收益维持不变，复杂的通勤者博弈的收益如图5-7所示。

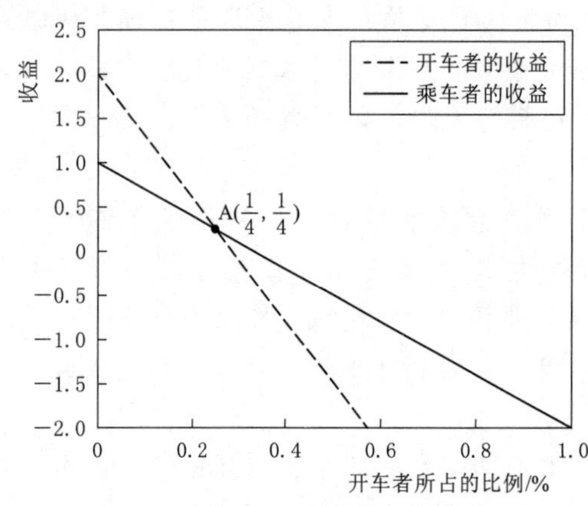

图5-7 复杂的通勤者博弈的收益

图5-7中两条直线不再平行而是发生了交叉，交点坐标为A(1/4，1/4)。图中交点（1/4，1/4）表示，当有1/4的通勤者选择开私家车时，所有的通勤者收益均为1/4。该交点还具一个重要特征：如果有个别通勤者受到某些干扰而改变自己原有策略，那么将有对等数量的其他通勤者作出相反的策略调整，即（1/4，1/4）是通勤者互动的平衡点。例如，在横坐标1/4处，若有一个乘车人转变为开车人，他将转移到1/4右边的区域，此时开车人处于不利地位，所以会有一个开车人转变为乘车人，从而使“开车者所占的比例”又返回到1/4处。同理，如果一个开车人转变为乘车人而转移到1/4处左边区域，这时处于不利地位的是乘车人，所以有一乘车人将转变为开车人，于是“开车者所占的比例”又回到原处。总之，当“开车者所占的比例”为1/4时，没有人可以通过改变战略而获利，“3/4乘车人，1/4开车人”是图5-7通勤者博弈的唯一纳什均衡，在该均衡下每位通勤者的主观收益均为1/4。

相比于图5-6，图5-7中开车人的收益随“开车者所占的比例”的增加下降更快，其函数为 $y_{开车人}=-7x+2$。这样的调整可以有效地解决通勤者的社会两难问题。像开设公交专用道这样具体的交通举措就能实现由图5-6到图5-7的改变。

5.3.2 合作博弈与非合作博弈

如果参与者能作出可信或具约束力的承诺以协调彼此之间的策略选择，则这样的博弈称为合作博弈（cooperative games），否则称为非合作博弈（non-cooperative games）。

《博弈论与经济行为》的出版被视为博弈论的诞生标志，在于它提出了标准式、扩展式以及合作博弈模型解的概念与分析方法。自该书出版之后到20世纪50年代，合作博弈的研究和应用一度曾达到巅峰。1950—1953年，约翰·纳什先后发表了4篇划时代意义的学术论文，证明了非合作博弈均衡的存在性，并指出对合作博弈的研究可通过简化为非合作博弈的形式来进行，进而揭示了博弈均衡与经济均衡的内在关联，把博弈论的研究与应用推进到一个新阶段。与之同时，博弈论的研究很长时期聚焦于非合作博弈。加之经济学家在博弈论发展中的作用不断提升，而他们总是不相信合作，因此非合作概念已占据了主导地位。近来，也有学者在研究非合作博弈前提下，如何设计引导参与者形成合作的机制。

5.3.3 中文版博弈论书籍中常见的架构

在非合作博弈中，为了条理清晰便于阐述与分析，根据以下两条标准（或两个维度）：①参与者同时决策且仅互动一次？②所有参与者是否对博弈的信息结构（三大要素）有完整的了解？

中文版博弈论书籍通常将博弈论进一步细分为四个部分，见表 5－14。若对第 1 个问题的回答是肯定的，则归类为静态博弈，否则为动态博弈。如果对第 2 个问题的回答是肯定的，则归类为完全信息博弈，否则为非完全信息博弈。这方面的书籍有很多可供参考。

表 5－14　　非合作博弈分类及其对应的均衡

	完全信息	不完全信息
静态博弈	完全信息静态博弈（纳什均衡）	不完全信息静态博弈（贝叶斯纳什均衡）
动态博弈	完全信息动态博弈（子博弈精炼纳什均衡）	不完全信息动态博弈（精炼贝叶斯纳什均衡）

5.4 博弈理论的持续发展

5.4.1 演化博弈

博弈理论已在众多领域得到了广泛的应用，但是随着社会的发展和科技的进步，许多博弈模型研究的社会经济问题和决策环境变得越来越复杂，基于完全理性个体假设的博弈论渐渐凸显出它的不足。关键原因就在于它所要求的完全理性过于理想化，它假设博弈方始终以个人利益或效用最大化为目标，有完美的分析判断和决策执行能力，且不会犯任何错误，还要求具有理性共同知识。这对现实生活中的博弈方来说，未免太过于苛刻。一方面，人们在面临大多数比较复杂的决策问题时，现实中更多凭借本能而不是基于精细的寻优来决策，模仿从众比精细寻优更普遍；另一方面，由于现实的博弈方的理性局限及能力上的欠缺，可能导致纳什均衡不会实现。因此对于复杂的社会经济博弈问题，要保证博弈分析的理论和应用价值，就必须突破完全理性的假设。

演化博弈论是经典博弈论（基于完全理性假设的博弈论）和生物进化理论结合的产物，是利用生物进化模型研究有限理性情况下的人类行为及相关社会经济问题的有效方法。它是由 John Maynard Smith 和 George Price 在 20 世纪 70 年代处理生物学领域博弈问题时提出。演化博弈论从有限理性的博弈者出发，利用动态分析方法来考察系统（群体）达到均衡的过程，并利用一个新的均衡概念—演化稳定均衡来预测博弈者的群体行为。20 世纪 90 年代，演化博弈理论正式确定了其学术地位。

由于演化博弈所提供的局部动态研究方法是从更现实的社会人出发，因此结论更接近现实。它与之前的经典博弈理论相比有以下重要的区别：

(a) 演化博弈理论的研究对象总是由个体组成的群体而非两个（或多个）参与者。

(b) 与静态的经典博弈理论相比，演化博弈理论为系统的动力学研究提供了一个自然的方式。

关于演化博弈动力学，通常有以下诠释：

第一种是传统的模式。它将策略编码为个体的基因，且成功的基因类型由于有更高的繁殖率将在种群中得到传播。在生物学中，生物在繁殖过程中自然地选择成功的策略，它并不需要理性的因素或者其他形式的认知能力。

第二种是文化进化。成功的行为将被其他个体模仿而得以复制，成功的策略通过模仿与学习得以传播或普及。虽然个体参与者也需做出自己的决策，但他们仅仅通过模仿更成功者来进行，而非像经典博弈理论中那样要详尽地分析局势进而做出理性决策。这样的决策即使在极小的认知能力前提下也是可行的。

演化博弈论将经典博弈论的“完全理性”假设前提，“解放”为“有限理性”。它基于复制者动力学（replicator dynamics）拥有完美的动力学信息。经典博弈论中的“混合策略”与“纳什均衡精炼”等较难理解的术语或问题，在演化博弈理论中也将“迎刃而解”。

在演化博弈论中，两大核心问题就是演化稳定策略（evolutionary stable strategy，ESS）及复制者动态方程（replicator dynamic equation），他们分别表征演化博弈的稳定状态和向这种稳定状态的动态收敛过程。

演化稳定策略源于生物进化论中的自然选择原理，由 Smith（1974）和 Price（1973）提出。它是指，如果群体中所有成员都采取这种策略，那么在自然选择的影响下，将没有突变策略侵犯这个群体。如果一个系统能够消除任何小突变群体的侵入，那么就称该系统达到了一种演化稳定状态，此时群体所选择的策略就是演化稳定策略。演化稳定策略可以抵御其他策略的干扰和冲击，相比于纳什均衡更加稳健，是选择博弈均衡的重要方法之一，对提升博弈分析的可靠性具有重要作用。

复制者动态方程，它是由生态学家 Taylor 和 Jonker 于 1978 年在考察生态演化现象时首次提出，标志着演化博弈论的又一次重大突破。演化博弈一般描述无结构的、无限大的总体进化动态，对于可采取 N 种策略的种群，总体内不同策略比例的进化情况可用复制者动态方程（Replicator equations）来表示，即

$$x_i' = x_i(\pi_i - \pi) \tag{5-1}$$

式中：x_i 为选择策略 i 的个体占总群体数的比例；π_i 为策略 i 个体的期望收益；π 为种群的平均收益。

该复制者动态方程表示的含义为，选择策略 i 种群比例的增长率等于该策略收益与种群平均收益之差。差值大于 0 表示该策略占比趋向于增长，小于 0 表示趋向于衰减。总的来说，复制者动态方程具有很精细的数学特性，可展现非常丰富的动力学现象，并能揭示演化博弈动力学很多重要的内在规律。案例 12 以 2×2 对称博弈为例来介绍演化稳定策略及复制者动态方程。

【案例 12】 2×2 对称博弈

2×2 对称博弈，见表 5-15。假设有一个无限数量的种群，个体之间充分混合且每一个体都均等地与其他个体进行博弈，采取 A 策略的个体在占总体的比例为 x，则采取 B 策略的个体占总体比例为 $1-x$。采用两种策略的期望收益和种群平均期望收益分别为

$$\begin{cases} u_1 = x \cdot a + (1-x) \cdot b \\ u_2 = x \cdot c + (1-x) \cdot d \\ \bar{u} = x \cdot u_1 + (1-x) \cdot u_2 \end{cases} \tag{5-2}$$

表 5-15　　2×2 对称博弈

		博弈方 2	
		策略 A	策略 B
博弈方 1	策略 A	a，a	b，c
	策略 B	c，b	d，d

演化博弈的复制者动态方程为

$$\begin{aligned} \frac{\mathrm{d}x}{\mathrm{d}t} &= x(u_1 - \bar{u}) \\ &= x[u_1 - xu_1 - (1-x)u_2] \\ &= x(1-x)(u_1 - u_2) \\ &= x(1-x)[(a-b-c+d)x + (b-d)] \end{aligned} \tag{5-3}$$

在收益矩阵中，当且仅当 $a \geqslant c$，策略 A 是纳什均衡；当且仅当 $a>c$，策略 A 是严格纳什均衡；同理，当且仅当 $b \leqslant d$，策略 B 是纳什均衡，当且仅当 $b<d$，策略 B 是严格纳什均衡。由复制者动态方程可知，给定 a、b、c、d 的值，$\frac{\mathrm{d}x}{\mathrm{d}t}$ 为 x 的一元函数，令 $F(x)=\frac{\mathrm{d}x}{\mathrm{d}t}=0$，可解得该复制者动态方程的 3 个奇点，即

$$\begin{cases} x^* = 0 \\ x^* = 1 \\ x^* = (d-b)/(a-b-c+d) \end{cases} \tag{5-4}$$

在此模型下，有四种演化动态，具体如下：

（1）占优（dominance）。在这种情况下，无论对手采取什么行动，始终存在一个策略是更好的选择。如果 $a>c$、$b>d$，则 A 占优 B，$x^*=1$ 是唯一稳定点，群体最终均选用 A 策略；如果 $a<c$、$b<d$，则 B 占优 A，$x^*=0$ 是唯一稳定点，群体最终都选用 B 策略。

（2）双稳定（bistability）。如果 $a>c$、$d>b$，则 A 与 B 是双稳定，$x^*=0$ 和 $x^*=1$ 都可能是稳定点，而 $x^*=(d-b)/(a-b-c+d)$ 则是不稳定点。群体最终演化结果取决于策略 A 的初始比例 x_0：如果 x 大于某个阈值群体将最终全部演化为 A 策略；反之，群体则将最终全部演化为 B 策略。

（3）共存（coexistence）。如果 $a<c$、$b>d$，则 A 与 B 共存，$x^*=(d-b)/(a-b-c+d)$ 为唯一稳定点。群体最终演化结果为：部分个体选用 A 策略、剩余个体选用 B 策略，其中

选用 A 策略的个体数目与群体总数之比为一稳定值 $x^*=(d-b)/(a-b-c+d)$。

(4) 中性选择 (neutrality)。如果 $a=c$、$b=d$，则 $u_1=u_2$，个体选择策略 A 或者 B 获得同等收益，此时为中性博弈。

以上四种情况如图 5-8 所示，箭头表示选择的方向，实心圆为稳定的平衡点，空心圆为不稳定的平衡点。在中性选择情况下，整条线由中性的稳定固定点组成。

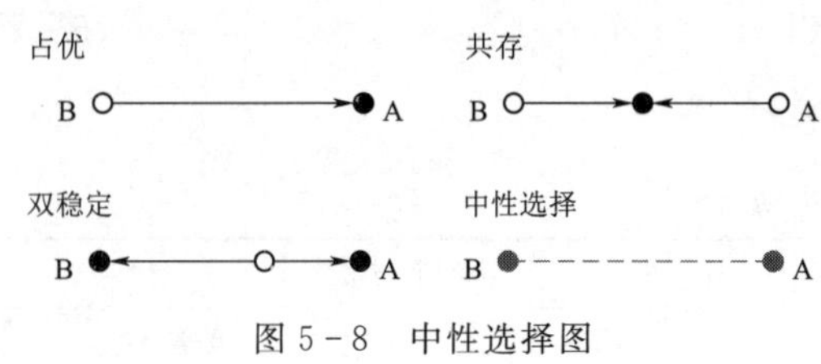

图 5-8 中性选择图

在群体演化博弈中，不再出现“多个纳什均衡精炼”的困扰。以案例 6 为例，若用 x 表示群体中选择“移树”的占比，群体中选择“不移树”的占比则为 $1-x$。根据式 (5-3)，可得选择“移树”者的复制者动态方程为

$$\frac{\mathrm{d}x}{\mathrm{d}t}=F(x)=x(1-x)[(a-c-b+d)x+(b-d)]=x(1-x)(8x-6) \quad (5-5)$$

式中，$a=2$、$b=-5$、$c=0$ 以及 $d=1$。满足 $a>c$、$d>b$，则“移树”与“不移树”是双稳定。

令 $F(x)=0$，则解得三个奇点：$x^*=0, x^*=1, x^*=\frac{3}{4}$。群体的演化动力学如图 5-9 所示。其中横坐标 t 表示群体演化的时间，纵坐标 x 表示采用“移树”策略在群体中的占比。由图 5-9 可知：当 $0<x_0<\frac{3}{4}$时，$\frac{\mathrm{d}x}{\mathrm{d}t}<0$，$x$ 将不断减小，最终向稳定点 $x^*=0$ 收敛；当$\frac{3}{4}<x_0<1$ 时，$\frac{\mathrm{d}x}{\mathrm{d}t}>0$，$x$ 将不断增大，最终向稳定点 $x^*=1$ 收敛；群体演化的归宿是唯一的，“移树”者在初始人群的占例若小于$\frac{3}{4}$群体所有个体终将全部变为“不移树”者，否则群体所有个体终将全部变为“移树”者。

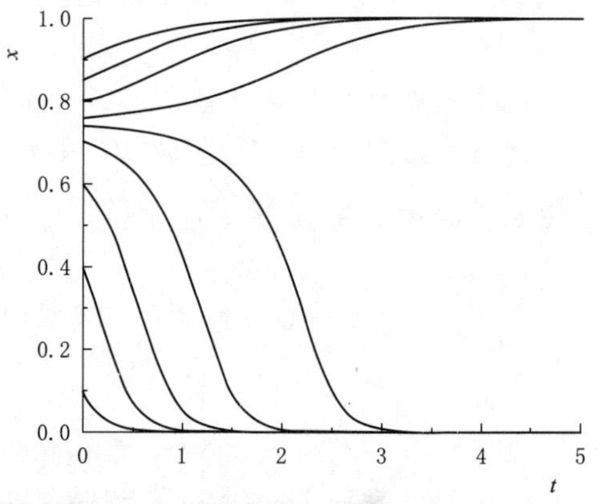

图 5-9 移树与不移树博弈的演化规律

在案例 7 的交通信号灯博弈中，$a=-10$、$b=3$、$c=1$ 以及 $d=0$。满足 $a<c$、$b>d$，则“前行”与“等待”是共存。通过求解其复制者动态方程，可得 3 个奇点分别为 $x^*=0$、$x^*=1$、$x^*=\frac{3}{14}\approx0.21$，其中 $x^*\approx0.21$ 为唯一稳定点，交通信号灯博弈的演化规律如图 5-10 所示。无论群体初始状态如何，最终的演化结果都是约 21%的个体选择“前行”。共存的本质含义是没有策略将被消亡，但占比可依 $x^*=(d-b)/(a-b-c+d)$进行调整。

上述演化博弈案例，群体中每个个体的策略空间含有 2 个纯策略，且收益矩阵是对称的。诚然，更具普遍性的看法，策略的数目可以增加，收益矩阵也可以是非对称的，只不过复制者动态方程（组）的推演将更复杂。

5.4.2 随机演化博弈

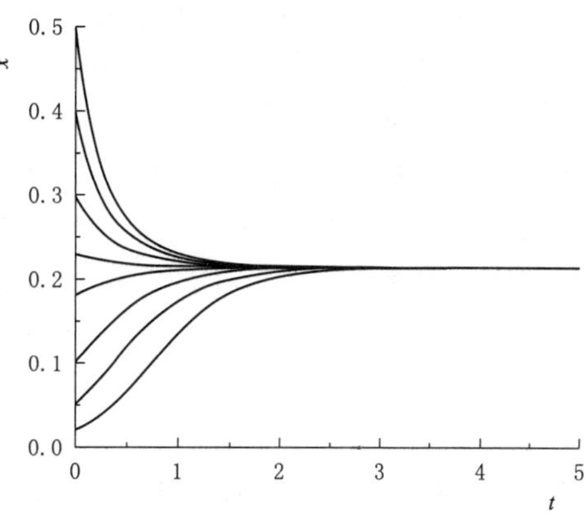

图 5-10 交通信号灯博弈的演化规律

随机演化博弈（Stochastic Evolutionary Game）由美国著名数学家劳埃德·夏普利（Lloyd Shapley）在 20 世纪 50 年代初提出，表示一个或多个参与者进行的具有状态概率转移的多阶段动态博弈。随机演化博弈的博弈过程可以描述为：在每一个阶段的开始，博弈都处在一个特定的起始状态下。首先，参与者选择某种策略，并且获得当前状态下选取该策略的收益；然后，博弈转移到下一个阶段，在这个随机状态下的概率分布只取决于上一个系统状态和各位参与者的行动选择；最后，在新的状态中重复上述过程，整个博弈过程持续进行有限或无限次。其中参与者在整个随机博弈过程中得到的总回报常用各个阶段回报的贴现和或各个阶段回报平均值的下限来计算。

随机演化博弈基于马尔科夫决策过程，采用 Moran 与 Wright - Fisher 等机制将博弈论从“确定性”领域推广到“随机”领域。

目前，在随机演化博弈理论中，成对比较过程（pairwise comparison process）、Moran 过程和 Wright - Fisher 过程用于描述演化博弈动态的最具代表性的三种演化机制。其中，除 Wright - Fisher 过程为同步更新过程外，其余两种均为异步更新过程。

假设一个有限群体拥有 N 个参与者，有 i 个参与者采取纯策略 A，则剩余的 $N-i$ 个参与者采取纯策略 B。即个体采取策略 A 和 B 的比率分别为 $x_A=i/N, x_B=(N-i)/N$，且有 $x_A+x_B=1$，2×2 收益矩阵见表 5-16。

表 5-16　2×2 收益矩阵

	A	B
A	a，a	b，c
B	c，b	d，d

采取策略 A 和 B 的个体收益分别为

$$\begin{cases} \pi_A = \dfrac{a(i-1)+b(N-i)}{N-1} \\ \pi_B = \dfrac{ci+d(N-1-i)}{N-1} \end{cases} \tag{5-6}$$

由此可得这两种策略在总体中的适应度分别为

$$\begin{cases} f_A = 1-w+w\pi_A \\ f_B = 1-w+w\pi_B \end{cases} \tag{5-7}$$

式中，$w\in[0,1]$为选择强度，当 $w=0$ 时，博弈收益对适应度没有影响；当 $w\ll1$ 时，收益对个体的适应度造成了一个很小的扰动，为“弱选择”；$w=1$ 时，适应度等于收益，为“强选择”，适应度完全由期望收益决定。这里的适应度函数替代了矩阵博弈中的收益函数，选择因子 w 的加入，使适应度函数体现了个体具有有限理性的特性。

1. 成对比较对过程

在群体中随机选取两个个体，一个扮演楷模角色 A，另一个则扮演模仿者角色 B。B 模仿采纳 A 策略的概率 p 取决于两者收益之比较，如果两者收益相同，则 B 随机选择策略。例如，概率 p 可以用收益差的线性函数表示为

$$p=\frac{1}{2}+\frac{w(\pi_A-\pi_B)}{\Delta\pi} \tag{5-8}$$

式中，$w(w\in[0,1])$表示选择强度；π_A 和 π_B 分别表示 A 和 B 的收益；$\Delta\pi$ 表示两者的收益差，当 $w\ll 1$ 时表示“弱选择”。

需要说明的是，模仿者 B 并不总是会模仿到更好的策略，有时也可能会采用到更差的策略。另外，还可以用统计力学中的费米函数来表示概率 p 的收益差的非线性函数为

$$p=[1+e^{w(\pi_A-\pi_B)}]^{-1} \tag{5-9}$$

在这里，选择强度和温度成反比，并且可以为任意正数。对于 $w\ll 1$ 的弱选择，概率 p 转化为收益差的线性函数。对于 $w\to\infty$ 的强选择，该过程收敛于模仿动力学。此时，p 成为阶跃函数，当 $\pi_B>\pi_A$ 时为正，当 $\pi_B<\pi_A$ 为负。

2. Moran 过程

Moran 过程表示以与适应度成比例的概率，随机地从群体中选取一个个体，该个体通过复制产生一个子代个体，为了保持群体规模不变，在将该子代个体加入群体之前，需从父代群体中随机剔除一个个体。Moran 过程如下：

(1) 选择。依据不同策略在总体中所占的收益大小，随机选择一个个体。

(2) 繁殖。被选取的个体复制出一个采用相同策略的后代个体。

(3) 替换。用产生的后代个体随机替换总体中的任意一个个体。

因此，Moran 过程在每次策略更新后，i 个选择 A 策略的个体数量可以增加一个或减少一个或保持不变。选择 A 策略的个体数量 i 的变化规律可以用状态空间为$\{0,1,\cdots,N\}$的马尔可夫过程来描述，因此在 Moran 过程中，选择 A 策略的个体数量从 i 变化到 $i+1$ 时的转移概率和从 i 变化到 $i-1$ 时的转移概率分别为

$$\begin{cases} p_{i,i+1}=\dfrac{if_A}{if_A+(N-i)f_B}\dfrac{i}{N} \\ p_{i,i-1}=\dfrac{(N-i)f_B}{if_A+(N-i)f_B}\dfrac{N-i}{N} \end{cases} \tag{5-10}$$

式 (5-10) 的两个随机过程在每次进行策略更新时，仅能对总体中的一或两个个体进行更新，个体的策略更新周期是不相同、异步的，因此称这两个随机过程都是异步更新过程。

3. Wright-Fisher 过程

设群体规模为 N，在演化过程的每一代，群体中的 N 个个体都以与自己适应度成正比的数量复制出子代，然后从这规模庞大的后代库中随机地选择出 N 个个体组成下一代。Wright-Fisher 过程描述的是同步更新过程，也就是说在每次策略更新时，总体中的每个

个体都有机会改变自己的策略选择。Wright - Fisher 过程描述如下：

（1）繁殖。总体中每个个体生成相同数量的多个选择相同策略的后代个体，这些后代完全继承父代个体选择的策略，构成一个数量为 N 的整数倍个后代个体的集合。

（2）选择。依据策略收益大小在总体中所占的比例，从这个后代集合里选出与总体数量相同的 N 个新一代后代个体。

（3）替换。新一代的后代个体完全替换上一代，完成种群个体的一代更新。

以前面描述的两人两策略对称博弈收益矩阵为例，Wright - Fisher 过程选择新一代后代个体的过程，相当于在总体产生的后代集合中进行 N 次独立的二项试验，根据策略的适应度函数，每次试验时选择到的个体采用 A 策略的概率为$\frac{if_A}{if_A+(N-i)f_B}$，产生新一代后代个体的过程就是一个概率为$\frac{(N-i)f_B}{if_A+(N-i)f_B}$的 N 重伯努利试验，因此 Wright - Fisher 过程是一个状态空间为$\{0,1,\cdots,N\}$的马尔科夫链，选择策略 A 的个体数量从状态 i 转变到状态 j 的转移概率为

$$p_{ij}=\binom{N}{j}\left(\frac{if_A}{if_A+(N-i)f_B}\right)^j\left(\frac{(N-i)f_B}{if_A+(N-i)f_B}\right)^{N-j} \tag{5-11}$$

Wright - Fisher 过程虽然与 Moran 过程类似，但 Wright - Fisher 过程首先让个体复制出多个后代个体，相当于自体克隆；然后再进行个体选择的过程。因此，Wright - Fisher 过程能够在保证策略的选择过程中符合演化博弈动态的前提下，让所有个体都能在一个策略更新周期内同时进行策略更新，Wright - Fisher 过程是一个比 Moran 过程效率更高的同步更新过程。

5.4.3　复杂网络上的演化博弈

早期的演化博弈理论，一方面假设群体是由无限个体组成的群体；另一方面还假设群体“混合”得刚刚好（mixed - well），即每个个体的策略取舍取决于分别跟群体中其他个体均博弈一次且仅博弈一次所得收益的整体衡量。这两方面的假设简化了复制者动态方程的解析推导，但同时也局限了它的应用。

有限群体演化博弈突破了上述第一个假设。它将群体规模视为 N，N 是群体中个体的数目，既可以是∞也可以是具体的某个有限值。

突破第二个假设的则是“结构化（structured）群体”的提出。结构化的群体是对现实经济、社会活动更贴近的描述。结构化群体中个体间的博弈频次有差异，群体的演化规律也不尽相同。

结构化群体的进一步发展则是网络化的群体。随着 1998—1999 年小世界网络与无标度网络的相继诞生，复杂网络理论引起了众多学科的关注。复杂网络理论与博弈论的结合，将博弈论的研究引向了一个新的天地——复杂网络上的演化博弈。

5.5　诺贝尔经济学奖获得者中的博弈论学者

自从 1944 年冯·诺伊曼和奥斯卡·摩根斯坦合著的《博弈论与经济行为》出版伊始，

博弈论就与经济学紧密结合在一起。半个多世纪以来，博弈论已对经济学乃至整个社会科学贡献良多也形成了重大的影响。

诺贝尔奖是以瑞典著名的化学家，硝化甘油炸药的发明人阿尔弗雷德·贝恩哈德·诺贝尔的部分遗产（3100 万瑞典克朗）作为基金创立的。诺贝尔奖分设物理、化学、生理或医学、文学、和平五个奖项，以基金每年的利息或投资收益授予前一年世界上在这些领域对人类作出重大贡献的人，1901 年首次颁发。1968 年，瑞典国家银行在成立 300 周年之际，捐出大额资金给诺贝尔基金，增设了“瑞典国家银行纪念诺贝尔经济科学奖”，并于 1969 年首次颁发，人们习惯上称这个额外的奖项为诺贝尔经济学奖。

据不完全统计，自 1994 年以来，已有超过八届的诺贝尔经济科学奖获得者都与博弈论有关。

1994 年，约翰·福布斯·纳什（John F. Nash Jr.）、约翰·海萨尼（John C. Harsanyi）和莱因哈德·泽尔腾（Reinhard Selten）这三位数学家因对非合作博弈理论的产生做出了开创性贡献而共同获得诺贝尔经济学奖，他们的研究为博弈论在经济学领域的应用开辟了一块新的天地（图 5-11）。

（a）约翰·福布斯·纳什 (John F. Nash Jr.)

（b）约翰·海萨尼 (John C. Harsanyi)

（c）莱因哈德·泽尔腾 (Reinhard Selten)

图 5-11　1994 年度诺贝尔经济科学奖获得者

1996 年，詹姆斯·莫里斯（James A. Mirrlees）和威廉·维克瑞（William Vickrey）因在信息经济学、博弈论方面做出了突出贡献，获得诺贝尔经济学奖。前者在信息经济学理论领域做出了重大贡献，尤其是不对称信息条件下的经济激励理论。后者在信息经济学、激励理论、博弈论等方面都做出了重大贡献（图 5-12）。

（a）詹姆斯·莫里斯 (James A. Mirrlees)

（b）威廉·维克瑞 (William Vickrey)

图 5-12　1996 年度诺贝尔经济科学奖获得者

2001 年，乔治·阿克尔洛夫（George A. Akerlof）、迈克尔·斯宾塞（A. Michael Spence）和约瑟夫·斯蒂格利茨（Joseph E. Stiglitz）研究了信息不对称问题，为

不对称信息市场的一般理论奠定了基石，因此被授予诺贝尔经济学奖。他们的理论迅速得到了应用，从传统的农业市场到现代的金融市场（图 5－13）。

(a) 乔治·阿克尔洛夫 (George A. Akerlof)

(b) 迈克尔·斯宾塞 (A. Michael Spence)

(c) 约瑟夫·斯蒂格利茨 (Joseph E. Stiglitz)

图 5－13　2001 年度诺贝尔经济科学奖获得者

2002 年，丹尼尔·卡纳曼（Daniel Kahneman）和弗农·史密斯（Vernon L. Smith）因在行为经济学和实验经济学方面做出了突出贡献，授予诺贝尔经济学奖（图 5－14）。卡纳曼将心理学分析方法与经济学研究融合在一起，为创立一个新的经济学研究领域奠定了基础。史密斯建立了用于经验经济分析尤其是可变换市场机制的工具——实验室测试方法。

(a) 丹尼尔·卡纳曼 (Daniel Kahneman)

(b) 弗农·史密斯 (Vernon L. Smith)

图 5－14　2002 年度诺贝尔经济科学奖获得者

瑞典皇家科学院认为：卡纳曼是因为“把心理学研究和经济学研究结合在一起，特别是与在不确定状况下的决策制定有关的研究”而得奖。卡纳曼是因为“通过实验室试验进行经济方面的经验性分析，特别是对各种市场机制的研究”而得奖。

2005 年，托马斯·克罗姆比·谢林（Thomas C. Schelling）和罗伯特·约翰·奥曼（Robert John Aumann）通过博弈论分析促进了人们对冲突与合作的理解，具体到经济领域，他们帮助“解释了诸如价格战和贸易战之类的经济冲突以及为什么一些社区相对于其他社区在管理共有资源方面更为成功。”因此共同获得了诺贝尔经济学奖（图 5－15）。

2007 年，埃里克·马斯金（Eric S. Maskin）、罗杰·迈尔森（Roger B. Myerson）和莱昂尼德·赫维奇（Leonid Hurwicz）因他们在经济机制设计理论方面做出的重大贡献，共同被授予诺贝尔经济学奖（图 5－16）。其中马斯金被誉当今国际经济学最受尊敬的经济学大师，迈尔森还编写了《博弈论：矛盾冲突分析》（*Game Theory*：*Analysis of Conflict*）及《经济决策的概率模型》（*Probability Models for Economic Decisions*）两本著作，赫维奇

(a) 托马斯·克罗姆比·谢林
(Thomas C. Schelling)

(b) 罗伯特·约翰·奥曼
(Robert John Aumann)

图 5-15　2005 年度诺贝尔经济科学奖获得者

首先提出并定义了宏观经济学中的理性预期概念，他们共同开创了经济机制设计理论。

2012 年，埃尔文·罗斯（Alvin E. Roth）和罗伊德·沙普利（Lloyd S. Shapley），因在“稳定匹配理论和市场设计实践”方面做出的突出贡献，被授予诺贝尔经济学奖（图 5-17）。罗思通过一系列研究，发现“稳定”是理解特定市场机制成功的关键因素。沙普利研究了如何使双方不愿打破当前的匹配状态，以保持匹配的稳定性。他在数理经济学、特别是博弈论理论做出了杰出贡献，被称为博弈论的宗师。

(a) 埃里克·马斯金
(Eric S. Maskin)

(b) 罗杰·迈尔森
(Roger B. Myerson)

(c) 莱昂尼德·赫维奇
(Leonid Hurwicz)

图 5-16　2007 年度诺贝尔经济科学奖获得者

2014 年，让·梯若尔（Jean Tirole）因其在“市场力量与监管研究”方面做出的卓越贡献，获得诺贝尔经济学奖（图 5-18）。他也是现代产业组织理论奠基人，他的研究内容涉及经济学的几乎所有重要领域：从宏观经济学到产业组织理论，从博弈论到激励理论、到国际金融、到经济学与心理学的交叉研究，梯若尔都作出了开创性的贡献。梯若尔和弗登博格合著的《博弈论》也成为博弈论领域最具权威

(a) 埃尔文·罗斯(Alvin E. Roth)

(b) 罗伊德·沙普利(Lloyd S. Shapley)

图 5-17　2012 年度诺贝尔经济科学奖获得者

性的研究生教材，为美国各个高校经济学系的博士课程所采用。

2016年，奥利弗·哈特（Oliver Hart）和本特·霍姆斯特罗姆（Bengt Holmström）因对契约理论做出突出贡献，共同获得诺贝尔经济学奖（图5-19）。哈特主要研究合同理论，研究领域为公司治理中的所有者架构，以及合同安排，霍姆斯特罗姆主要研究契约理论，以及金融危机期间的流动性问题。他们二人提供的理论工具，对于理解现实生活中的契约和制度认识，以及在合同设计中潜在的缺陷十分有价值。

让·梯若尔(Jean Tirole)

图5-18　2014年度诺贝尔经济科学奖获得者

（a）奥利弗·哈特(Oliver Hart)

（b）本特·霍姆斯特罗姆(Bengt Holmström)

图5-19　2016年度诺贝尔经济科学奖获得者

从以上可以看出，博弈论在经济学界备受青睐。原因之一就在于当今经济形势的剧烈变化，生产规模扩大，垄断势力增强，竞争逐渐激烈，各种策略和利益之间互相对抗、依存和制约。到现在，博弈论已经和现代经济学融为一体，成为主流经济学的一部分，对经济学产生了革命性影响。经济学家已经把博弈论当作一门工具来分析经济问题。

5.6　博弈论发展历程

博弈论的发展经历了以下阶段：

（1）萌芽期。20世纪初期是博弈论的萌芽阶段，研究对象主要是从竞赛与游戏中引申出来的严格竞争博弈，即双人零和博弈。期间最重要的成就是Zermelo定理（1913年）与冯·诺伊曼的最小最大定理（1928年）。

（2）奠基期。冯·诺伊曼和摩根斯坦于1944年合著的《博弈论与经济行为》的出版，标志着经典博弈理论的诞生。该书汇集了那时博弈论的主要研究成果，并提出了博弈论的研究架构。

（3）纳什均衡期。自博弈论诞生后，它的研究对象主要集中在双人零和博弈，直到20世纪50年代初John Nash提出了博弈论中最重要的解的概念纳什均衡，并证明了其存在性。纳什均衡及其存在性为非合作博弈的一般理论奠定了基础。兰德公司在圣基尼卡开业，在随后的许多年中成为博弈论的研究中心。

（4）经典博弈论的成熟期。20 世纪 60 年代，不完全信息理论与非转移效用联盟博弈等有力的扩充，使得经典博弈论日渐成熟。Selten 将纳什均衡扩展到动态甚至多阶段博弈，并提出了纳什均衡精炼。Harsanyi 提出了将不完全信息博弈转换为运用已有博弈理论及其他数学方法可以定量分析的博弈模型的一般方法。

（5）经典博弈论的壮大期。20 世纪 70 年代之后，众多学者多年的共同努力使经典博弈论从基本概念到理论推演均形成了一个完整的体系。

（6）演化博弈期。将经典完全理性的博弈论扩展到有限理性的群体演化博弈。作出突破性贡献的有 Maynard Smith J（1973 年、1982 年）与 Price G R（1973 年）。Replicator Dynamic Equation 的提出以及 21 世纪从无限群体到有限群体的发展完善。

（7）随机博弈期。将博弈视作为随机过程，从确定性过程扩展到随机过程。21 世纪初构建了以 Moran 和 Wright - Fisher 为代表性的随机博弈模型。

（8）复杂网络上的博弈期。将初期演化博弈理论“mixed - well”假设扩展为结构化的群体、网络化的群体，21 世纪初开始结合复杂网络理论兴起了复杂网络上博弈的研究。

博弈论发展史如图 5 - 20 所示。

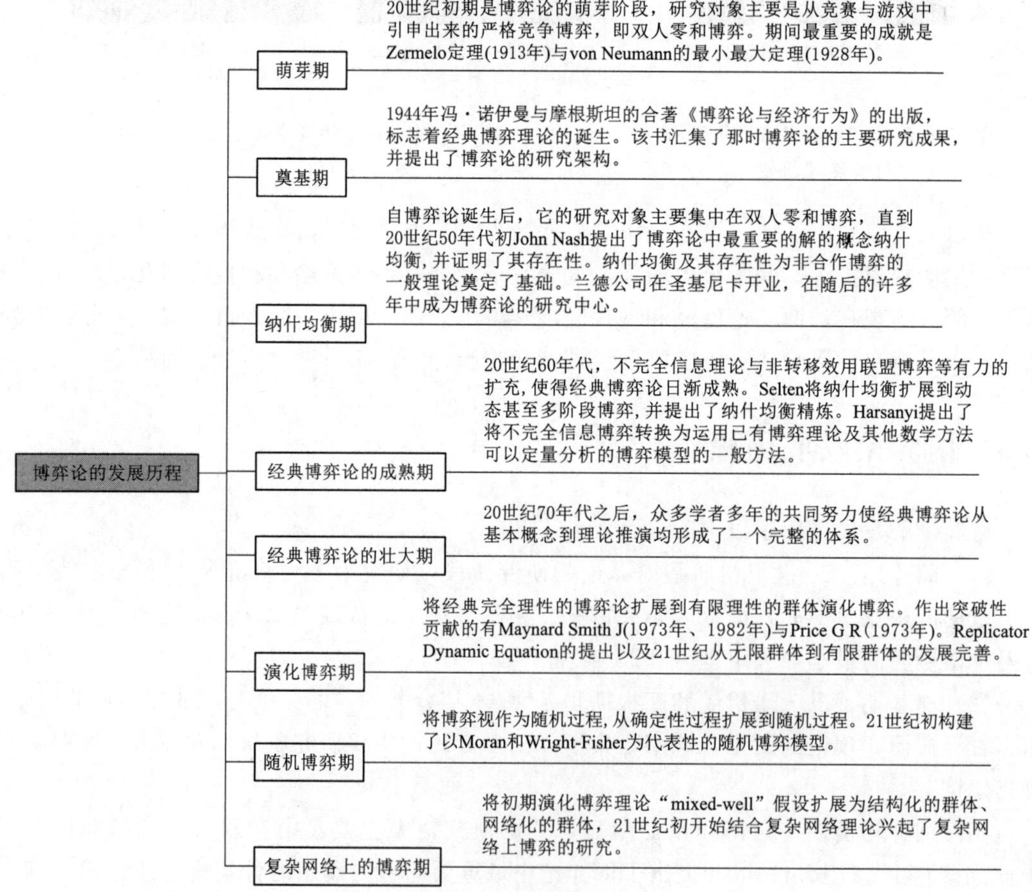

图 5 - 20　博弈论发展史

参　考　文　献

[1] von Neumann J, Morgenstern O. Theory of Games and Economic Behavior [M]. New Jersey: Princeton University Press. 1944.

[2] 麦凯恩. 博弈论——战略分析入门 [M]. 原毅军，等，译. 北京：机械工业出版社，2006.

[3] Roger A McCain. GAME THEORY - A Nontechnical Introduction to the Analysis of Strategy (Revised Edition) [M]. New Jersey: World Scientific Publishing Co. Pte. Ltd. , 2010.

[4] 张维迎. 博弈论与信息经济学 [M]. 上海：上海人民出版社，2004.

[5] 黄涛. 博弈论教程——理论 ·应用 [M]. 北京：首都经济贸易大学出版社，2004.

[6] 罗云峰. 博弈论教程 [M]. 北京：清华大学出版社，2007.

[7] Hofbauer J, Sigmund K. Evolutionary Games and Population Dynamics [M]. Cambridge: Cambridge University Press, 1998.

[8] 陆启韶，彭临平，杨卓琴. 常微分方程与动力系统 [M]. 北京：北京航空航天大学出版社，2010.

[9] Heinz Georg Schuster. Reviews of Nonlinear Dynamics and Complexity [M]. Weinheim: WILEY - VCH Verlag GmbH & Co. KGaA. 2009.

[10] 谭嘉磊. 演化博弈论及其在发电侧电力市场中的应用研究 [D]. 北京：华北电力大学，2013.

[11] 于慧. 有限群体演化博弈理论研究 [D]. 北京：华北电力大学，2015.

[12] 谢逢洁. 复杂网络上的博弈 [M]. 北京：清华大学出版社，2016 .

[13] 何大韧，刘宗华，汪秉宏. 复杂系统与复杂网络 [M]. 北京：高等教育出版社，2009.

[14] 沈寿林，张国宁，朱江. 作战复杂系统建模及实验 [M]. 北京：国防工业出版社，2012.

第 6 章

机器学习及 AI 芯片

6.1 方法演进

机器学习已经成为了当今的热门话题，但是从机器学习这个概念诞生到机器学习技术的普遍应用经过了漫长的过程。在机器学习发展的历史长河中，众多优秀的学者为推动机器学习的发展做出了巨大的贡献。

从 1642 年 Pascal 发明的手摇式计算机，到 1949 年 Donald Hebb 提出的赫布理论——解释学习过程中大脑神经元所发生的变化，都蕴含着机器学习思想的萌芽。事实上，1950 年图灵在关于图灵测试的文章中就已提及机器学习的概念。到了 1952 年，IBM 的亚瑟·塞缪尔（Arthur Samuel，被誉为“机器学习之父”）设计了一款可以学习的西洋跳棋程序。塞缪尔和这个程序进行多场对弈后发现，随着时间的推移，程序的棋艺变得越来越好。塞缪尔用这个程序推翻了以往“机器无法超越人类，不能像人一样写代码和学习”这一传统认识。并在 1956 年正式提出了“机器学习”这一概念。

对机器学习的认识可以从多个方面进行，有着“全球机器学习教父”之称的 Tom Mitchell 则将机器学习定义为：对于某类任务 T 和性能度量 P，如果计算机程序在 T 上以 P 衡量的性能随着经验 E 而自我完善，就称这个计算机程序从经验 E 学习。

普遍认为，机器学习（Machine Learning，ML）的处理系统和算法是主要通过找出数据里隐藏的模式进而做出预测的识别模式，它是人工智能（Artificial Intelligence，AI）的一个重要子领域。

机器学习是一门不断发展的学科，虽然只是在最近几年才成为一个独立学科，但机器学习的起源可以追溯到 20 世纪 50 年代以来人工智能的符号演算、逻辑推理、自动机模型、启发式搜索、模糊数学、专家系统以及神经网络的反向传播 BP 算法等。虽然这些技术在当时并没有被冠以机器学习之名，但时至今日它们依然是机器学习的理论基石。

从学科发展过程的角度思考机器学习，有助于理解目前层出不穷的各类机器学习算法。机器学习算法大致演变过程见表 6-1，机器学习发展历程如图 6-1 所示。

表 6-1 机器学习算法大致演变过程

机器学习阶段	年份	主要成果	代表人物
人工智能起源	1936	自动机模型理论	Alan Turing
	1943	MP 模型	Warren McCulloch、Walter Pitts
	1951	符号演算	John von Neumann
	1950	逻辑主义	Claude Shannon
	1956	人工智能	John McCarthy、Marvin Minsky、Claude Shannon
人工智能初期	1958	LISP	John McCarthy
	1962	感知器收敛理论	Frank Rosenblatt
	1972	通用问题求解（GPS）	Allen Newell、Herbert Simon
	1975	框架知识表示	Marvin Minsky
进化计算	1965	进化策略	Ingo Rechenberg
	1975	遗传算法	John Henry Holland
	1992	基因计算	John Koza
专家系统和知识工程	1965	模糊逻辑、模糊集	Lotfi Zadeh
	1969	DENDRA、MYCIN	Feigenbaum、Buchanan、Lederberg
	1979	ROSPECTOR	Duda
神经网络	1982	Hopfield 网络	Hopfield
	1982	自组织网络	Teuvo Kohonen
	1986	BP 算法	Rumelhart、McClelland
	1989	卷积神经网络	LeCun
	1998	LeNet	LeCun
	1997	循环神经网络 RNN	Sepp Hochreiter、Jurgen Schmidhuber
分类算法	1986	决策树 ID3 算法	Ross Quinlan
	1988	Boosting 算法	Freund、Michael Kearns
	1993	C4.5 算法	Ross Quinlan
	1995	AdaBoost 算法	Freund、Robert Schapire
	1995	支持向量机	Corinna Cortes、Vapnik
	2001	随机森林	Leo Breiman、Adele Cutler
深度学习	2006	深度信念网络	Geoffrey Hinton
	2012	谷歌大脑	Andrew Ng
	2014	生成对抗网络 GAN	Ian Goodfellow

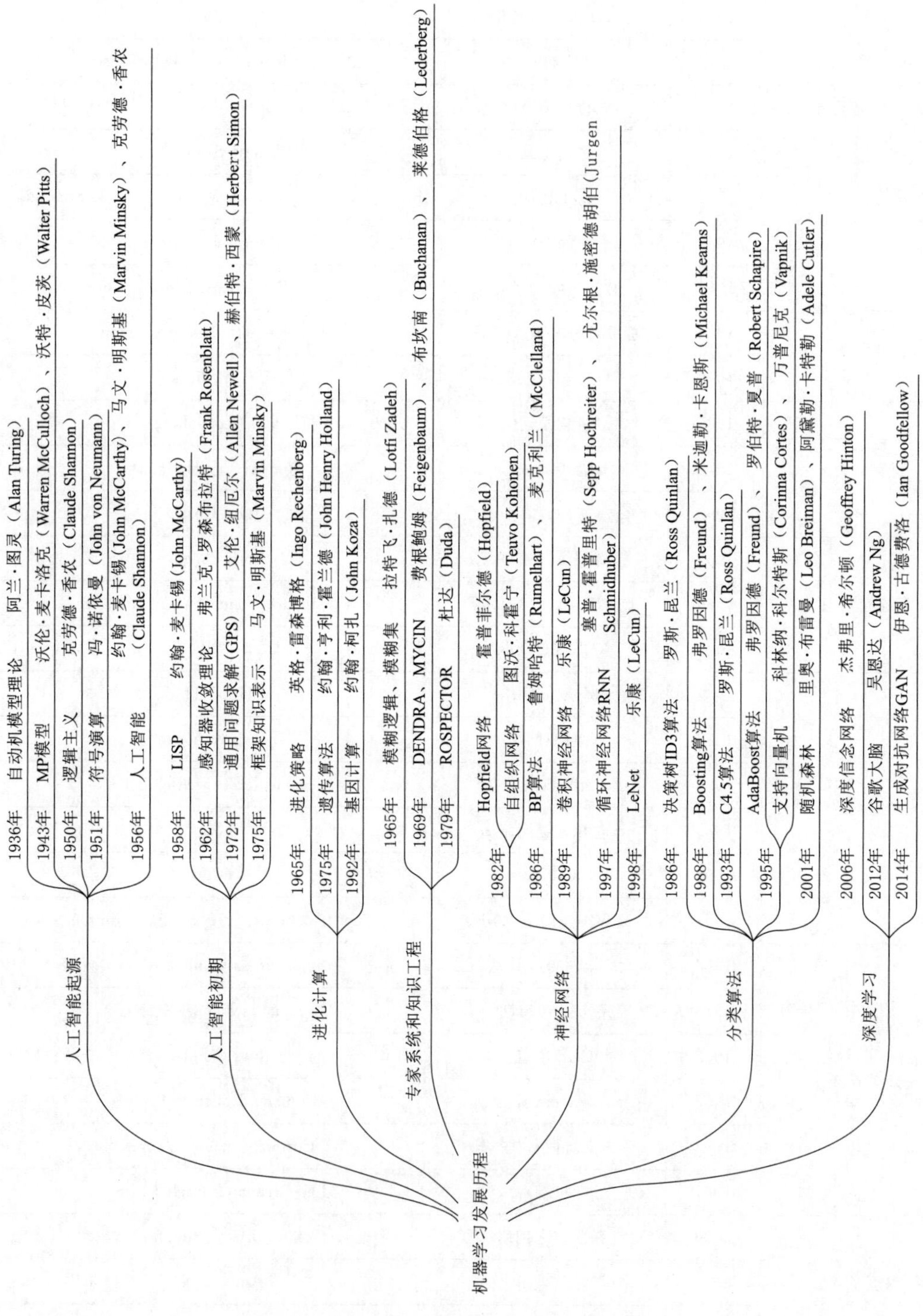

机器学习发展历程

- 人工智能起源
  - 1936年　自动机模型理论　阿兰·图灵（Alan Turing）
  - 1943年　MP模型　沃伦·麦卡洛克（Warren McCulloch）、沃特·皮茨（Walter Pitts）
  - 1950年　逻辑主义　克劳德·香农（Claude Shannon）
  - 1951年　符号演算　冯·诺依曼（John von Neumann）
  - 1956年　人工智能　约翰·麦卡锡(John McCarthy)、马文·明斯基（Marvin Minsky）、克劳德·香农（Claude Shannon）
- 人工智能初期
  - 1958年　LISP　约翰·麦卡锡(John McCarthy)
  - 1962年　感知器收敛理论　弗兰克·罗森布拉特（Frank Rosenblatt）
  - 1972年　通用问题求解(GPS)　艾伦·纽厄尔（Allen Newell）、赫伯特·西蒙（Herbert Simon）
  - 1975年　框架知识表示　马文·明斯基（Marvin Minsky）
- 进化计算
  - 1965年　进化策略　英格·雷森博格（Ingo Rechenberg）
  - 1975年　遗传算法　约翰·亨利·霍兰德（John Henry Holland）
  - 1992年　基因计算　约翰·柯扎（John Koza）
- 专家系统和知识工程
  - 1965年　模糊逻辑、模糊集　拉特飞·扎德（Lotfi Zadeh）
  - 1969年　DENDRA、MYCIN　费根鲍姆（Feigenbaum）、布坎南（Buchanan）、莱德伯格（Lederberg）
  - 1979年　ROSPECTOR　杜达（Duda）
- 神经网络
  - 1982年　Hopfield网络　霍普菲尔德（Hopfield）
  - 1982年　自组织网络　图沃·科霍宁（Teuvo Kohonen）
  - 1986年　BP算法　鲁姆哈特（Rumelhart）、麦克利兰（McClelland）
  - 1989年　卷积神经网络　乐康（LeCun）
  - 1997年　循环神经网络RNN　塞普·霍普里特（Sepp Hochreiter）、尤尔根·施密德胡伯(Jurgen Schmidhuber)
  - 1998年　LeNet　乐康（LeCun）
- 分类算法
  - 1986年　决策树ID3算法　罗斯·昆兰（Ross Quinlan）
  - 1988年　Boosting算法　弗罗因德（Freund）、米迦勒·卡恩斯（Michael Kearns）
  - 1993年　C4.5算法　罗斯·昆兰（Ross Quinlan）
  - 1995年　AdaBoost算法　弗罗因德（Freund）、罗伯特·夏普（Robert Schapire）
  - 1995年　支持向量机　科林纳·科尔特斯（Corinna Cortes）、万普尼克（Vapnik）
  - 2001年　随机森林　里奥·布雷曼（Leo Breiman）、阿黛勒·卡特勒（Adele Cutler）
- 深度学习
  - 2006年　深度信念网络　杰弗里·希尔顿（Geoffrey Hinton）
  - 2012年　谷歌大脑　吴恩达（Andrew Ng）
  - 2014年　生成对抗网络GAN　伊恩·古德费洛（Ian Goodfellow）

图 6－1　机器学习发展历程

6.2 经典算法

总体上，经典的机器学习算法可以分为有监督学习，无监督学习，强化学习 3 种类型。半监督学习可以认为是有监督学习与无监督学习的结合。

（1）有监督学习通过训练样本学习得到一个模型，然后用这个模型进行推理。例如，如果要识别各种水果的图像，则需要用人工标注（即标好了每张图像所属的类别，如苹果、梨、香蕉）的样本进行训练，得到一个模型，接下来，就可以用这个模型对未知类型的水果进行判断，这称为预测。如果只是预测一个类别值，则称为分类问题；如果要预测出一个实数，则称为回归问题，如根据一个人的学历、工作年限、所在城市、行业等特征来预测这个人的收入。

（2）无监督学习则没有训练集，给定一些样本数据，让机器学习算法直接对这些数据进行分析，得到数据的某些知识。其典型代表是聚类，例如，抓取了 1 万个网页，要完成对这些网页的归类，在这里，并没有事先定义好的类别，也没有已经训练好的分类模型。无监督学习的一种典型算法是聚类算法，即自己完成对这 1 万个网页的归类，保证同一类网页是同一个主题的，不同类型的网页是不一样的；无监督学习的另外一类典型算法是数据降维，它将一个高维向量变换到低维空间中，并且要保持数据的一些内在信息和结构。

（3）强化学习是一类特殊的机器学习算法，算法要根据当前的环境状态确定一个动作来执行，然后进入下一个状态，如此反复，目标是让得到的收益最大化。如围棋游戏就是典型的强化学习问题，在每个时刻，要根据当前的棋局决定在什么地方落棋，然后进行下一个状态，反复的放置棋子，直到赢得或者输掉比赛。这里的目标是尽可能地赢得比赛，以获得最大化的奖励。

总结来说，这些机器学习算法要完成的任务是：①分类算法，解决“是什么?”，即根据一个样本预测出它所属的类别；②回归算法，解决“是多少?”，即根据一个样本预测出一个数量值；③聚类算法，解决“怎么分?”，保证同一个类的样本相似，不同类的样本之间尽量不同；④强化学习，解决“怎么做?”，即根据当前的状态决定执行什么动作，最后得到最大的回报。

6.2.1 有监督学习

有监督学习是机器学习算法中最庞大的一个家族，图 6－2 中列出了经典的有监督学习算法的发展历程（深度学习不在此列）。

线性判别分析（LDA）是 Fisher 发明的，其历史可以追溯到 1936 年，那时候还没有机器学习的概念。这是一种有监督的数据降维算法，它通过线性变换将向量投影到低维空间中，保证投影后同一种类型的样本差异很小，不同类的样本尽量不同。

贝叶斯分类器起步于 1950 年代，基于贝叶斯决策理论，它把样本分到后验概率最大的那个类。

logistic 回归的历史同样悠久，可以追溯到 1958 年。它直接预测出一个样本属于正样本的概率，在广告点击率预估、疾病诊断等问题上得到了应用。

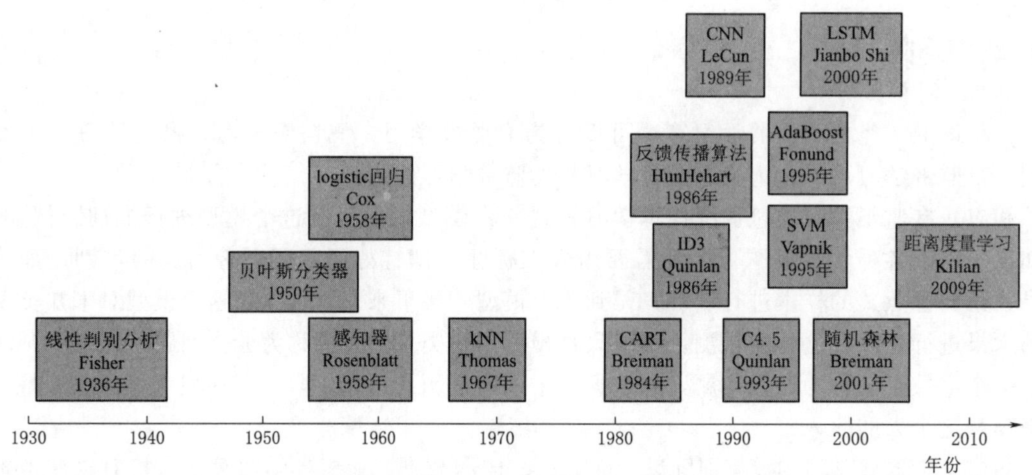

图6-2 经典的有监督学习算法的发展历程

感知器模型是一种线性分类器，可看作是人工神经网络的前身，诞生于1958年，但它过于简单，甚至不能解决异或问题，因此不具有实用价值，更多地起到思想启蒙的作用，为后面的算法奠定了思想基础。

kNN算法诞生于1967年，这是一种基于模板匹配思想的算法，虽然简单，但很有效，至今仍在被使用。

在1980年之前，这些机器学习算法都是零碎化的，不成体系。但它们对整个机器学习的发展所起的作用不可忽略。

从1980年开始，机器学习才真正成为一个独立的方向。在这之后，各种机器学习算法被大量提出，得到了快速发展。

决策树的ID3、CART、C4.5 3种典型实现，是1980—1990年的重要成果，虽然简单，但可解释性强，这使得决策树至今在一些问题上仍被使用。

1986年诞生了用于训练多层神经网络的真正意义上的反向传播算法，这是现在的深度学习中仍然被使用的训练算法，奠定了神经网络走向完善和应用的基础。

1989年，LeCun设计出了第一个真正意义上的卷积神经网络，用于手写数字的识别，这是现在被广泛使用的深度卷积神经网络的鼻祖。

1986—1993年间，神经网络的理论得到了极大的丰富和完善，但当时的很多因素限制了它的大规模使用。

20世纪90年代是机器学习百花齐放的年代。在1995年诞生了SVM和AdaBoost两种经典的算法，此后它们纵横江湖数十载，神经网络则黯然失色。SVM代表了核技术的胜利，这是一种思想，通过隐式的将输入向量映射到高维空间中，使得原本非线性的问题能得到很好的处理；AdaBoost则代表了集成学习算法的胜利，通过将一些简单的弱分类器集成起来使用，居然能够达到惊人的精度。

LSTM在2000年就出现了，但在很长一段时间内一直默默无闻，直到2013年后与深度循环神经网络整合，在语音识别上取得成功。

随机森林出现于 2001 年，与 AdaBoost 算法同属集成学习，虽然简单，但在很多问题上效果却出奇的好，因此现在还在被大规模使用。

2009 年，距离度量学习的一篇经典之作算是经典机器学习算法中年轻的小兄弟，在后来，这种通过机器学习得到距离函数的想法被广泛的研究，出现了不少的论文。

1980—2012 年，在深度学习兴起之前，有监督学习得到了快速的发展，同时各种思想和方法层出不穷，但是没有一种机器学习算法在大量的问题上取得压倒性的优势，这和现在的深度学习时代很不一样。

6.2.2 无监督学习

相比于有监督学习，无监督学习的发展一直很缓慢，至今仍未取得大的突破。下面我们按照聚类和数据降维两类问题对这些无监督学习算法进行介绍。

1. 聚类

聚类算法的历史与有监督学习一样悠久（图 6－3）。层次聚类算法出现于 1963 年，这是非常符合人的直观思维的算法，现在还在使用。它的一些实现方式，包括 SLINK，CLINK 则诞生于 1970 年。

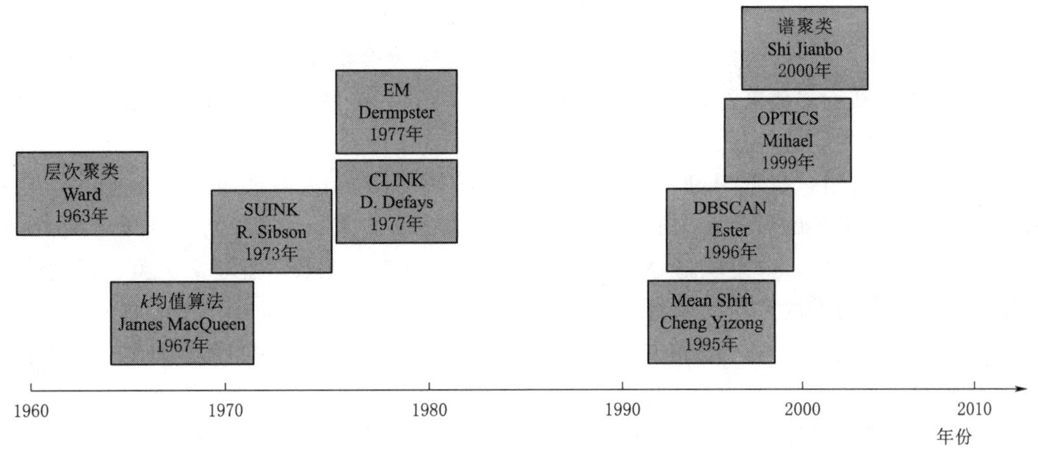

图 6－3　聚类算法发展历程

k 均值算法可谓所有聚类算法中知名度最高的，其历史可以追溯到 1967 年，此后出现了大量的改进算法，也有大量成功的应用，是所有聚类算法中变种和改进型最多的。

大名鼎鼎的 EM 算法诞生于 1977 年，它不光被用于聚类问题，还被用于求解机器学习中带有缺数数据的各种极大似然估计问题。

Mean Shift 算法早在 1995 年就被用于聚类问题，和 DBSCAN 算法，OPTICS 算法一样，同属于基于密度的聚类算法。

谱聚类算法是聚类算法家族中年轻的小伙伴，诞生于 2000 年左右，它将聚类问题转化为图切割问题，这一思想提出之后，出现了大量的改进算法。

2. 数据降维

数据降维算法发展历程，如图 6－4 所示。经典的 PCA 算法诞生于 1901 年，这比第一台真正的计算机的诞生早了 40 多年。LDA 在有监督学习中已经介绍，在这里不再重复。

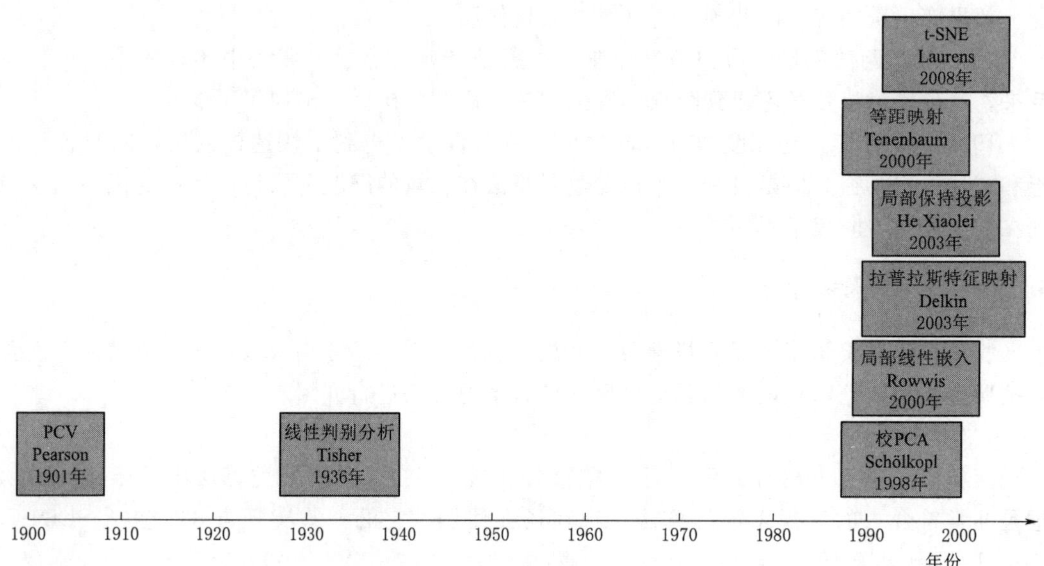

图 6-4　数据降维算法发展历程

近 100 年里，数据降维在机器学习领域没有出现太多重量级的成果。直到 1998 年，核 PCA 作为非线性降维算法的出现。这是核技术的又一次登台，与 PCA 的结合将 PCA 改造成了非线性的降维算法。

从 2000 年开始，机器学习领域刮起了一阵流形学习的旋风，这种非线性方法是当时机器学习中炙手可热的方向，这股浪潮起始于局部线性嵌入 LLL。此后，拉普拉斯特征映射，局部保持投影，等距映射等算法相继提出。流形学习在数学上非常优美，但遗憾的是没有多少公开报道的成功的应用。

t-SNE 是降维算法中年轻的成员，诞生于 2008 年，虽然想法很简单，效果却非常好。

3. 概率图模型

概率图模型是机器学习算法中独特的一个分支，它是图与概率论的完美结合。在这种模型中，每个节点表示随机变量，边则表示概率。因为晦涩难以理解，让很多同学谈虎色变，但如果你悟透了这类方法的本质，其实并不难。概率图模型发展历程，如图 6-5 所示。

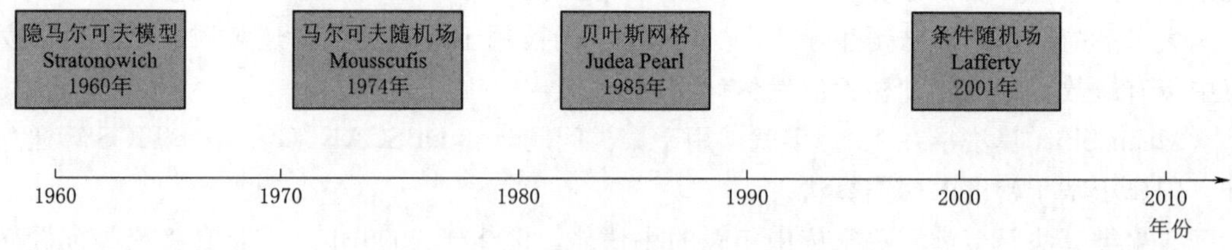

图 6-5　概率图模型发展历程

赫赫有名的隐马尔可夫模型诞生于 1960 年，在 1980 年，它在语音识别中取得了成功，一时名声大噪，后来被广泛用于各种序列数据分析问题，在循环神经网络大规模应用之前，处于主导地位。

马尔可夫随机场诞生于 1974 年，也是一种经典的概率图模型算法。贝叶斯网络是概率推理的强大工具，诞生于 1985 年，其发明者是概率论图模型中的重量级人物，后来获得了图灵奖。条件随机场是概率图模型中相对年轻的成员，被成功用于中文分词等自然语言处理，还有其他领域的问题，也是序列标注问题的有力建模工具。

6.2.3 强化学习

相比有监督学习和无监督学习，强化学习在机器学习领域的起步更晚（图 6-6）。虽然早在 1980 年代就出现了时序差分算法，但对于很多实际问题，无法用表格的形式列举出所有的状态和动作，因此这些抽象的算法无法大规模实用。

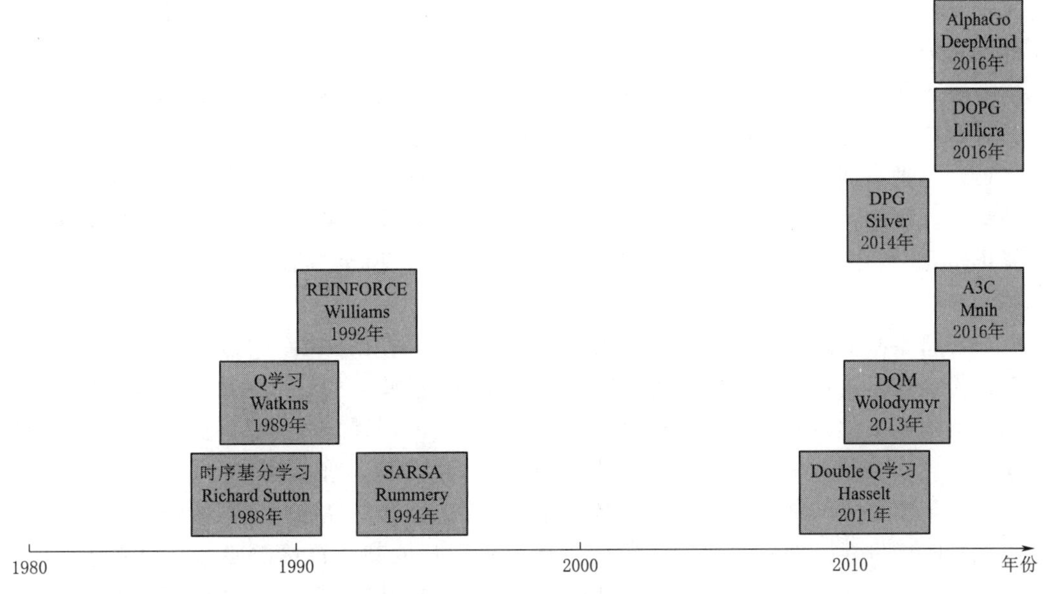

图 6-6 强化学习发展历程

神经网络与强化学习的结合，即深度强化学习，才为强化学习带来了真正的机会。在这里，深度神经网络被用于拟合动作价值函数即 Q 函数，或者直接拟合策略函数，这使得我们可以处理各种复杂的状态和环境，在围棋、游戏、机器人控制等问题上真正得到应用。神经网络可以直接根据游戏画面，自动驾驶汽车的摄像机传来的图像，当前的围棋棋局，预测出需要执行的动作。其典型的代表是 DQN 这样的用深度神经网络拟合动作价值函数的算法，以及直接优化策略函数的算法。

6.3 深度学习

2019 年 3 月 27 日，美国计算机学会（ACM）发表声明称，三位计算机科学家因其在深度学习方面的成就被授予图灵奖（ACM Turing Award）。他们是 Yoshua Bengio、

Yann LeCun 和 Geoffrey Hinton，都是很有成就的科学家。他们的一个主要贡献就是提出了反向传播学习算法。

反向传播使人们能够以一种前所未见的方式训练神经网络，然而，在大型数据集和更大（更深）的架构上训练神经网络则会存在问题。如果去看 20 世纪 80 年代末 90 年代初的神经网络论文，会发现网络架构的尺寸都很小：网络通常不超过两到三层，神经元的数量通常不超过数百的数量级。这些网络（今天）被称为浅层神经网络。

主要的问题是训练算法运行更大数据集所需要的收敛时间，以及用于训练更深层次网络模型所需要的收敛时间。LeCun 博士的贡献正是在这个领域，因为他设想了以不同的方式来加快训练过程。其他的进步，如图形处理单元（GPU）上的向量（张量）计算也极大地提高了训练速度。

因此，在过去的几年里，我们看到了深度学习的兴起，即训练深度神经网络的能力，从三层到四层，再从几十层到几百层。此外，我们可以使用各种各样的程序架构完成过去十年无法完成的事情。

今天，我们享受着二三十年前没有的算法和策略带来的好处，它们带来了能够改变生活的神奇应用。让我来总结一下时至今日，关于深度学习的一些重大成果。

（1）小批量训练策略。这种策略让我们今天能够拥有非常庞大的数据集，可以一点一点地训练深度学习模型。在过去必须将整个数据集加载到内存中，因此大型数据集在计算上是不可行的。到了今天，虽然可能需要更长的时间，但至少可以在有限的时间内完成训练。

（2）新型激活函数。修正线性单元（ReLU）是一种相对较新的激活方式，它解决了用反向传播策略进行大规模训练所产生的很多问题。这些新的激活函数使得训练算法能够在深度架构上收敛。而在过去，我们会被困在非收敛的训练之中，最终导致梯度爆炸或梯度消失。

（3）新型神经网络架构。例如，卷积网络或循环网络已经通过拓展神经网络功能范围的方式来改变世界。卷积网络广泛应用于计算机视觉或其他自然需要进行卷积运算的领域，如多维信号或音频分析。具有记忆功能的循环神经网络被广泛用于分析文本序列，从而使我们拥有能够理解单词、句子和段落的网络，我们可以使用它们在不同语言之间进行翻译，以及做更多的事情。

（4）有趣的损失函数。这些损失函数在深度学习中扮演着有趣的角色，因为在过去，我们只是反复使用相同的标准损失，如均方误差（MSE）。今天，我们可以最小化 MSE，同时，最小化权重的范数或某些神经元的输出，这将导致更稀疏的权重，又提升了所生成的模型在投入生产时的效率。

（5）类比生物学的新型策略。让神经元之间的连接缺失或断开，而不是让它们一直全连接，这样的设计更加现实，或者可以与生物神经网络设计相媲美。此外，移除或删除神经元是一种新策略，可以在其他神经元被删除时推动一些神经元脱颖而出，学习更丰富的表示，同时减少训练期间和部署时的计算量。今天，在不同的和专门的神经网络之间共享参数也被证明是有趣和有效的。

（6）对抗训练。让神经网络与另一个网络进行相互对抗，它的唯一目的是产生欺诈、嘈杂、混乱的数据点来试图让另一个网络失败。这种训练方法被证明是一种优秀的网络训练策略，可以更好地从数据中学习，并在部署到生产环境时对噪声环境具有很好的鲁棒性。

6.4 AI 芯片技术

人工智能产业得以快速发展，无论是算法的实现、海量数据的获取和存储还是计算能力的体现都离不开目前唯一的物理基础——芯片。可以说，“无芯片不 AI”，能否开发出具有超高运算能力、符合市场需求的芯片，已成为人工智能领域可持续发展的重要因素。

6.4.1 AI 芯片的发展现状

近几年开始，AI 芯片的相关研发逐渐成为学术界和工业界研发的热点。到目前为止，在云端和终端已经有很多专门为 AI 应用设计的芯片和硬件系统。同时，针对目标应用是“训练”还是“推断”，在边缘 / 嵌入设备中以推断应用为主。有些高性能的边缘设备虽然也会进行训练，但从硬件本身来说，它们更类似于云端设备。未来的边缘和嵌入设备可能都需要具备一定的学习能力，以支持在线学习功能。数据和市场需求共同驱动发展的一个应用于特定计算的软硬件方向。AI 芯片的演进过程如图 6 - 7 所示。

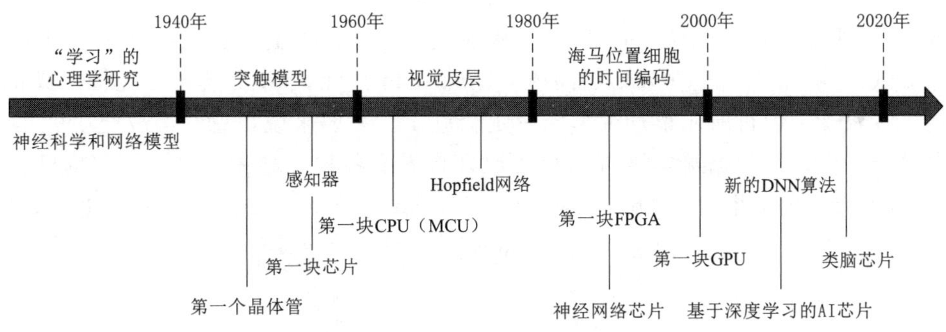

图 6 - 7　AI 芯片的演进过程

AI 芯片发展历程见表 6 - 2，AI 芯片发展历程如图 6 - 8 所示。

表 6 - 2　**AI 芯片发展历程**

发展阶段	年份	芯片名称	发展历程
起步阶段	1999	NVIDIA GeForce 256	GeForce 256 被称为世界上第一个 GPU
	2008	Tegra 芯片	由英伟达提出，成为最早可用于人工智能的 GPU
发展阶段	2010	类脑芯片原型	由 IBM 首次发布，具有感知认知能力和大规模并行计算能力
	2013	Zeroth	由高通发布，GPU 开始广泛应用于 AI 领域
	2014	二代 TrueNorth	IBM 发布二代 TrueNorth

续表

发展阶段	年份	芯片名称	发展历程
繁盛阶段	2015	TPU1.0	谷歌首次公布ASIC芯片TPU1.0
	2016	DIANNAO	由寒武纪研发，FPGA芯片在云计算平台得到广泛应用
	2017	TPU2.0、麒麟970	TPU2.0发布，加强了训练效能；麒麟970成为首个手机AI芯片
	2018	Nervana NNP系列芯片	由英特尔公司发布的神经网络处理器

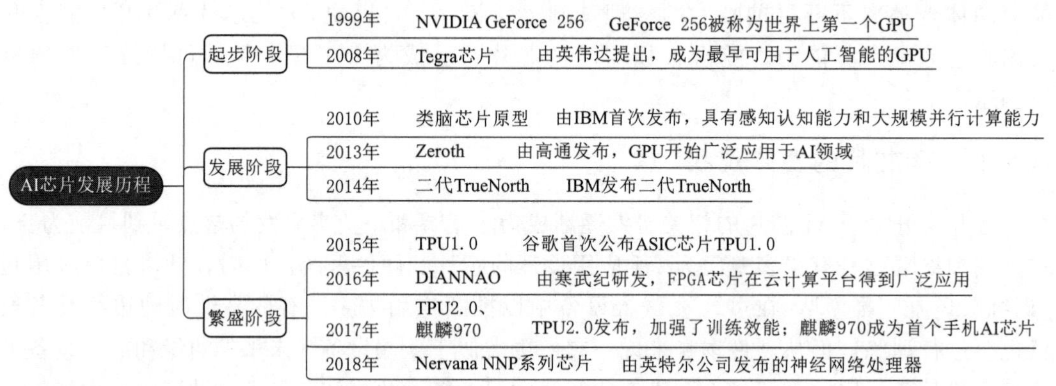

图6-8 AI芯片发展历程

现在的绝大多数AI芯片，就是这种硬件加速器。目前市场上第一批用于AI的芯片包括现成的CPU、GPU、FPGA和DSP，以及它们的各种组合。虽然英特尔（Intel）、谷歌（Google）、英伟达（NVIDIA）、高通（Qualcomm）和IBM等公司已经推出或正在开发新的芯片设计，但目前还很难说哪家一定会胜出。一般来说，总是需要至少一个CPU来控制系统，但是当数据流需要并行处理时，将需要各种类型的协处理器（即硬件加速器），这就是专用集成电路（Application Specific Integrated Circuit，ASIC）芯片。CPU、GPU、FPGA及ASIC这4种芯片有不同的架构如图6-9所示。

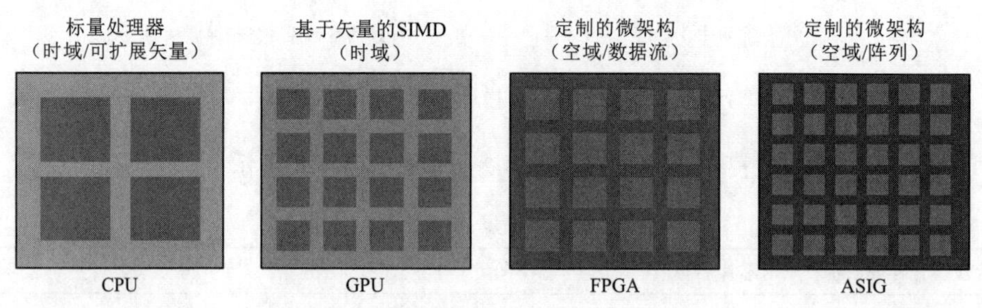

图6-9 AI芯片的4种架构

1. 云端AI计算

在云端，通用GPU，特别是NVIDIA系列GPU芯片，被广泛应用于深度神经网络训练和推理。GPU的发展应用历程如图6-10所示。如与CPU相比，拥有数千个计算内核的GPU可以实现10—100倍的吞吐量。其最新的Tesla V100除了GPU核之外，还专门针对深度学习设计了张量核（Tensor Cores），能够提供 120 TFLOPS（120 万亿次/s 浮点指令）的处理能力。同时，NVIDIA GPU 还有比较完善的软件开发环境，是目前 AI 训练领域使用最广泛的平台。

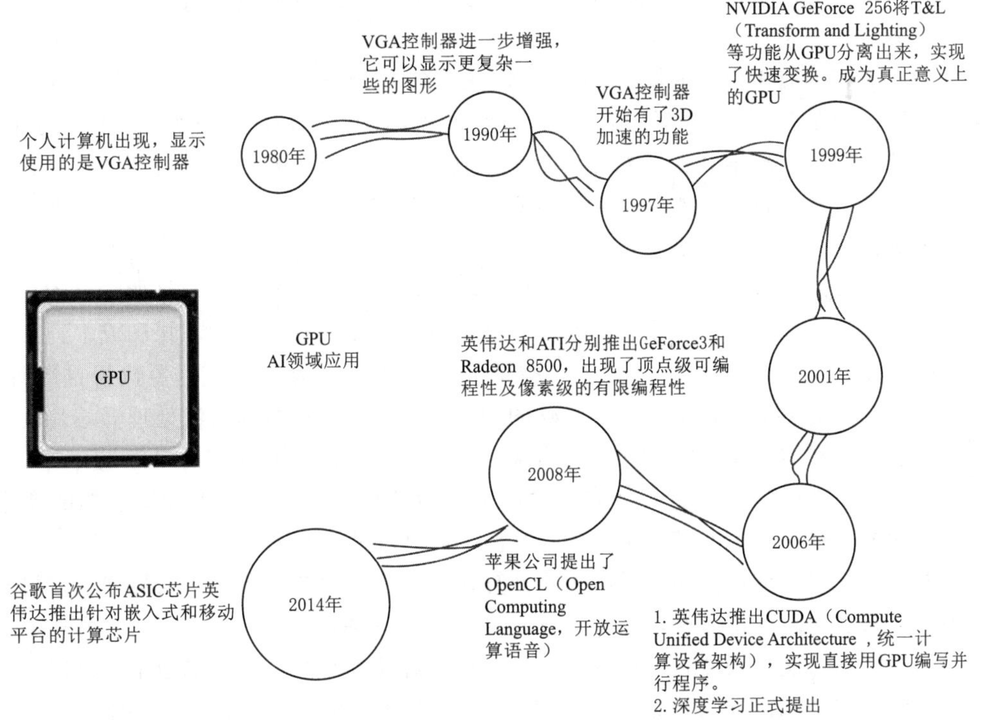

图 6-10　GPU 的发展应用历程

面向云端 AI 应用，很多公司开始尝试设计专用芯片以达到更高的效率，其中最著名的例子是 Google TPU，可以支持搜索查询、翻译等应用，也是 AlphaGo 的幕后英雄。由于使用了专用架构，TPU 实现了比同时期 CPU 和 GPU 更高的效率。第一代的 TPU 仅能用于推断，面对目前被 NVIDIA GPU 赚得盆满钵满的深度学习训练市场，Google 随后又发布了第二版 TPU（TPU2），除了推断以外，还能高效支持训练环节的加速。Google 最近还通过云服务把 TPU 开放商用，处理能力达到 180TFLOP，提供 64GB 的高带宽内存（HBM），2400Gbit/s 的存储带宽。

针对云端的训练和推断市场，从芯片巨头到初创公司都高度重视。英特尔宣布推出 Nervana™ 神经网络处理器（NNP），该系列架构还可以优化 32GB HBM2、1Tbit/s 带宽和 8Tbit/s 访问速度的神经网络计算。初创公司，如 Graphcore、Cerebras、Wave Computing、寒武纪及比特大陆等也加入了竞争的行列。

此外，FPGA 在云端的推断也逐渐在应用中占有一席之地。一是 FPGA 可以支持大规模并行的硬件设计，和 GPU 相比可以降低推断的延时和功耗。微软的 Brainwave 项目和百度 XPU 都显示，在处理批量小的情况下，FPGA 具有出色的推断性能。二是 FPGA 可以很好地支持不同的数值精度，非常适合低精度推断的实现。三是 FPGA 的可编程能力也使它可以相对更快地支持新的算法和应用。目前，FPGA的主要厂商如Xilinx、Intel都推出了专门针对AI应用的FPGA硬件（支持更高的存储带宽）和软件工具；主要的云服务厂商，比如亚马逊、微软及阿里云等推出了专门的云端FPGA实例来支持AI应用；一些初创公司，比如深鉴科技等也在开发专门支持FPGA的AI开发工具。

2. 边缘AI计算

随着人工智能应用生态的爆发，越来越多的AI应用开始在端设备上开发和部署。对于某些应用，由于各种原因（如延迟，带宽和隐私问题），必须在边缘节点上执行推断。例如：自动驾驶汽车的推断就不能交由云端完成，否则如果出现网络延时则会发生灾难性后果；大型城市动辄百万像素的高清摄像头，其人脸识别如果全交由云端完成，高清录像的数据传输会让通信网络不堪重负。

边缘设备实际上覆盖了一个很大的范围，其应用场景也五花八门。例如，自动驾驶汽车可能就需要一个很强的计算设备，而在可穿戴领域，则要在严格的功耗和成本约束下实现一定的智能 。在未来相当一部分人工智能应用场景中，边缘设备主要执行推断计算，这就要求边缘处的终端设备本身具备足够的推断计算能力。而目前边缘处理器芯片的计算能力并不能满足在本地实现深度神经网络推断的需求。因此，业界需要专门设计的AI芯片，赋予设备足够的能力去应对越来越多的人工智能应用场景。除了计算性能的要求之外，功耗和成本也是在边缘节点工作的AI芯片必须面对的重要约束。

智能手机是目前应用最为广泛的边缘计算设备，包括苹果、华为、高通、联发科和三星在内的手机芯片厂商纷纷推出或者正在研发专门适应AI应用的芯片产品。另外，也有很多初创公司加入这个领域，为边缘计算设备提供芯片和系统方案，如地平线机器人、寒武纪、深鉴科技、元鼎音讯等。传统的IP厂商，包括ARM、Synopsys等公司也都为包括手机、智能摄像头、无人机、工业和服务机器人、智能音箱以及各种物联网设备等边缘计算设备开发专用IP产品。

自动驾驶是未来边缘AI计算的最重要应用之一，MobileEye SOC和NVIDIA Drive PX系列提供神经网络的处理能力可以支持半自动驾驶和完全自动驾驶，处理来自多路视频摄像头、雷达、激光雷达以及超声传感器的输入，并将这些数据相融合以确定汽车所处的精确位置，判断汽车周围的环境，并为安全行驶计算最佳路径和操作。

3. 云和端的配合

云侧AI处理主要强调精度、处理能力、内存容量和带宽，同时追求低延时和低功耗；边缘设备中的AI处理则主要关注功耗、响应时间、体积、成本和隐私安全等问题。

目前，云和边缘设备在各种AI应用中往往是配合工作。最普遍的方式是在云端训练神经网络，然后在云端（由边缘设备采集数据）或者边缘设备进行推断。一方面，随着边缘设备能力的不断增强，越来越多的计算工作负载将在边缘设备上执行，甚至可能会有训练或者学习的功能在边缘设备上执行。另一方面，云的边界也逐渐向数据的源头推进，未来很可能在传统的终端设备和云端设备直接出现更多的边缘设备，它们会把AI处理分布在各种网络设备（如5G的基站）中，让数据尽量实现本地处理。从这个角度看，未来云和边缘设备以及连接他们的网络可能会构成一个巨大的AI处理网络，它们之间的协作训练和推断也是一个有待探索的方向。

6.4.2 AI芯片架构设计趋势

1. 云端训练和推断：大存储、高性能、可伸缩

虽然训练和推断在数据精度、架构灵活和实时性要求上有一定的差别，但它们在处理能力（吞吐率）、可伸缩可扩展能力以及功耗效率上具有类似的需求。因此，针对云端的训练和推断而开发的专用芯片和技术创新，基本都是围绕大存储、高性能、可伸缩的需求。

NVIDIA的V100 GPU和Google包括四颗芯片的Cloud TPU [Google]，是目前云端商用AI芯片的标杆。在深度学习计算的处理能力方面，V100达到120TFLOPS，Cloud TPU则达到180TFLOPS。值得一提的是，这种处理能力都是由专门针对深度学习需求而设计的运算单元提供。在存储和访存能力上，V100有16GB HBM2存储器，支持900Gbit/s的带宽，而Cloud TPU单颗芯片有16GB HBM存储器，支持600Gbit/s的带宽。另外，它们共同的特点是支持多芯片的扩展能力，V100支持NVIDIA的NvLink互连方式，可以扩展到8芯片的系统，而Cloud TPU也支持高速的芯片间互连接口和板级互连接口，非常适合在云端和数据中心部署。图6-11是谷歌TPUv1的结构图。TPUv1的每个时钟周期生成256个元素的一个部分和。由于时钟工作在700MHz，所以该芯片的性能为2次操作（乘积和累加）×65536(64k)×700MHz=91750GOPS，即约92 TOPS。图6-12是v3 TPU Pod，最多可配置256个设备，总共具有2048个TPU v2核心和32 TiB的TPU内存。同时，这些运算资源还可以灵活地分配和伸缩，能够有效支持不同的应用需求。

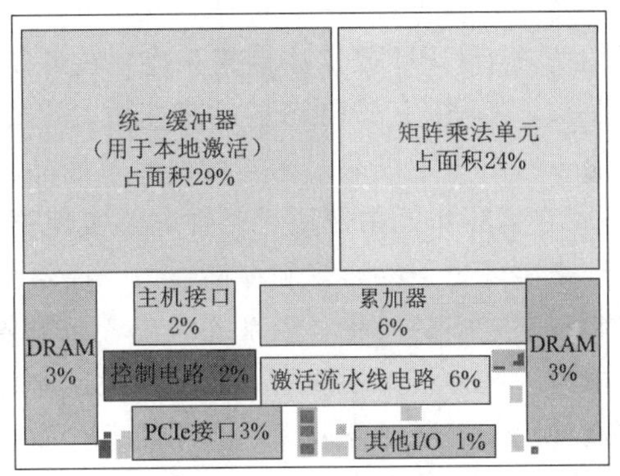

图6-11 谷歌TPUv1结构图

图6-12 v3 TPU Pod

从 NVIDIA 和 Goolge 的设计实践可以看出云端 AI 芯片在架构层面，技术发展有以下几个特点和趋势：

（1）存储的需求（容量和访问速度）越来越高。一方面，由于处理大量数据的要求，需要更大容量的存储器；另一方面，限制运算能力提高的主要因素是访问存储器的速度，因此，未来云端 AI 芯片会有越来越多的片上存储器（如 Graphcore 公司就在芯片上实现的 300MB 的 SRAM）和能够提供高带宽的片外存储器（HBM2 和其他新型封装形式）。

（2）处理能力推向每秒千万亿次（PetaFLOPS)，并支持灵活伸缩和部署。对云端 AI 芯片来说，单芯片的处理能力可能会达到 PetaFLOPS 的水平。实现这一目标除了要依靠 CMOS 工艺的进步，也需要靠架构的创新。比如在 Google 第一代 TPU 中，使用了脉动阵列（Systolic Array）架构，而在 NVIDIA 的 V100GPU 中，专门增加了张量核来处理矩阵运算。为了将 GPU 扩展为更大的系统，NVIDIA 专门开发了 NVSwitch 交换芯片，可以为多个 GPU 提供高带宽互连。在最新发布的 DGX-2 系统中，16 颗 V100 GPU 连接在一起，提供 2PFPLOS 的处理能力，可以实现大规模神经网络的并行训练。除此之外，还有一些更为“极端”的架构设计，如晶圆级集成技术，即用整个晶圆制成一个“超级芯片”；在运算单元中使用无时钟电路实现更高的速度和更低的功耗；通过多芯片、多板卡互连来实现更强的运算和存储能力，而不是单纯追求单芯片的处理能力等。未来应该可以看到越来越多的产品，以系统（或者云服务）而非单芯片的形式，提供可伸缩和配置的处理能力。这种强大处理能力的灵活性还体现在训练和推断任务的部署上，如在白天将更多的硬件用于推断任务以满足应用需求，而在晚上则把更多的资源分配给训练任务。

（3）专门针对推断需求的 FPGA 和 ASIC。随着 AI 应用的爆发，对推断计算的需求会越来越多，一个训练好的算法会不断复用。推断和训练相比有其特殊性，更强调吞吐率、能效和实时性，未来在云端很可能会有专门针对推断的 ASIC 芯片（如 Google 的第一代 TPU 等)，提供更好的能耗效率并实现更低的延时。另外，FPGA 在这个方向也有独特优势，从微软提出的 BrainWave 架构就可以看出端倪。

2. 边缘设备：把效率推向极致

相对云端应用，边缘设备的应用需求和场景约束要复杂很多，针对不同的情况可能需要专门的架构设计。抛开需求的复杂性，目前的边缘设备主要是执行“推断”。在这个目标下，AI 芯片最重要的就是提高“推断”效率。目前，衡量 AI 芯片实现效率的一个重要指标是能耗效率（TOPs/W)，这也成为很多技术创新竞争的焦点。在 ISSCC2018 会议上，就出现了单比特能效达到 772 TOPs/W 的惊人数据。

在提高推断效率和推断准确率允许范围内的各种方法中，降低推断的量化比特精度是最有效的方法。它既可以大大降低运算单元的精度又可以减少存储容量需求和存储器的读写，但是降低比特精度也意味着推断准确度的降低，这在一些应用中是无法接受的。由此，基本运算单元的设计趋势是支持可变比特精度，如 BitMAC 就能支持 1～16bit 的权重精度。

除了降低精度以外，提升基本运算单元（MAC）的效率还可以结合一些数据结构转换来减少运算量，比如通过快速傅里叶变换（FFT）变换来减少矩阵运算中的乘法；还可以通过查表的方法来简化 MAC 的实现等。

对于使用修正线性单元（ReLU）作为激活函数的神经网络，激活值为零的情况很多，而在对神经网络进行的剪枝操作后，权重值也会有很多为零。基于这样的稀疏性特征，一方面可以使用专门的硬件架构，如 SCNN 加速器可以提高 MAC 的使用效率；另一方面可以对权重和激活值数据进行压缩。

另外减少对存储器的访问也是缓解冯·诺伊曼“瓶颈”问题的基本方法。利用这样的稀疏性特性，拉近运算和存储的距离，即“近数据计算”的概念，如把神经网络运算放在传感器或者存储器中等。已经有很多工作试图把计算放在传感器的模拟部分，从而避免模/数转换（ADC）以及数据搬移的代价，还可以先对传感器数据进行简单处理，以减少需要存储和移动的数据，如先利用简单神经网络，基于图像传感器得到的数据初步定位目标物体，再把只包括目标物体的部分存储，并传输给复杂的神经网络进行物体的识别。关于存内计算，将在新型存储技术中详细讨论。

此外，在边缘设备的 AI 芯片中，可以应用各种低功耗设计方法来进一步降低整体功耗，如当权重或者中间结果的值为零的时候，对 MAC 进行时钟门控。而动态电压精度频率调整，则是在传统芯片动态功耗调整技术中增加了对于推断精度的考量。目前一些运算单元采用异步设计（或无时钟设计）来降低功耗，这也是一个值得探索的方向。

未来，越来越多的边缘设备将需要具备一定的“学习”能力，能够根据收集到的新数据在本地训练、优化和更新模型。这也会对边缘设备以及整个 AI 实现系统提出一些新的要求。

在边缘设备中的 AI 芯片往往是 SoC 形式的产品，AI 部分只是实现功能的一个环节，而最终要通过完整的芯片功能来体现硬件的效率。在这种情况下，需要从整个系统的角度考虑架构的优化，因此终端设备 AI 芯片往往呈现为一个异构系统，专门的 AI 加速器和 CPU、GPU、ISP、DSP 等其他部件协同工作以达到最佳的效率。

3. 软件定义芯片

AI 计算中，芯片是承载计算功能的基础部件，软件是实现 AI 的核心。这里的软件即是为了实现不同目标的 AI 任务所需要的 AI 算法。对于复杂的 AI 任务，甚至需要将多种不同类型的 AI 算法组合在一起，即使是同一类型的 AI 算法，也会因为具体任务的计算精度、性能和能效等需求不同，具有不同计算参数。因此，AI 芯片必须具备一个重要特性：能够实时动态改变功能，满足软件不断变化的计算需求，即用软件定义芯片。

通用处理器如 CPU、GPU，缺乏针对 AI 算法的专用计算、存储单元设计，功耗过大，能效较低；专用芯片（ASIC）功能单一，难以适应灵活多样的 AI 任务；现场可编程门阵列（FPGA）尽管可以通过编程重构为不同电路结构，但是重构的时间开销过大，而且过多的冗余逻辑导致其功耗过高。以上传统芯片都难以实现 AI 芯片需要的软件定义芯片这一特性。

可重构计算技术允许硬件架构和功能随软件变化而变化，具备处理器的灵活性和专用集成电路的高性能和低功耗，是实现软件定义芯片的核心，被公认为是突破性的下一代集成电路技术。清华大学微电子所设计的 AI 芯片（代号 Thinker）（图 6 - 13），采用可重构计算架构，能够支持卷积神经网络、全连接神经网络和递归神经网络等多种 AI 算法。

Thinker 芯片通过三个层面的可重构计算技术，来实现软件定义芯片，最高能量效率达到了 5.09TOPS/W，具体特点如下：

（1）计算阵列重构。Thinker 芯片的计算阵列由多个并行计算单元互连而成。每个计算单元可以根据算法所需要的基本算子不同而进行功能重构。此外，在复杂 AI 任务中，多种 AI 算法的计算资源需求不同，因 Thinker 芯片支持计算阵列的按需资源划分以提高资源利用率和能量效率。

（2）存储带宽重构。Thinker 芯片的片上存储带宽能够根据 AI 算法的不同而进行重构。存储内的数据分布会随着带宽的改变而调整，以提高数据复用性和计算并行度，提高了计算吞吐和能量效率。

（3）数据位宽重构。16bit 数据位宽足以满足绝大多数应用的精度需求，对于一些精度要求不高的场景，甚至 8bit 数据位宽就已经足够。为了满足 AI 算法多样的精度需求，Thinker 芯片的计算单元支持高低（16/8bit）两种数据位宽重构。高比特模式下计算精度提升，低比特模式下计算单元吞吐量提升进而提高性能。

技术参数	TSMC 65nm LP
电源	0.67~12V
区域	4.4mm×4.4mm
SRAM	348KB
频率	10M~200MHz
峰值性能	409.6GOPS
功率	4MW~447MW
能效	1.6TOSP/W~5.09TOPS/W

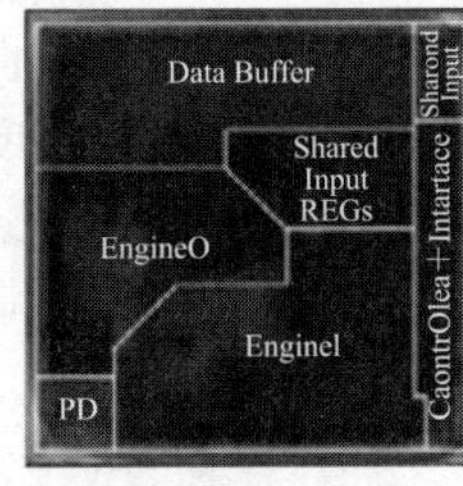

图 6-13　清华大学 Thinker 芯片

可重构计算技术作为实现软件定义芯片的重要技术，非常适合应用于 AI 芯片设计当中。采用可重构计算技术之后，软件定义的层面不仅仅局限于功能这一层面。算法的计算精度、性能和能效等都可以纳入软件定义的范畴。可重构计算技术借助自身实时动态配置的特点，实现软硬件协同设计，为 AI 芯片带来了极高的灵活度和适用范围。

6.4.3　新兴计算技术

新兴计算技术已经被提出并被研究，以减轻或避免当前计算技术中的冯·诺伊曼体系结构的“瓶颈”。主要的新计算技术包括近内存计算、存内计算，以及基于新型存储器的人工神经网络和生物神经网络。虽然成熟的 CMOS 器件已被用于实现这些新的计算范例，但是新兴器件有望在未来进一步显著提高系统性能并降低电路复杂性。

1. 近内存计算

除了将逻辑电路或处理单元（PU）布置在存储器附近，通过宽带总线方式将它们连接后实现最小化由数据传输引起的延迟和功率损耗，并且可以增加带宽；除此之外，近存储器计算可以将存储器层置于逻辑层顶部进一步提升高性能并行计算能力。新兴的 NVM 可以通过 CMOS 的后道工序（Back - End - of - Line，BEOL）与逻辑器件集成达到相似的（计算）效果。

2. 内存技术

存内计算与传统的冯・诺伊曼体系结构（图 6 - 14）有着本质不同，该体系结构直接在存储器内执行计算而不需要数据传输。这个领域的最新进展已经证明了存内计算具有逻辑运算和神经网络处理的能力。图 6 - 15 展示了基于不同架构方式的 AI 芯片功耗比较，利用存内计算模块后，功耗和延迟可以显着降低。

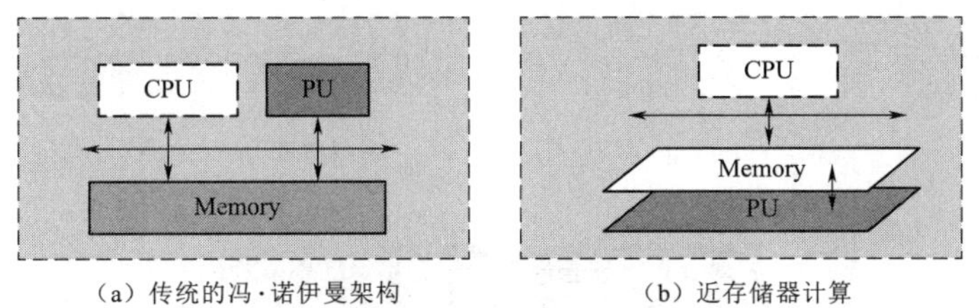

（a）传统的冯・诺伊曼架构　　（b）近存储器计算

图 6 - 14　传统的冯・诺伊曼架构和近存储器计算结构

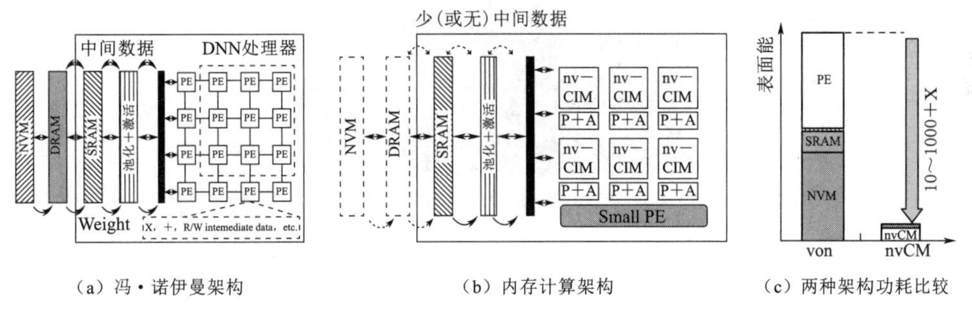

（a）冯・诺伊曼架构　　（b）内存计算架构　　（c）两种架构功耗比较

图 6 - 15　基于不同架构方式的 AI 芯片功耗比较

3. 基于新型存储器的人工神经网络

基于新兴非易失性存储器件的人工神经网络计算最近引起了人们的极大关注。这些器件包括铁电存储器（FeRAM）、磁隧道结存储器（MRAM）、相变存储器（PCM）和阻变存储器（RRAM）等，它们可用于构建待机功耗极低的存储器阵列。更重要的是，它们都可能成为模拟存内计算（Analog In - memory Computing）的基础技术，实现数据存储功能的同时参与数据处理。这些器件一般都以交叉阵列（crossbar）的形态实现，其输入/输出信号穿过构成行列的节点。就是一个 RRAM 交叉阵列的例子，其中矩阵权重被表示为电导。交叉阵列非常自然地实现了向量和矩阵乘法，这对于各种基于 AI 的应用具有重要的意义。使用图 6 - 16 中集成 1024 单元的阵列进行并行在线训练，清华大学吴华强课题组在国际上首次成功实现了灰度人脸分类。与 Intel 至强处理器（使用片外存储）相比，每次迭代模拟突触内的能量消耗低 1000 倍，而测试集的准确度与 CPU 计算结果相近。另外，基于 128×64 的 ReRAM 交叉阵列，输出精度为 5～8bit 的精确模拟信号处理和图像处理也得到了实验演示。和传统的 CMOS 电路相比，模拟存内计算可以用非常低的功耗实现信号的并行处理，从而提供很高的数据吞吐率。由于存储元件的状态可以映射为突触，这种交叉开关阵列实际上实现了一个全连接的硬件神经网络的物理实例。

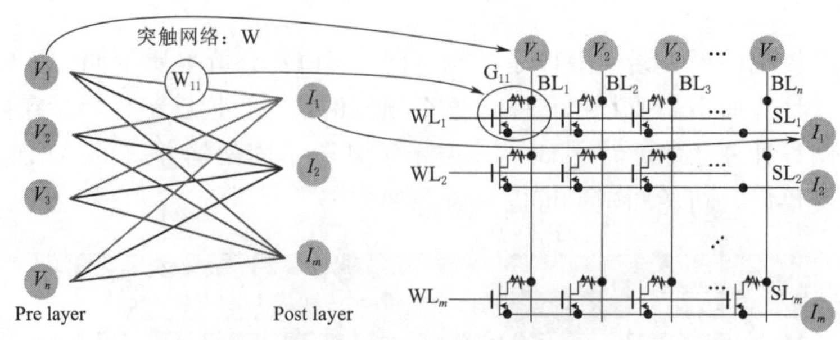

（a）在1T1R阵列上映射一层神经网络
T—晶体管；R—ReRAM

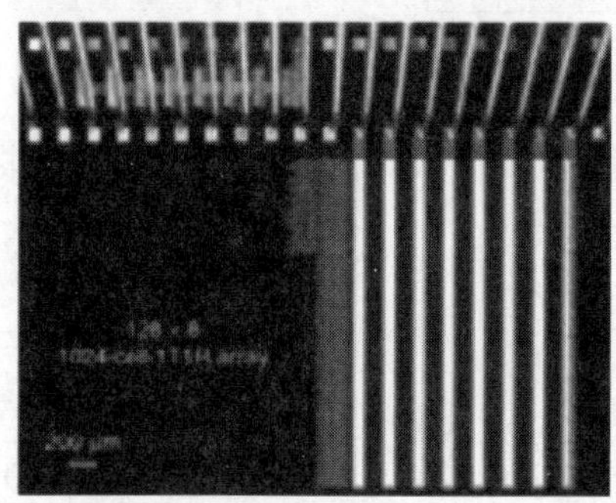

（b）使用CMOS兼容工艺制造的1024.cell－1T1R阵列的显微照片

图 6－16　ReRAM 交叉阵列用于人脸识别的例子

4. 生物神经网络

人工神经网络本质上是存储和计算并行而更具生物启发性的方法是采用脉冲神经网络等，更严格地模拟大脑的信息处理机制。IBM TrueNorth 和英特尔 Loihi 都展示了使用 CMOS 器件的仿生脉冲神经网络硬件实现。前者包括 106 个神经元和 2.56×108 SRAM 突触，后者拥有 1.3×105 个神经元和 1.3×108 突触。脉冲神经网络方法需要有与生物神经元的动力学相似的人工突触和神经元。然而，由于 CMOS 器件需要用多个晶体管来模拟一个突触或神经元，故需要新的具有生物突触和神经元内在相似性的紧凑型物理结构，用于复制生物神经网络行为。实际上，对模拟突触功能至关重要的人工突触已经被简单的两终端忆阻器实现。最近，带有积分泄漏和发放功能的人工神经元也被单一的忆阻器器件实现。用于无监督学习模式分类的完全集成忆阻器神经网络如图 6－17 所示。图 6－17 中展示了采用忆阻神经网络进行无监督学习的模式分类。实验证明虽然神经形态计算仍然是其技术成熟度的早期阶段，但是它代表了 AI 芯片的一个很有前景的长期方向。

除了两终端器件外，新兴的三端晶体管也可以用来构建神经网络。例如，将铁电电容器集成到晶体管的栅极所构成的 FeFET，铁电电容器的极化程度与通道的跨导相关。FeFET 可以提供快速的编程速度，低功耗和平滑的对称模拟编程。利用上述交叉阵列结构，FeFET 也可以自然地实现向量-矩阵乘法。交叉开关阵列中 FeFET 的模拟状态能够表示全连接神经网络中突触的权重。此外，铁电体层的晶格极化动力学还可以实现脉冲神经网

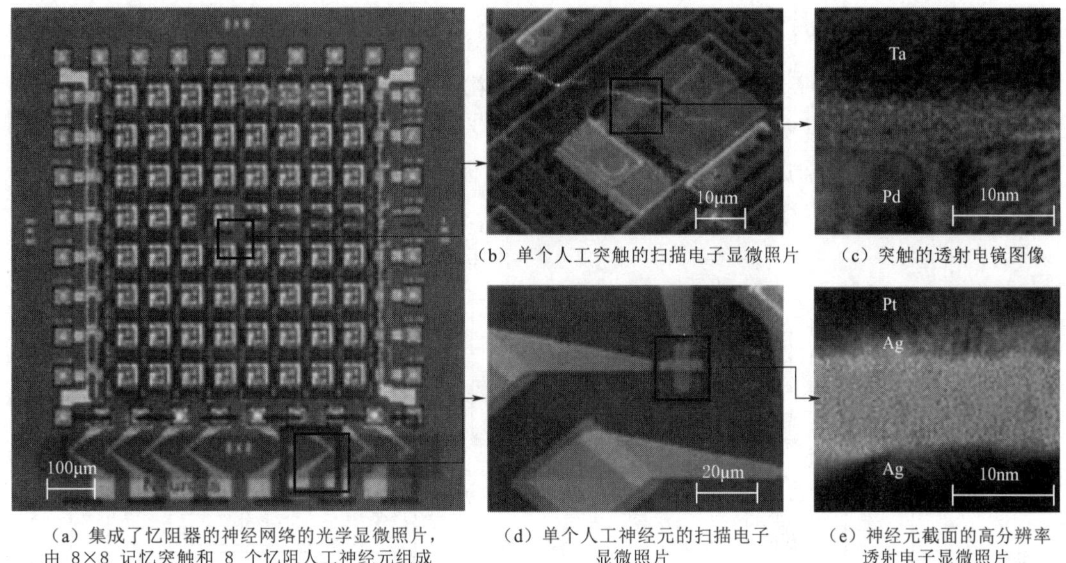

（a）集成了忆阻器的神经网络的光学显微照片，由 8×8 记忆突触和 8 个忆阻人工神经元组成

（b）单个人工突触的扫描电子显微照片

（c）突触的透射电镜图像

（d）单个人工神经元的扫描电子显微照片

（e）神经元截面的高分辨率透射电子显微照片

图 6－17 用于无监督学习模式分类的完全集成忆阻器神经网络

络（SNN）的时间学习规则，如脉冲时序而定的可塑性（spiking－timing－dependent plasticity，STDP）。

虽然新兴的计算可以使用当前的 CMOS 器件实现，但新兴的内存技术仍然是支撑新型计算技术和 AI 技术蓬勃发展的重中之重。AI 友好型存储器在近期也迫切期望用于解决缓解冯·诺伊曼“瓶颈”难题。近内存计算、存内计算和基于忆阻器的神经形态计算在超越冯·诺伊曼计算方面都具重要性，可服务于 AI 技术的持续快速发展。

5. 对电路设计的影响

模拟存内计算有很大的潜力实现比数字乘累加单元更快的速度和更高的能效。然而，模拟电路操作也给外围电路的设计带来了新的挑战。

与数字方法不同，由于每个矩阵元素的误差在求和过程中会被累积并影响输出，用模拟量来表示神经网络的权重要求对存储元件进行高精度编程。另外，对于某些新兴的存储器件来说，模拟编程过程可能是相对随机的。因此，实现高精度模拟状态编程可能需要多个周期才能完成，对于需要频繁重新编程的应用而言，这可能非常耗时且能效很低。对于这些应用，编程电路和算法的优化至关重要。

在存储器件制造过程中，面积（密度）是第一考量因素。在晶体管尺寸能够保持功能的前提下，以尺寸更小为优化方向。加上工艺本身的各种偏移，RAM 单元在实际制造过程中具有极高的不匹配性，为了弥补不同 RAM 单元特性不匹配的短板，在完成多比特计算时往往需要额外的抗失调与失配补偿电路，或者通过在线学习更新神经网络参数的方法来进行补偿。此外，为了接收来自传统的数字电路的信号并将结果传回数字系统，系统需要快速和高能效的信号转换电路（包括 DAC 和 ADC）。对于基于欧姆定律和基尔霍夫定律的矢量矩阵乘法，输入通常采用电压信号形式，而输出结果则是电流信号。在很大的测量范围内精确测量电流值，也是一个需要解决的问题。

6.4.4　国产 AI 芯片

2018 年华为发布了自研的达芬奇架构，该架构一开始就面向全场景的 AI 应用计算加速，并基于架构推出了昇腾（Ascend）系列 AI 专用 ASIC 芯片。昇腾 AI 处理器的计算核心主要由 AI Core 构成（图 6-18），负责执行标量、向量和张量相关的计算密集型算子。AI Core 采用了达芬奇架构。

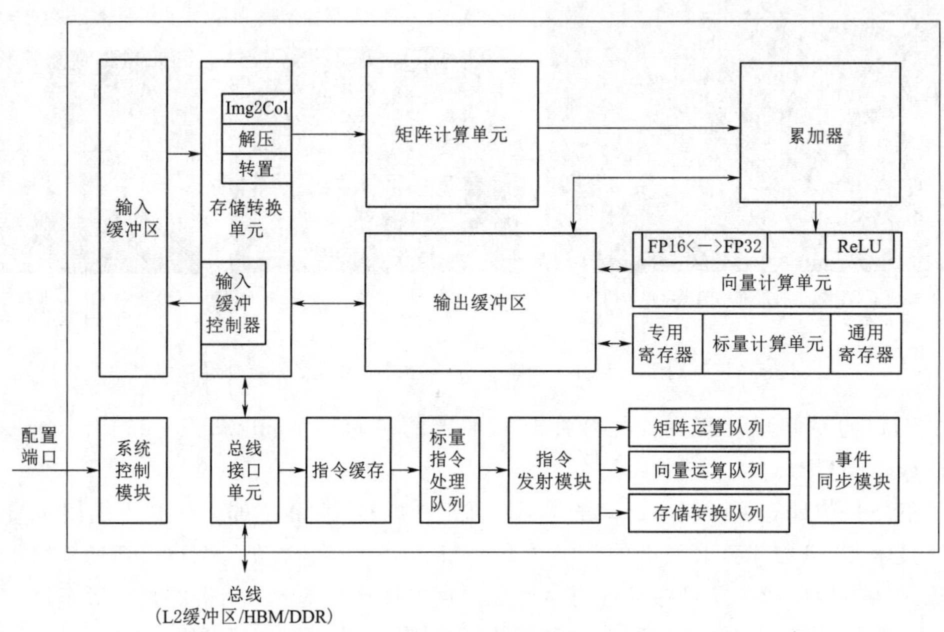

图 6-18　华为昇腾处理器 AI Core 架构

(1) 计算部件。矩阵计算单元（Cube Unit）、向量计算单元（Vector Unit）和标量计算单元（Scalar Unit）。这三种计算单元分别对应了张量、向量和标量三种常见的计算模式，形成了三条独立的执行流水线，在系统软件的统一调度下互相配合达到优化的计算效率。

(2) 片上缓冲区。这些存储资源和相关联的计算资源相连，或和总线接口单元（Bus Interface Unit，BIU）相连，从而可以获得外部总线上的数据。具体来说，片上缓冲区包括：

1) 用来放置整体图像特征数据、网络参数以及中间结果的输入缓冲区（Input Buffer，IB）和输出缓冲区（Output Buffer，OB）。

2) 提供一些临时变量的高速寄存器单元，这些寄存器单元位于各个计算单元中存储转换单元（Memory Transfer Unit，MTE）：设置于输入缓冲区之后，主要的目的是为了以极高的效率实现数据格式的转换。

3) 例如卷积操作中为了加速卷积运算，需要用 Img2Col 函数将卷积操作转化为矩阵乘积操作。存储转换单元将 Img2Col 函数固化在了硬件电路中，极大地提升了 AI Core 的执行效率，从而能够实现不间断的卷积计算（与之相对的，GPU 是以软件来实现

Img2Col 函数的，因此效率不如 AI Core）。

（3）控制单元。主要包括系统控制模块、标量指令处理队列、指令发射模块、矩阵运算队列、向量运算队列、存储转换队列和事件同步模块。

1）系统控制模块负责指挥和协调 AI Core 的整体运行模式、配置参数和实现功耗控制等。

2）标量指令处理队列主要实现控制指令的译码。

3）指令发射模块：指令被译码后，就会通过指令发射模块顺次发射出去。根据指令的不同类型，指令将会分别发送到矩阵运算队列、向量运算队列和存储转换队列（标量指令会驻留在标量指令处理队列中进行后续执行）。四条独立的流水线：矩阵运算队列、向量运算队列和存储转换队列三个队列中的指令依据 FIFO 的方式分别输出到矩阵计算单元、向量计算单元和存储转换单元进行相应的计算。最终形成了标量、向量、张量、存储转换四条独立的流水线，可以并行执行以提高指令执行效率。

4）事件同步模块：如果指令执行过程中出现依赖关系或者有强制的时间先后顺序要求，则可以通过事件同步模块来调整和维护指令的执行顺序。事件同步模块完全由软件控制，在软件编写的过程中可以通过插入同步符的方式来指定每一条流水线的执行时序从而达到调整指令执行顺序的目的。

在 AI Core 中，存储单元为各个计算单元提供被转置过并符合要求的数据，计算单元返回运算的结果给存储单元，控制单元为计算单元和存储单元提供指令控制，三者相互协调合作完成计算任务。

参　考　文　献

[1] 周志华. 机器学习 [M]. 北京：清华大学出版社，2016.

[2] 李沐. 动手学深度学习 [M]. 北京：人民邮电出版社，2019.

[3] Christopher M. Bish. Pattern Recognition and Machine Learning [M]. Berlin：Springer，2007.

[4] Tom M. Mitchell. 机器学习 [M]. 北京：机械工业出版社，2008.

[5] Vladimir N. Vapnik. Statistical Learning Theory [M]. New York：Wiley - Interscience，1998.

[6] Ian Goodfellow，Yoshua Bengio，Aaron Courville. Deep Learning [M]. Cambridge：MIT Press，2016.

[7] Trevor Hastie，Robert Tibshirani，Jerome Friedman. The Elements of Statistical Learning：Data Mining，Inference，and Prediction [M]. Berlin：Springer，2009.

[8] 边肇琪，张学工. 模式识别 [M]. 北京：清华大学出版社，2010.

[9] Stephen Boyd，Lieven Vandenberghe. Convex Optimization [M]. Cambridge：Cambridge University Press，2004.

[10] 雷明. 机器学习—原理、算法与应用 [M]. 北京：清华大学出版社，2019.

[11] 巴勃罗·里瓦斯（Pablo Rivas）. 深度学习初学者指南 [M]. 汪雄飞，陈朗，汪荣贵，译. 北京：机械工业出版社.

[12] 张臣雄. AI 芯片：前沿技术与创新未来 [M]. 北京：人民邮电出版社.

[13] 连理 o. 昇腾（Ascend）AI 处理器：达芬奇架构 [EB/OL]. https：//blog. csdn. net/weixin_42437114/article/details/116980129.

第7章

计 算 机 视 觉

7.1 计算机视觉概述

计算机视觉是人工智能的一个分支，目的是使计算机学会从电子图像中识别丰富的语义内容，进而去感知并理解世界。计算机视觉这一学科，受到神经生理学和认知科学的启发，借助几何和物理技术构筑模型，用统计学的方法来处理数据，又与计算机图形学和机器学习理论密不可分，是对学科多领域多融合的交叉学科。

7.1.1 什么是计算机视觉

距今约5亿4千3百万年前出现的具有视觉能力的生物，形成了一次物种大爆发，具有视觉能力物种的捕食和生存行为变得更加主动。视觉对于动物，特别是那些具有智慧的动物来说，极其重要。人脑有50%以上的皮质是和视觉信息的传输相关联的，视觉是人类认识世界的重要渠道。作为视觉器官的眼睛，可以对环境中的光线进行感知，获取物体与事件的相关信息。当我们用眼睛去观察世界的时候，能区分不同叶子的形状、花朵的颜色，数出当前场景下某种物体的数目。如果你的知识足够广博，甚至还可以对一张风景照片中的种种线索进行提取，判别这张照片的拍摄地点和时间。所以，视觉不单单只是看，更重要的是后续对所看到的场景进行分析和理解的过程。随着计算机技术和人工智能的发展，机器也试图在这项能力上匹敌甚至超越人类。

计算机视觉（Computer Vision，CV）同其他很多学科一样，很难给出一个严格的定义，广义上可以将计算机视觉视为一门研究如何让计算机具有人类眼睛的功能，进而能够对世界进行观察和感知的科学。

计算机视觉里，直接输入的图片或者多维数据替代了人眼的成像功能，算法同CPU（或GPU）一起替代视觉神经中枢对这些数据和图片进行处理，最终取代人眼对外界的信息进行判断。在某种程度上，计算机获得了“看”以及感知所看到的东西的能力。像人脸识别技术、自动驾驶技术、增强现实技术（AR），都是计算机视觉的应用。

计算机视觉同图像处理、机器视觉紧密相关，如图7-1所示，他们所应用的基础理论在很大程度上是重合的，所以经常难以区分。

（1）计算机视觉。获取、处理、分析并理解图像，针对真实世界三维场景，侧重于通过软件和算法来对图像进行分析和理解。

（2）图像处理。用数学操作处理图像，针对二维图像进行对比度以及像素等方面的转换，与图像本身内容无关。图像处理的输入和输出都是图像。计算机视觉利用图像处理技术对图像进行预处理，但图像处理本身并不是计算机视觉的核心。

（3）机器视觉。多用于工业领域，与计算机视觉相比，着重于对机器人或者机械的控制，一般会将图像转化为信号，根据信号信息的不同来做出判别，从而控制设备的动作。

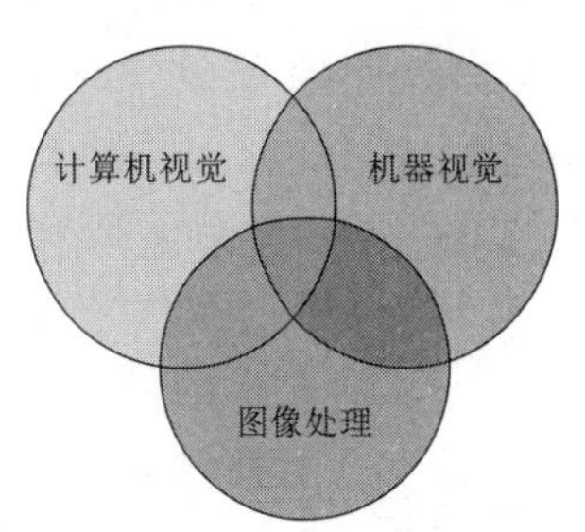

图 7－1 计算机视觉与机器视觉、图像处理的关系

7.1.2 计算机视觉的历史与前景

人类运用工具进行视觉信息的记录和处理，可以追溯到文艺复兴时期：达·芬奇等运用小孔成像的原理设计了人类史上第一台照相机。后来，人们开始从生物学的角度研究视觉产生的本质。1959 年，Hubel 和 Wiesel 等以猫作为实验物种，以电学的技术为实验手段。他们得出结论：不同的视觉图像会在神经系统中产生不同波形的电流。单个细胞由处理一些视觉信息中最简单的点和边出发，逐步由多细胞构成整个视觉功能的组织、系统和整个视觉信息世界。

计算机视觉的历史可以追溯到 20 世纪 50 年代，那时就已经有学者在尝试对二维图像进行分析识别。20 世纪 60 年代，MIT 的 Robert 开创了对于三维图像理解的研究工作，从三维数字图像中提取出多面体的三维结构，描述他们之间的空间关系，这种积木式的三维世界给许多研究者以启发。研究者们最初对于这一领域的构想是，将三维结构从图像中抽取出来，再以此为基础对场景做出理解和判断。

1966 年，MIT 著名的人工智能学者 Marvin Minsky 给他的学生布置了一项暑期作业，给电脑连接一个摄像头，再写一个程序，让计算机来描述摄像头看到了什么。这项“作业”的目标是搭建一个机器视觉系统，完成模式识别等工作。现在看来，当时计算机视觉的难度被大大低估了。视觉为什么如此困难？一个原因是它是一个逆问题（inverse problem）：即要在信息不足的情况下，试图通过恢复一些未知量来给出完整的解答，因此必须借助于物理和概率模型来消除潜在解的奇异。尽管现在的计算机视觉已经取得了很大的进展，但是视觉世界的建模依然非常困难，要让计算机达到两岁大孩子解释图像的能力尚有一定差距。

计算机视觉这一概念真正开始于 20 世纪 70 年代早期，同人工智能概念的出现一样，本就有不少研究者始终致力于赋予计算机以人眼的功能，计算机的性能也在这一时期得到了大幅度的提升，作为一种大规模的数据，计算机终于可以快速处理图像。同时，MIT 的 David Mar 教授整合神经科学、心理学与计算机科学对计算机视觉方向给出了严谨长远的发展设想，还提出了一整套的视觉计算理论（computational theory of vision）。在他的理论中，视觉对于信息的处理可以分为三个层次：首先，抽取图像中的拐点、边缘、图案纹理等勾勒出基元图；其次，在基元图的基础上恢复部分的图像深度和轮廓，构成包含部分深度信息的2.5维图；最后，由图像、基元图、2.5维图对物体形状进行全面描述。

这一理论为视觉领域的研究打开了新的大门。1982年，集结MIT人工智能实验室David Marr教授心血的*Vision*在他逝世后出版。

20世纪80年代，研究者们摒弃理想化的三维解构过程，开始对识别的图像进行分割。无法识别一张图片中整体的场景时，可以将其中的像素点进行归类，将属于人的像素点、属于某种物体的像素点从图片背景中单独抠取出来，这也使得诸多研究者开始探寻更好的边缘和轮廓检测方法。

20世纪90年代，诸多方向继续进展的同时，视觉领域与计算机图形学之间的联系更加紧密，更多的着重于图像建模和绘制，也出现了基于图像创建有真实感的3D模型方法。统计学习方法逐渐流行，在此基础上发展出了现在还在广泛使用的局部图像特征，摒弃形状、颜色、纹理等会受到光线视角影响的表征，而是去寻找某种稳定的局部特征，来对物体进行判别，从而推动局部特征描述研究的迅速崛起。

20世纪末，计算机视觉研究的数据集增大，加州理工学院的Caltech-101数据集被普遍使用，对于大规模图像进行分类的研究开始增多。

进入21世纪，机器学习兴起，使得这一领域发生了重大变化。机器学习可以从互联网井喷的海量数据中自动得去对物品特征进行归纳总结，再按照特征进行识别。人脸检测技术便是在这一时期出现，机器学习算法通过一个已知的拥有数千张框出人脸的照片数据集，去学习从任何一张照片中找到人脸的区域进行框起，这种人脸检测技术也被应用于各种相机之中。

2006年，Geoffry Hintonfa发表了基于深层神经网络的训练方法，使得神经网络这个概念再次出现在人们的视野中。2010年起，进入了深度学习的时代，基于卷积神经网络发展而来的深度学习是整个人工智能领域的一次新的革命，对于计算机视觉也产生了巨大的影响。视觉识别任务的精度提高了一个量级，人脸识别率提高，使其开始可能应用于自动驾驶领域。深度学习使计算机视觉技术开始落地，图像搜索、Face ID、道路检测开始成熟的应用于人们的生活。深度学习技术是否是计算机视觉的最佳选择尚存争议，但其对于视觉领域的推动毋庸置疑。

2009年，普林斯顿大学的李飞飞团队发布了对计算机视觉、机器学习、人工智能发展都影响深远的ImageNet数据集。该数据集旨在为世界各地的研究人员提供易于访问的图像数据库。目前ImageNet中总共有14197122幅图像，总共分为21841个类别（synsets）。ImageNet数据集相关论文发表于2009年，最初作为一篇研究海报在迈阿密海滩会议中心的角落展示出来。但没过多久，这个数据集就迅速发展成为一项年度竞赛，衡量哪些算法可以以最低的错误率识别数据集图像中的物体。许多人都认为ImageNet竞赛是如今席卷全球AI浪潮的催化剂，同时也使人们认识到数据集跟算法一样，对研究都至关重要。尽管现在ImageNet竞赛已经结束，但是ImageNet精神永存。

如今在移动互联网领域，人脸识别身份认证保障了账户安全，AI美颜使修图更加智能化；安防方面，对于道路上车牌的识别已经成熟，疑犯追踪也逐步精确。教育领域，可以成熟地进行机器阅卷，校园里也能见到无人售货机的身影；医学领域，医疗影像分析已经开始进行一些简单的临床辅助治疗，有数据表明计算机视觉在分类良性和恶性皮肤病变上的表现能达到经过认证的皮肤科医生水准。更多所期待的应用还有自动驾驶、病理诊断、盲人导向等。

通过认知神经学的启发，多层神经网络给计算机视觉领域带来跨越式发展，在与计算机视觉联系密切的脑科学领域，有更多人脑对于所观测到场景进行认知、分析、理解的过程等待探究。

7.1.3 计算机视觉的研究内容

计算机视觉的研究内容与图像息息相关，主要研究内容如下：

(1) 图像去噪（image denoise）。针对数字图像形成过程中成像系统、传输介质、传感器等出现问题而产生的噪声数据进行处理，尽可能去除噪声数据，恢复图像原有面貌。常见噪声有高斯噪声、散粒噪声、量化噪声、椒盐噪声等。一般采用均值滤波、中值滤波、高斯滤波等进行去噪。

(2) 图像分割（image segmentation）。基于一定的标准将图像划分为多个图像子区域，对图像进行简化，使其更加容易分析。常用分割算法有阈值分割法、区域增长细分、边缘检测分割、聚类分析分割、基于人工神经网络的分割。在医学影像自动驾驶等领域，利用图像进行理解和推断的语义分割十分重要。

(3) 特征提取（feature extraction）。图像具有的特征非常繁多，如颜色特征，常由自相关函数、边界频率、灰度直方图进行描述的纹理特征，周长、面积等形状特征，包含丰富二维结构信息的角点特征。除了这些之外，1999 年由 David Lowe 提出的 SIFT (Scale - invariant Feature Transform) 尺度不变特征变换是目前特征描述领域应用最为广泛的方法。

(4) 目标检测与识别（target detection and recognition translation）。目标检测即找出图像中所有感兴趣的物体，包含物体定位和物体分类两个子任务，同时确定物体的类别和位置。传统目标检测的方法一般分为三个阶段：首先在给定的图像上选择一些候选的区域；然后对这些区域提取特征；最后使用训练的分类器进行分类。但是，这是分类的结果，也就是识别图像中的物体是什么。这并不代表算法知道这个物体的属性，它来自哪里、功能是什么、如何使用，或者如何与其周围环境进行交互。算法实际上并不理解它看到了什么。虽然计算机视觉今天在分辨事物上十分厉害，但接下来要在现实世界情景中理解事物是什么。

人脸检测、移动目标检测、人脸识别、类别识别都是该领域下衍生出的研究内容。其他研究内容还有图像去模糊、显著性检测、特征匹配、三维重建、光流计算、图像拼接等，机器学习和深度学习的广泛应用也使得计算机视觉领域的研究内容更加丰富。

7.2 视觉与图像

7.2.1 图像的类型及机内表示

图像分为模拟图像和数字图像，如图 7 - 2 所示。自然界中所见到的图像以及胶卷相机拍出的相片便是模拟图像，是连续的信号，计算机无法直接处理，需要将它们进行数字化处理转化为数字图像。现在用数码相机、手机等拍出的照片都是数字图像，它们由在计算机内用二进制存储的像素点组成，每个像素点都有确定的值。模拟图像经过采样、量化后可以转化为数字图像。计算机视觉处理的对象是数字图像。

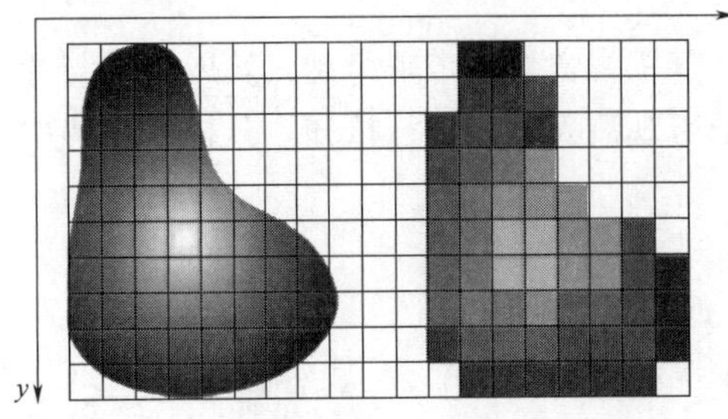

图7-2 模拟图像（左）和数字图像（右）

计算机上的图像采用左手坐标系，和数学上常用坐标系不同的是，y 轴的正方向向下。每个像素的位置都有一个坐标(x，y)，坐标原点在左上角，x 轴坐标对应列数或者称为图片宽度，y 轴坐标对应行数或者称为图片高度。以灰度图为例，每个像素坐标对应着一个灰度值，所有坐标点的灰度值存储成一个数值矩阵。

按照图像的颜色和灰度，图片的色彩模式一般有以下表示形式：

(1) 位图模式。位图模式只有纯黑和纯白两种颜色，适合制作艺术样式或用于创作单色图形。彩色图像转换为该模式后，色相和饱和度信息都会被删除，只保留亮度信息。只有灰度和双色调模式才能够转换为位图模式。二维矩阵由0、1两个值构成，其中“0”代表黑色，“1”代表白色，每个像素点的灰度等级仅有两个可能的取值，均为0或255，在计算机内由一个二进制位来表示。

(2) 灰度模式。灰度模式下图像中的每个像素都有一个0～255之间的亮度值，0代表黑色，255代表白色，其他值代表它们之间过渡的灰色。一般在计算机内由8位无符号整型表示。二值图像可以视为一个特殊的灰度图像。

(3) 双色调模式。双色调模式采用一组曲线来设置各种颜色的油墨，只有灰度模式的图像才能转换为双色调模式，可以为三种或四种油墨颜色制版。

(4) 索引颜色模式。使用256种或更少的颜色替代全彩图像上百万种颜色的过程称为索引，索引模式是GIF文件默认的颜色模式。

(5) RGB颜色模式。它是一种加色混合模式，通过红、绿、蓝三种原色光混合的方式来显示颜色。计算机显示器、扫描仪、数码相机、电视、网络等都采用这种模式。在RGB彩色图像中，用红绿蓝三原色组合表示每个像素的颜色，RGB颜色空间如图7-3所示。图像中的色彩由三原色光按照不同比例混合得来，图像矩阵中存放每个像素的三个颜色分量值。图像由三个通道的 $M \times N$ 的二维矩阵来分别表示每个像素的 R、G、B 三个分量，如图7-4所示。通常RGB各有256级亮度，可以组合出2563即224约1678万种颜色，也被称为24位色。RGB图像的数据类型一般是8位无符号整形。

彩色图像相应的灰色计算为

$$Grey = 0.299R + 0.587G + 0.114B \tag{7-1}$$

彩色图像可以转换成灰度图像，依次读取RGB彩色图像每个像素点的 R、G、B 值，根据式(7-1)，计算对应的灰度值 $Grey$，将灰度值赋值给灰度图像的相应像素，将彩色图像中所有像素点都按照公式转换后得到对应的灰度图像。

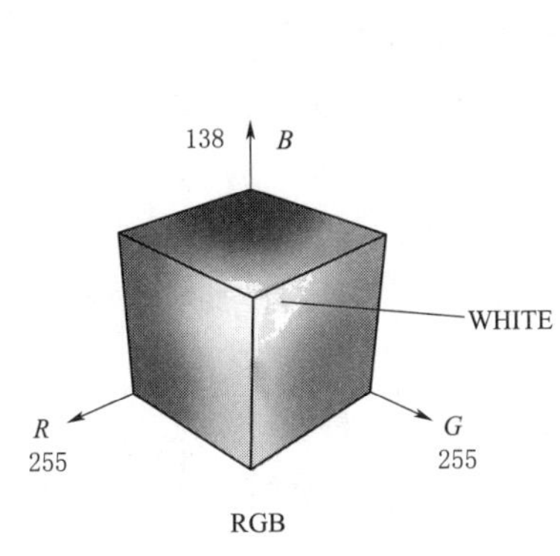

图 7-3 RGB 颜色空间示意图

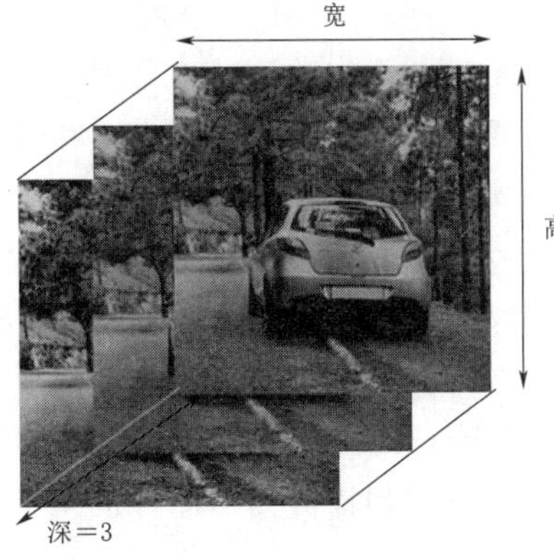

图 7-4 三个通道的图像

(6) CMYK 颜色模式。它是一种减色混合模式，印刷用油墨、染料、绘画颜料都属于减色混合。C 代表青，M 代表品红，Y 代表黄，K 代表黑。它常用于商业印刷，只有在制作要用印刷色打印的图像时才会使用该模式。

(7) Lab 模式。它是 Photoshop 进行颜色模式转换时使用的中间模式。L 代表亮度，a 代表由绿色到红色的光谱变化，b 代表由蓝色到黄色的光谱变化。

(8) HSV (HSB) 彩色图像模式。彩色图像除了可以用 RGB 颜色空间中的三个分量表示外，还可以用 HSV 分量表示。RGB 颜色模型是面向硬件的，而 HSV (hue saturation value) 颜色模型是面向用户（人眼）的。当需要屏蔽图像的光照变化时，可以采用 HSV 图像的 H 分量来区分不同颜色。在 HSV 空间中，H 表示色相，S 表示饱和度，V 表示亮度。其中的 H 分量对于光照变化不敏感。HSV 模型的三维表示如图 7-5 所示，倒圆锥边界表示色彩，水平轴表示纯度，明度沿垂直轴测量。

H 参数表示色彩信息，即所处的光谱颜色的位置；饱和度 S 表示颜色接近光谱色的程度，$S=0$ 时，只有灰度；V 表示色彩的明亮程度，通常取值范围为 0%（黑）到 100%（白）。

基于上述模式的图像在计算机中实际存储时，存储色彩信息的数字矩阵会转化为各种格式，如 JPG、BMP、PNG、GIF 等。

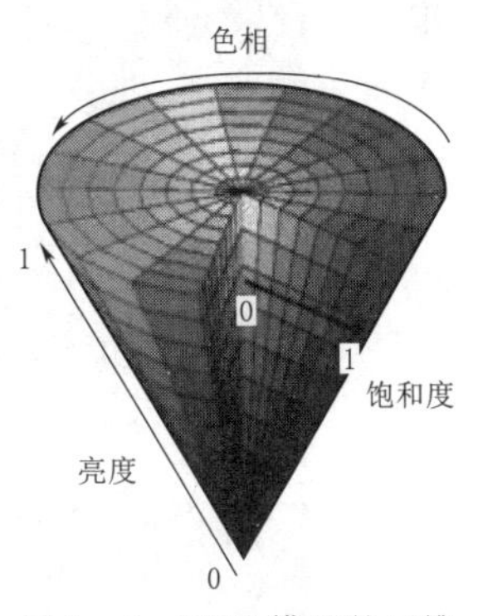

图 7-5 HSV 模型的三维表示

除了这些常见的图像类型之外，还有一种能够体现图片深度信息的图像 RGBD，这种图像可以视为普通 RGB 三通道彩色图像与深度图 (depth map) 的叠加，除了红绿蓝三种色彩信息之外，depth 来表示像素点与摄影机之间的距离，能够反映出物体的三维形状。基于 RGBD 的三维重建 (3D reconstruction) 技术在 AR、VR 等领域具有广泛的应用价值。而医疗影像一般遵循国际通用的 DICOM 协定 (digital imaging and communications in medicine)，有其特殊的存储格式。

7.2.2 图像预处理

在这一过程中，可以人为的根据需要对图像进行去噪处理、变换色域、亮度矫正、几何归一化处理、目标对齐、图片大小统一化等操作。最常见的图像预处理是图像去噪。

现实中的数字图像在数字化和传输过程中常受到成像设备与外部环境噪声干扰等影响，称为含噪图像或噪声图像，除去这些噪声的过程就是图像去噪。按照图像噪声的来源可以把噪声分为以下类型：

（1）加性噪声，此类噪声与输入图像信号无关，含噪图像可表示为 $f(x,y)=g(x,y)+n(x,y)$，信道噪声及光导摄像管的摄像机扫描图像时产生的噪声就属这类噪声；典型的加性噪声有高斯噪声。

（2）乘性噪声，此类噪声与输入图像信号有关，含噪图像可表示为 $f(x,y)=g(x,y)+n(x,y)g(x,y)$，飞点扫描器扫描图像时的噪声，电视图像中的相关噪声，胶片中的颗粒噪声就属于此类噪声。

（3）量化噪声，此类噪声与输入图像信号无关，是量化过程存在量化误差，再反映到接收端而产生，是数字图像的主要噪声源，其大小显示出数字图像和原始图像的差异。

常见的图像噪声和处理方法如下：

（1）高斯噪声：指噪声服从高斯分布，即某个强度的噪声点个数最多，离这个强度越远噪声点个数越少，该规律服从高斯分布，即

$$f(x)=\frac{1}{\sigma\sqrt{2\pi}}\mathrm{e}^{-(x-\mu)^2/2\sigma^2} \tag{7-2}$$

式中：μ 是均值；标准差是 σ。

式（7-2）的高斯噪声标准差 σ 不同，对图像产生的影响也不相同，如图 7-6 所示。高斯噪声的标准差越大，对图像的影响越大。高斯噪声是一种加性噪声，即噪声直接加到原图像上，因此可以用线性滤波器（例如高斯滤波器）滤除。

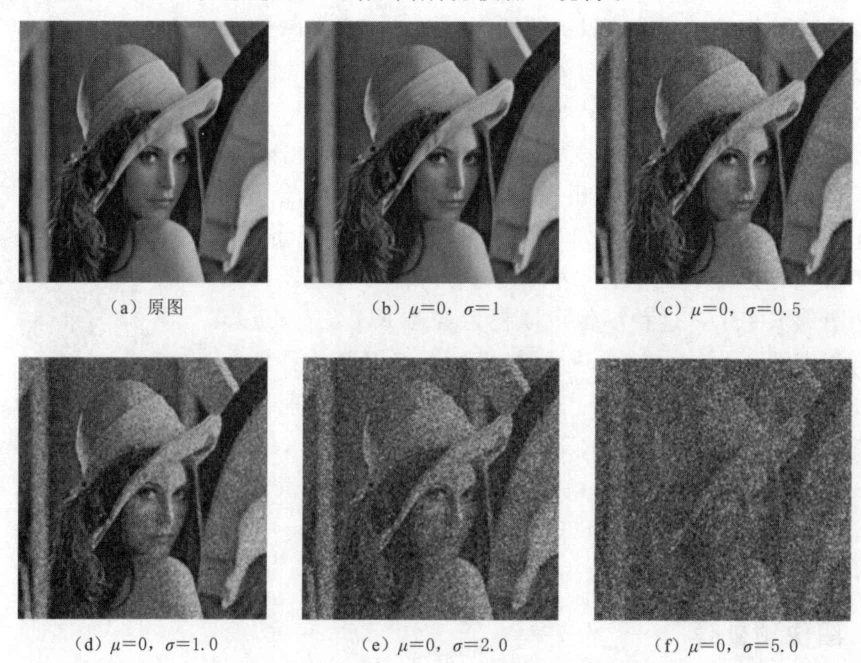

（a）原图　（b）$\mu=0$，$\sigma=1$　（c）$\mu=0$，$\sigma=0.5$

（d）$\mu=0$，$\sigma=1.0$　（e）$\mu=0$，$\sigma=2.0$　（f）$\mu=0$，$\sigma=5.0$

图 7-6　原始图像和含高斯噪声的图像

（2）椒盐噪声（脉冲噪声）：类似把椒盐撒在图像上，是一种在图像上出现很多白点或黑点的噪声，如电视里的雪花噪声等。

椒盐噪声对图像的影响如图 7-7 所示，其中 *SNR* 代表信噪比。椒盐噪声可以认为是一种逻辑噪声，一般采用中值滤波可以得到较好的结果。

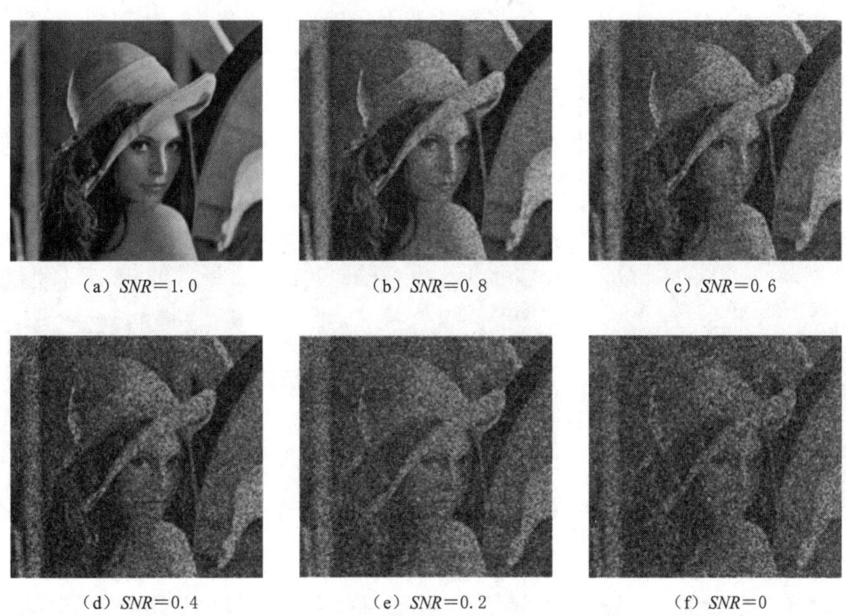

（a）*SNR*=1.0　（b）*SNR*=0.8　（c）*SNR*=0.6

（d）*SNR*=0.4　（e）*SNR*=0.2　（f）*SNR*=0

图 7-7　原始图像和含椒盐噪声的图像

（3）均匀噪声：是指在整个频域内分布状况是常数的噪声。所有频率具有相同能量密度的随机噪声称为白噪声。

经典的图像去噪方法如下：

（1）均值滤波：也称线性滤波，主要思想为邻域平均法，即用几个像素灰度的平均值来代替每个像素的灰度，均值滤波能够有效抑制加性噪声，但容易引起图像模糊。

（2）中值滤波：基于排序统计理论的一种能有效抑制噪声的非线性平滑滤波信号处理技术。中值滤波的特点是：首先确定一个以某个像素为中心点的邻域，一般为方形邻域，也可以为圆形、十字形等等；然后将邻域中各像素的灰度值排序，取其中间值作为中心像素灰度的新值。这里邻域被称为窗口，当窗口移动时，利用中值滤波可以对图像进行平滑处理。其算法简单，时间复杂度低，但对点、线和尖顶多的图像不宜采用中值滤波。

（3）高斯滤波：高斯滤波是一种线性平滑滤波，适用于消除高斯噪声，广泛应用于图像处理的减噪过程。高斯滤波就是对整幅图像进行加权平均的过程，每一个像素点的值，都由其本身和邻域内的其他像素值经过加权平均后得到。

高斯滤波的具体操作是用一个模板（或称卷积、掩模）扫描图像中的每一个像素，用模板确定的邻域内像素的加权平均灰度值去替代模板中心像素点的值，从而实现高斯滤波。对于窗口模板的大小为$(2k+1)\times(2k+1)$，模板中各个元素值的计算为

$$H_{i,j}=\frac{1}{2\pi\sigma^2}\mathrm{e}^{-\frac{(i-k-1)^2+(j-k-1)^2}{2\sigma^2}} \tag{7-3}$$

式中：(i,j)为点坐标，在图像处理中可认为是整数；σ是标准差。

$\frac{1}{273}$

1	4	7	4	1
4	16	26	16	4
7	26	41	26	7
4	16	26	16	4
1	4	7	4	1

图 7-8　标准差为 1.0 的整数值高斯核

计算出来的模板有小数和整数两种形式。小数形式的模板，就是直接计算得到的值，没有经过任何的处理；整数形式的，则需要进行归一化处理，将模板左上角的值归一化为 1，如图 7-8 所示。

为了直观地观察不同噪声的影响和图像去噪的效果，在图 7-9 中对比了带噪图像和滤波去噪后的图像，其中图 7-9（a）～图 7-9（c）与椒盐噪声相关，图 7-9（d）～图 7-9（f）与高斯噪声相关。

（a）带有椒盐噪声的图像

（b）均值滤波的结果

（c）中值滤波的结果

（d）带有高斯噪声的图像

（e）均值滤波的结果

（f）高斯滤波的结果

图 7-9　带噪图像和滤波后的结果

7.2.3　特征检测

在早期，图像特征的提取往往依赖于专家知识，图像研究者需要对图像所属特定领域专家进行咨询，以获得最优的判别特征。例如针对面部特征关键点对人脸进行区分，人为选取的特征很快就被证明了不够好。人工设计特征分为全局特征和局部特征。

典型的全局特征采用直方图计算，描述不同色彩在整个图像中所占的比例的颜色特征，对图像场景空间形状属性进行建模的 GIST 特征等。全局特征的粒度不够精细，只是对图像整体进行概括，适用于无需细分的大规模图像检索领域。

局部特征与全局特征相比更为精细，也是目前使用最为广泛的特征，更多是针对性提取边缘、角点和有区分性的块。典型的局部特征有 SIFT、SURF、Harris 角点、HOG、

LBP、ORB 等十多种。

好特征应该具备以下特点：

（1）重复性。不同图像相同区域可以被重复检测，旋转、缩放、亮度不会对其造成影响。

（2）可区分性。不同检测子可被区分。

（3）数量适宜。检测子数量适宜，不能过多也不能过少，较小图片最好也能产生一定数目的检测子。

（4）高效性。检测速度快效率高。

7.2.3.1 尺度不变特征转换（SIFT）

尺度不变特征转换（SIFT）是一种经典的特征提取方法。为了解决另一种局部特征 Harris 角点尺度缩放敏感的问题，David Lowe 提出了性质更好的 SITF 角点，并于 2004 年全面阐述了相关思想。SITF 特征具有旋转、缩放、亮度变换后不变的特性，对于放射、噪声和视角变化也具备相对稳定、区分度良好、高鲁棒性、可扩展性及算法匹配适应等特征。

1. 高斯尺度空间变换

在计算 SITF 特征前，先要进行高斯尺度空间的变换，构建出尺度空间。

2. 空间极值点检测

不同尺度空间下图片的模糊程度有所不同，对不同尺度空间下的图像构建图像金字塔，尺度从塔底到塔尖逐步增大。图像变换到尺度空间后，要对空间中的极值点进行检测，即查找在图像逐渐模糊的过程中变化显著的点。

为了寻找这样的点，每两个采样点都要和它所有相临点进行比较，如图 7-10 所示，中间的监测点不仅要和其周围的 8 个点进行比较，还要与其上层及下层相邻尺度对应的 9×2=18 个点进行比较，总共需要比较的点有 26 个。

一组高斯差分图像中只能检测到两个尺度的极值点，其他尺度极值点的检测要沿着尺度轴，在图像金字塔的上一层高斯差分图像中进行。这样处理后产生的极值点并不一定是稳定的特征点，还需要对其进行去噪处理。可以通过 3D 二次函数拟合和极值求取，来精确确定关键点的位置，去除低对比度的关键点。

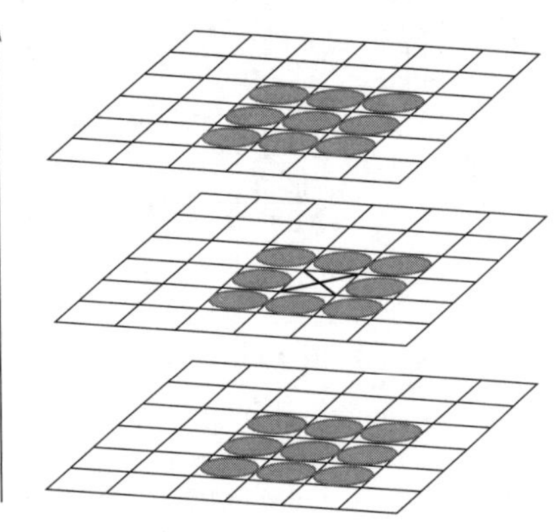

图 7-10 采样点与需要比较的点示意图

3. 确定极值点的位置

获取关键点处拟合函数，在这个过程中特征点的精确位置和尺度也被获取。为了去除不稳定的边缘噪声点，需要获取特征点处的 Hessian 矩阵，即

$$H=\begin{bmatrix} D_{xx} & D_{xy} \\ D_{yx} & D_{yy} \end{bmatrix} \tag{7-4}$$

H 的特征值设为 α 和 β，D_x，D_y 分别代表 x 和 y 方向的梯度，即

$$Tr(H) = D_{xx} + D_{yy} = \alpha + \beta \tag{7-5}$$

$$Det(H) = D_{xx}D_{yy} - (D_{xy})^2 = \alpha\beta \tag{7-6}$$

式中：$Tr(H)$表示矩阵 H 对角线元素之和；$Det(H)$表示矩阵 H 的行列式。

特征值的比值可以由这两个进行计算得出，无需进行特征值的分解，假设 α 为较大特征值，且 $\alpha=\gamma\beta,(\sigma\geqslant 1)$，则

$$\frac{Tr(H)^2}{Det(H)} = \frac{(\alpha+\beta)^2}{\alpha\beta} = \frac{(\gamma\beta+\beta)^2}{\gamma\beta^2} = \frac{(1+\gamma)^2}{\gamma} \tag{7-7}$$

随着 γ 值的增大，两个特征值之间的比值也增大，也就是某一方向上的梯度值越大，另一个方向上的梯度值就减小。为了剔除边缘噪声点，需要让这个比值小于一定的阈值，即

$$\frac{Tr(H)^2}{Det(H)} < \frac{(r+1)^2}{r} \tag{7-8}$$

4. 关键点方向分配

在得到去除噪声的关键点后，需要用一种特殊的方式来描述，同时使描述符具有旋转不变性。利用关键点在对应尺度上的梯度特性，可以得到梯度模值和方向。关键点本身的方向是由以其为中心的领域窗口内样本点采样决定的，之后用直方图统计周围样本点的梯度方向。梯度直方图的范围是 0°～360°，一般每 10°一个方向，共分为 36 个方向，统计落在每一个方向上的样本，将样本梯度乘以高斯权重，最终得到长度为 36 的方向直方图。

直方图的峰值即为关键点的方向，为了增强鲁棒性，只保留峰值大于主方向峰值 80%的方向作为该关键点的辅助方向。那么同一个位置如果存在多个符合要求的峰值，就在位置处创建多个关键点，这些点的方向各不相同。

图像关键点被提取出来，每个关键点都具有（位置、尺度、方向）三种信息，还需要为其建立一个独特的描述符，刻画关键点周围的特征。

5. 特征点描述子生成

首先将坐标轴旋转为关键点的方向保证其旋转不变特性，再以关键点为中心，取 8×8 的窗口，图 7－11 展示了关键点特征向量生成过程。

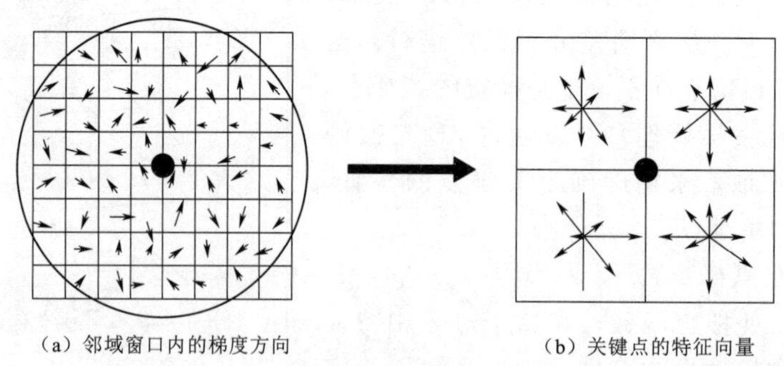

（a）邻域窗口内的梯度方向　　（b）关键点的特征向量

图 7－11　关键点特征向量生成过程

中间的黑点是当前关键点所在的位置，每个小格代表关键点邻域所在尺度空间的一个像素，箭头方向代表该像素的梯度方向，箭头长度代表梯度的模值，圆圈框出部分是高斯加权的范围。从图 7－11（a）中去除 4×4 的小块，计算 8 个方向的梯度方向直方图，绘制梯度方向累加值，形成一个种子点。如图 7－11（b）中的一个关键点由四个种子点组

成，每个种子点包含 8 个方向的向量信息。

实际计算中，Lowe 建议对每个关键点使用 4×4 共计 16 个种子点来描述，这样每个关键点都能形成一个 128 维的 SIFT 特征向量。还可以对形成的特征向量进行去光照影响处理，将特征向量 $H=(h_1,h_2,\cdots,h_{128})$归一化处理，即

$$l_{i\cdot}=\frac{h_i}{\sqrt{D(h_i)}} \tag{7-9}$$

6. 特征统计及变换

可以看到，采用一些方法提取特征时，提取出的特征可能多且复杂，想要对这些特征进行计算会十分困难，这些特征也不一定能很好地与后续任务相适应。在一些视觉任务中，将特征输入给分类器和回归器之前，还需要对特征进行聚合统计，或者对特征向量进行降维等变换，将高维度特征编码为某个更易于判别的低维度特征。常见方法如下：

一是特征聚合统计方法，典型的有视觉词袋模型、局部聚合向量法等。视觉词袋模型源于自然语言处理领域的词袋模型，这种表示不考虑文本语法和用词顺序，用一组无序的单词来表达一整段文字。词袋模型的特性启发了视觉领域的研究者，将其应用到计算机视觉中，称其为视觉词袋模型（bag-of-visual-words，BOVW）。这种模型将图像视为文档，局部视觉特征视为单词，直接应用词袋模型的方法实现大规模图像检索。

二是特征变换方法，也称子空间分析法，是在面对大量的高维非结构化数据时，把高位空间里松散分布的样本，通过一系列的线性或非线性变换，压缩到更低维度的子空间中，使样本的分布更加紧凑，利于分类，减少计算的复杂度。典型的特征变换方法有主成分分析法（Principal Component Analysis，PCA）、线性判别分析法（Linear Discriminate Analysis，LDA）、独立成分分析法（Independent Component Analysis，ICA）等。

7.2.3.2 主成分分析法

PCA，主成分分析法，基本思想是将多个变量通过线性变换选出其中较少的重要变量，选出的这些变量要能在最大程度上保留原有的信息。

对于已经给定的 m 条 n 维数据，按列组成 n 行 m 列的矩阵 $\boldsymbol{x}=[x_1,x_2,\cdots,x_m]$，降维的流程如下：①对矩阵 $\boldsymbol{A}$ 的每一行进行零均值化后得到新的矩阵 $\boldsymbol{X}$；②计算 $\boldsymbol{X}$ 的协方差矩阵 $\boldsymbol{C}=\frac{1}{m}\boldsymbol{X}\boldsymbol{X}^{\mathrm{T}}$；③计算协方差矩阵 $\boldsymbol{C}$ 的特征值及对应的特征向量，取其中最大的 k 个特征值，按照特征值从大到小，将对应的特征向量组成矩阵 $\boldsymbol{P}=[v_1,v_2,\cdots,v_k]$；④降维后的 k 维数据：$Y=P^{\mathrm{T}}\boldsymbol{X}$。

人脸识别领域的 Eigenface 便是 PCA 的应用，在过去的很多年里，人脸识别系统都用 PCA 模块进行降维。

7.2.4 图像分割

图像分割指的是根据灰度、颜色、纹理和形状等特征把图像划分成若干互不交叠的区域，并使这些特征在同一区域内呈现出相似性，而在不同区域间呈现出明显的差异性，图

像分割的效果示意图如图 7-12 所示，其中左侧图片被分割成了多个区域并用不同颜色加以区分。

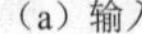

（a）输入

（b）地面实况

图 7-12　图像分割的效果示意图

1. 基于阈值的分割方法

阈值法的基本思想是首先基于图像的灰度特征来计算一个或多个灰度阈值，并将图像中每个像素的灰度值与阈值相比较；最后将像素根据比较结果分到合适的类别中。因此，该类方法最为关键的一步就是按照某个准则函数来求解最佳灰度阈值。阈值分割方法实际上是输入图像 f 到输出图像 g 的变换为

$$g(i,j)=\begin{cases}1 & f(i,j)\geqslant T\\ 0 & f(i,j)<T\end{cases} \tag{7-10}$$

式中：T 为分割阈值，对于物体的图像元素 $g(i,j)=1$，对于背景的图像元素 $g(i,j)=0$。

阈值分割的优点是计算简单、运算效率较高、速度快。在重视运算效率的应用场合（如用于硬件实现），它得到了广泛应用。

2. 基于边缘的分割方法

所谓边缘是指图像中两个不同区域的边界线上连续的像素点的集合，是图像局部特征不连续性的反映，体现了灰度、颜色、纹理等图像特性的突变。通常情况下，基于边缘的分割方法指的是基于灰度值的边缘检测，它是建立在边缘灰度值会呈现出阶跃型或屋顶型变化这一观测基础上的方法。

阶跃型边缘两边像素点的灰度值存在着明显的差异，而屋顶型边缘则位于灰度值上升或下降的转折处。正是基于这一特性，可以使用微分算子进行边缘检测，即使用一阶导数的极值与二阶导数的过零点来确定边缘，具体实现时可以使用图像与模板进行卷积来完成。LoG 算子和 Canny 算子是具有平滑功能的二阶和一阶微分算子，边缘检测效果较好，如图 7-13 所示。其中 LoG 算子是采用 Laplacian 算子求高斯函数的二阶导数，Canny 算子是高斯函数的一阶导数，它在噪声抑制和边缘检测之间取得了较好的平衡。

3. 基于区域的分割方法

基于区域的分割方法是将图像按照相似性准则分成不同的区域，主要包括种子区域生长法、区域分裂合并法等类型。

（1）种子区域生长法是从一组代表不同生长区域的种子像素开始，接下来将种子像素

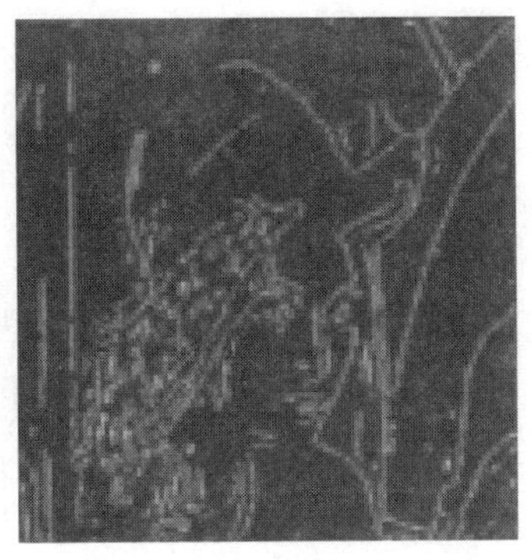

(a) LoG算子

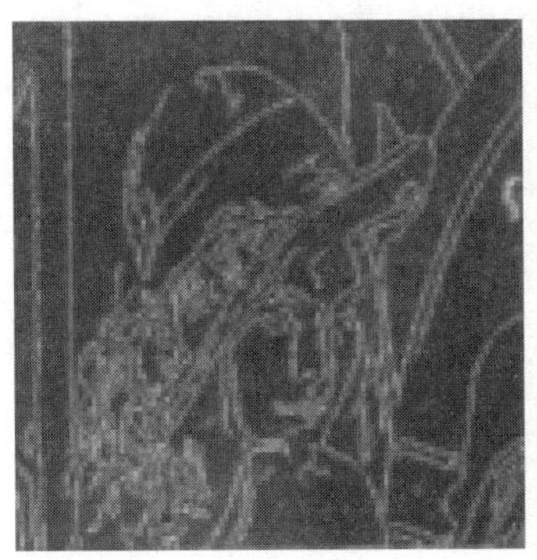

(b) Canny算子

图 7－13　边缘检测结果

邻域里符合条件的像素合并到种子像素所代表的生长区域中，并将新添加的像素作为新的种子像素继续合并过程，直到找不到符合条件的新像素为止，脑部图像和区域生长法分割的结果如图 7－14 所示。该方法的关键是选择合适的初始种子像素以及合理的生长准则。

（2）区域分裂合并法（Gonzalez，2002）的基本思想是首先将图像任意分成若干互不相交的区域，然后再按照相关准则对这些区域进行分裂或者合并从而完成分割任务，该方法既适用于灰度图像分割也适用于纹理图像分割，四叉树分割后的 lena 图如图 7－15 所示。

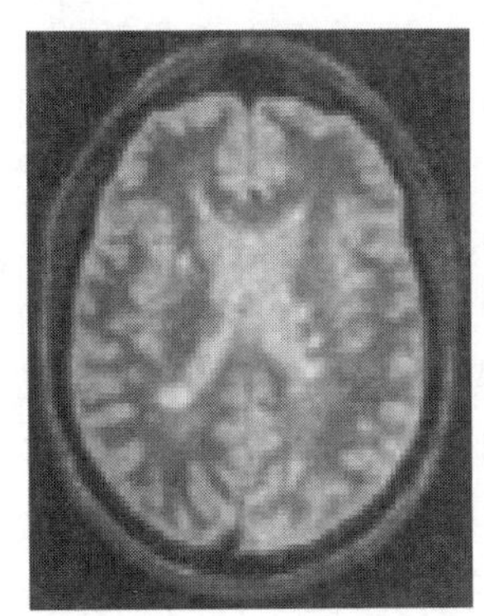

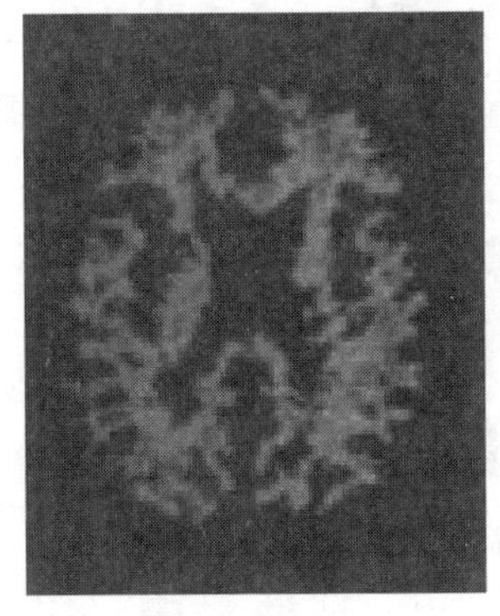

图 7－14　脑部图像和区域生长法分割的结果

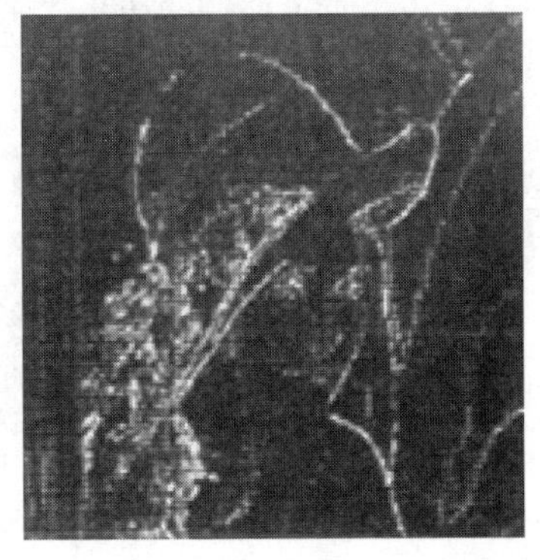

图 7－15　四叉树分割后的 lena 图

4. 基于图论的分割方法

基于图论的分割方法把图像分割问题与图的最小割（min cut）问题相关联。首先将图像映射为带权无向图 $G=(V,E)$图中每个节点 $N\in V$ 对应于图像中的每个像素，每条边 $\in E$ 连接着一对相邻的像素，边的权值表示了相邻像素之间在灰度、颜色或纹理方面的非负相似度。而对图像的分割就是对图以某种标准进行裁切，被裁切的每个区域 $C\in S$ 对应着图中的一个子图。而分割的最优原则就是使划分后的子图在内部保持相似度最大，而子图之间的相似度保持最小。基于图论的分割方法的本质就是移除特定的边，将图划分为若干子图从而实现分割。目前所了解到的基于图论的方法有 GraphCut，GrabCut 和 Random Walk 等，基于图论的图像分割效果如图 7－16 所示。

图 7-16　基于图论的图像分割效果

7.2.5　目标检测与跟踪

7.2.5.1　目标检测

目标检测即为从序列图像中将变化区域从背景图像中提取出来，依照目标与相机之间的关系可以分为静态背景下运动检测与动态背景下运动检测，赛车场的目标检测效果如图 7-17所示。

图 7-17　赛车场的目标检测效果

1. 静态背景

指的是相机在监视过程中不发生移动，检测目标在相机视场内运动，只有目标相对于相机的运动。

（1）背景差分法。利用当前图像与背景图像的差分来检测运动区域，先获得一个背景模型，将当前帧与背景模型相减，如果像素差值大于某一阈值，则判断此像素为运动目标，否则属于背景图像。

（2）帧间差分法。通过相邻两帧图像的差值计算，来获得运动目标轮廓。当监控场景中出现异常物体运动时，帧与帧之间会出现较为明显的差别，两帧相减，得到两帧图像亮度差的绝对值，判断它是否大于阈值来分析视频或图像序列的运动特性，确定图像序列中有无物体运动。图像序列逐帧的差分，相当于对图像序列进行了时域下的高通滤波，假设 $f_k(x,y)$ 和 $f_{k+1}(x,y)$ 分别为图像序列中的第 k 帧和第 $k+1$ 帧中像素点(x,y)的像素值，第 k 帧和第 $k+1$ 帧的差值图像为 $Diff_{k+1}$，帧间差分法流程如图 7-18 所示。

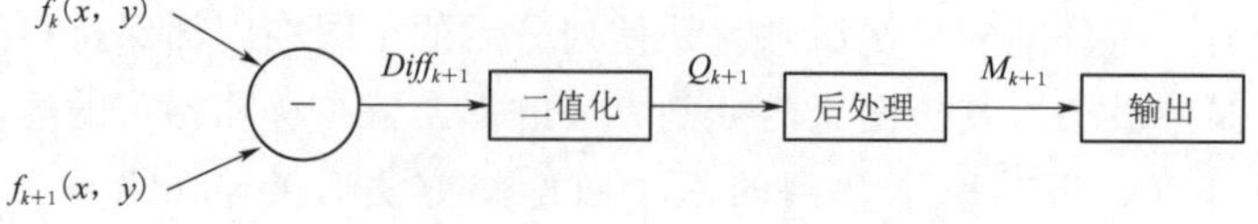

图 7-18　帧间差分法流程

（3）光流法。空间中运动可以用运动场描述，图像平面上物体运动通过图像序列中图像灰度分布来体现，从而空间中运动场转移到图像上就表示为光流场。图像上的点与三维物体上的点一一对应，这种对应关系可以通过投影来计算得到。光流场反映了图像上每一点灰度的变化趋势，可看成带灰度的像素点在图像平面运动产生的“瞬时速度场”，也是对真实运动场的近似估计。如果图像中没有运动目标，则光流矢量在整个图像区域是连续变化的。当图像中有运动物体时，目标和背景存在着相对运动。运动物体所形成的速度矢量必然和背景的速度矢量有所不同，如此便可以计算出运动物体的位置。

比较上述三种目标检测方法，帧差法实现最为简单，但目标提取效果较差，该方法通常可以作为某种改进算法的基础。光流法相对准确，但计算复杂，实时性很差，且对多目标提取困难。背景差法可以较好的提取目标轮廓，但该方法涉及对背景的建模，建模过程比较复杂。

2. 动态背景

相机在监视过程中发生移动（平移、旋转、多自由度运动），产生了目标与相机之间复杂的相对运动。由于背景及前景图像都在做全局运动，首先应该进行图像的全局运动估计与补偿。由于遵循相同的运动模型，可以用同一模型参数表示。

（1）块匹配法。将图像分割成不同的图像块，假定同一图像小块上的运动矢量相同，通过像素域搜索得到近似的运动矢量。关键技术：匹配法则（最大相关、最小误差）、搜索方法（三步搜索法、交叉搜索法）、块大小的确定（分级、自适应）

（2）光流估计法。对帧图像建立光流场模型后，用光流场方法求解图像像素点运动速度。

7.2.5.2　目标跟踪

跟踪的任务是在序列图像中每幅图像中实时找到感兴趣的运动目标。依据运动目标的表达和相似性度量，运动目标跟踪算法可以分为四类：基于主动轮廓的跟踪、基于特征的跟踪、基于区域的跟踪和基于模型的跟踪。跟踪算法的精度和鲁棒性很大程度上取决于对运动目标的表达和相似性度量的定义，跟踪算法的实时性取决于匹配搜索策略和滤波预测算法。基于行人的特征跟踪如图 7-19 所示。

图 7-19　基于行人的特征跟踪

（1）运动目标有效表达。包括视觉特征（图像边缘、轮廓、形状、纹理、区域）、统计特征（直方图）、变换系数特征（傅里叶、自回归模型）、代数特征（图像矩阵的奇异值分解）。

（2）相似性度量算法。相似性度量算法与帧图像进行匹配，实现目标跟踪。常见有欧氏距离、棋盘距离、加权距离等。

（3）搜索算法。预测运动物体下一帧可能出现位置，在相关区域内寻找最优点。KF、EKF、粒子滤波。卡尔曼滤波器是对一个动态系统状态序列进行线性最小方差估计的算法，基于以前的状态序列对下一个状态做最优估计。

7.2.6　图像的分析与理解

图像分析（Image Analysis，IA）与图像理解（Image Understanding，IU）是密不可分的两个步骤。图像分析是指利用一定的数学模型并结合图像处理技术，对底层特征和上层结构进行分析，将像素形式的图像提取成非图片形式的描述。图像理解则是在图像分析的基础上，对抽象形式的图像数据进行运算，对各个目标的性质和目标之间的关系进行研究，对图像的语义进行理解。

对于人类来说，可以轻易地识别一张图片中的景物并对其进行分类，可对于计算机来说，能够获取的只有 0～255 之间的这些数字，与人类理解之间存在着巨大的语义鸿沟。当我们拿到一张图片的时候，如何让计算机对其进行分析与理解呢？计算机处理这张图像的过程可以作为一个视觉任务，图像是输入，对图像进行的各种操作视为一个学习函数，经过学习之后，获得输出。

常见的输出一般有两类：一类是输出类别标签，又叫分类任务，此类视觉任务有图像分类、物体识别、人脸识别等，这类任务的输出为离散型变量，输出个数有限；另一类输出则是包含图像信息的连续变量或者特征向量或者是图像矩阵，这类任务有距离估计、目标检测、语义分割等。

对于纷繁复杂的视觉任务，在深度学习出现之前和之后是两个差别巨大的阶段，这里我们将之前的阶段所采用的图像分析方法称为基于浅层模型的方法。

7.2.6.1　浅层视觉模型

浅层视觉模型处理任务的方式是分步骤对图像进行处理以求得最后的输出。图 7-20 所示为浅层视觉模型对图片的处理流程。

（1）图像预处理。在这一过程中，可以人为的根据需要对图像进行去噪处理、变换色域、亮度矫正、几何归一化处理、目标对齐、图片大小统一化等操作。

（2）特征提取。从已经经过预处理的图像中，提取出特征。这些特征往往能够体现出图像的边缘信息、场景特性等，需要有专人针对不同的视觉任务进行设计。

（3）特征统计或变换。对获取到的局部特征进行统计或者降维处理，得到低维度的，更有利于后续处理的特征，需要专门设计统计建模方法。

（4）分类器或回归器设计。这一步输入一个标注好类别标签的训练集，通过机器学习中的监督学习，对特征进行分类或优化。

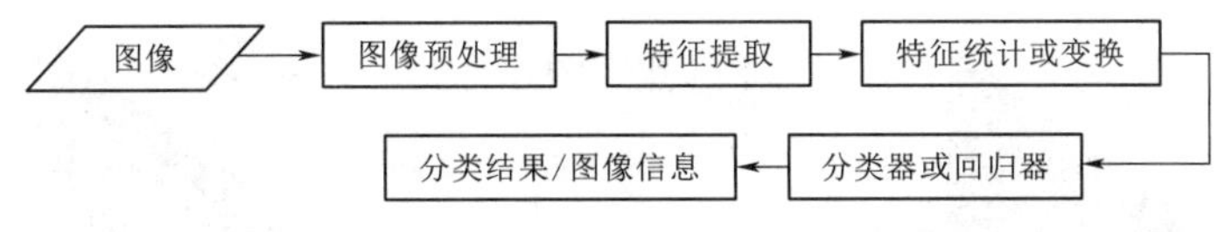

图 7－20 浅层视觉模型对图片的处理流程

7.2.6.2 深度学习与计算机视觉

实际应用中，很少采用浅层模型和传统的机器学习方法，真正广泛使用的是深度学习中的卷积神经网络。

神经网络并不是什么新鲜的概念，早在深度学习发展之前，就一直有团队在对深层神经网络进行研究，甚至一度因为被视为没有研究价值而走向没落。直到近些年，在深层神经网络研究中出现了卷积神经网络（Convolutional Neural Networks，CNN)，这种包含卷积计算且具备多层结构的神经网络，在计算视觉领域成功应用。

多伦多大学 Hinton 教授的研究组率先设计出卷积神经网络模型 AlexNet，以此夺得了 2012 年 ImageNet LSVRC 的冠军，将图像分类任务的错误率降低到 15.3%，远低于传统方法 26.2%的错误率。深度学习的优势开始彰显，以至于后续这个竞赛再次进行的时候，名列前茅的团队均采用了深度学习的方法。

研究者们发现，在浅层模型时代表现最为优秀的特征提取方法，即之前提到的 SIFT 与 CNN 在结构上存在相似，而研究者对 CNN 的不断优化和 CNN 能自主学习得到大量特征的特性，备受研究者的青睐。

卷积神经网络对于特征的提取基于卷积层和池化层对局部特征的提取，判别有用的局部特征，并在此基础上得到更大范围的局部特征。网络中的权重，通常通过反向传播训练确定。

常见深度模型处理的视觉任务如下：

(1) 图像语义分割。深度模型下的图像语义分割不需要人为设计特征，而是采用大规模输入图像的方式，用设计好的深层网络算法对图像数据进行一系列的复杂处理，获取更加高层次的抽象特征，输出带有像素类别标签的分割图像。

语义分割的经典网络架构有基于全卷积网络（FCN）的图像分割，其结构如图 7－21 所示，FCN 用全卷积网络取代传统 CNN 的全连接层。全连接层针对固定特征向量进行分类，感受也是特定大小的整张图像，而 FCN 采用卷积层和池化层，使其可以输入任何分辨率的图像。之后进行反卷积操作，使结果恢复到与原始图像相同尺寸并输出，这样图像便通过像素级分类进行了语义级别的分割。

此外，SegNet、U－Net、DeepLab 等架构，也在不同领域图像的语义分割中表现优越。

(2) 目标检测。目标检测比图像分类更为复杂，需要对图像中的多种物体进行定位和识别。2014 年 Girshick 等提出基于卷积神经网络来进行目标检测的 R－CNN 检测器，如图 7－22 所示，检测算法包括以下步骤：①输入：输入图像；②候选区生成：使用选择性搜索（selective search）算法生成 1～2k 左右物体可能在的位置作为候选区；③特征提取：对每个候选区使用深度神经网络提取特征；④分类判别：每个类均训练出一个 SVM 分类器，将特征输入每个分类器并判断其是否属于该类别。

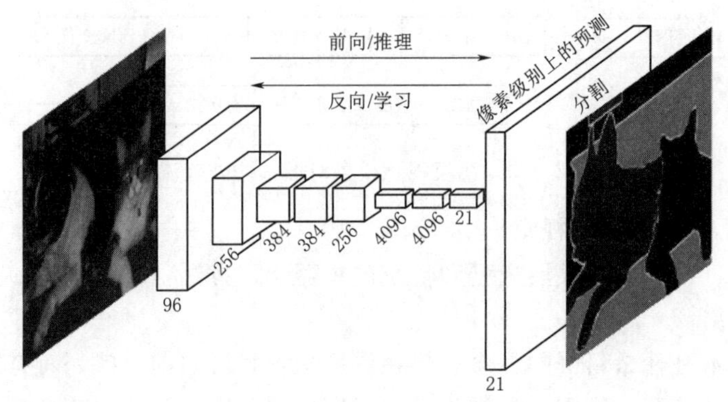

图 7－21　FCN 结构示意图

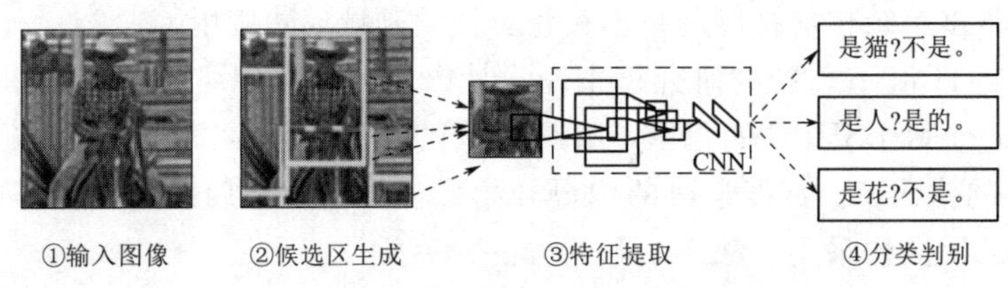

图 7－22　R－CNN 检测算法步骤

虽然 R－CNN 比浅层模型中的传统检测算法效果更好，但可以看出，其训练步骤繁琐，检测速度较慢，需要耗费大量的计算资源。在此基础上又出现了 Fast R－CNN 算法，每张图像只提取一次卷积特征，之后接入 ROI 池化层，将候选框对应的特征图池化成固定尺寸，再将其送入全连接网络中分类校准。

后续又有 Faster R－CNN 检测器突破选择性搜索算法造成的速度瓶颈，Mask R－CNN 解决了像素偏差问题使目标检测速度更快。

7.3　计算机视觉应用实例

7.3.1　数字识别技术

从纸质文档和手写材料中识别出其中的数字并不容易，每个人的笔迹都各有不同，简单的数字也可以写出无数种变化。即使是印刷体数字，数字承载介质的材质、拍摄图片的角度和光线等，都会对计算机的理解和识别产生影响。对于计算机来说，识别这些数字具有一定的困难，而数字识别技术（digit recognition）帮助解决了这一难题，并成功地应用于车辆牌号检测、图书 ISBN 码识别、银行卡号自动识别等场景。利用 BP 神经网络来实现数字字符识别是常用方法之一。

7.3.1.1　BP 神经网络数字字符识别系统的原理

一般神经网络数字字符识别系统由预处理、特征提取、神经网络分类器三部分组成。预处理阶段会将无用的信息删除，去除噪声干扰因素，一般采用平滑、锐化、二值化、字符分割、归一化等方式对原始图像进行预处理，提取出有用信息。在神经网络数字识别系统中，特征提取这一步不一定存在，识别方法一般分为两类：第一类是需要特征提取的神经网络数字识别，采用传统方法，充分利用人的经验来获取模式特征，再利用神经网络的识别能力识别字符；第二类则是无特征提取的方法，省去特征提取环节，直接将整个数字作为神经网络的输入，可以将其视为一整个字符网络特征，识别率大大提高，网络的抗干扰能力也很强。但是这种方法会使系统神经网络的规模增大，需要神经网络自己来消除掉模式变形对结果的影响。

BP 神经网络的输入是数字字符的特征向量，输出节点是 0～9，总计 10 个数字字符，即输出层有 10 个神经元。接下来要适当地选择隐层数目和每层的神经元数目，再选取恰当的学习算法。

学习阶段需要采用大量的样本进行训练学习，对神经网络各层的权值进行修正，以获得正确的识别结果。由于神经网络是根据特征向量整体来记忆数字，只要样本符合多数特征便可以识别为同一数字字符，因此遇到存在大量噪声的样本，依旧可以准确识别。

7.3.1.2　BP 神经网络手写数字字符识别流程

1. 图像预处理

将图片调整为统一格式，对数字图像进行二值化，使其只有黑白两种颜色，显现更加清晰。再针对图像形成传输过程中不可避免的噪声导致的模糊，用平滑滤波消除噪声，改善图像质量。根据需要还可以对图片进行锐化、直方图均衡化、腐蚀、膨胀等处理。

处理后的图像基于垂直方向直方图进行分割，将单个字符从图像中分离成不同的小图，处理成相同尺寸。

如果自己想要动手实践，也可以直接采用已经处理好图像的公开数据集如 DBRHD 和 MNIST，图 7-23 为 MNIST 数据集中的图像。

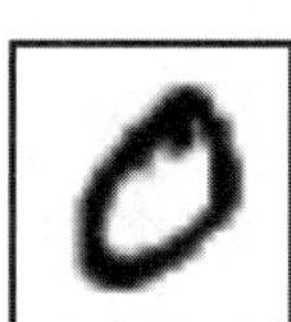

图 7-23　MNIST 数据集中的图像

2. 图像特征提取

特征选择的好坏决定着识别效果，提取图像特征的方法有很多，为了让读者对于特征有更为直观的认识，以人为可以提取的特征为例进行分析。

观察到数字是直线和弧线构成的，同类字符的端点数、三叉点数、四叉点数基本稳定，故设计特征如下：①端点及其方向；②三叉点数；③四叉点数。同时，欧拉数、长宽比、笔画密度也都是可以使用的特征，还可以采用一些其他的特征提取方法，更好的特征可以使识别算法更加精准。假设提取出的特征有 K 个，而输出的可能性又有 10 种，可以将 BP 网分为三层；首先是输入层，输入点有 K 个，三叉点数、四叉点数均可作为一个输入点，每个端点和端点对应的方向都可作为输入点；其次是隐含层，这一层选取的节点数目对于网络训练效果的影响很大，可以自行选取并优化。最后是 10 个并行单点输出。还可以采用原理中提到的将整个样本作为特征输入神经网络的方法进行提取。

3. BP 网络设计

设计两层 BP 网络，具有 8×16=128 个输入端，输出层有 10 个神经元，为了保证正确识别带噪声的数字特征向量，先生成样本数据和输出向量，建立一个两层神经网络。

4. 训练并识别

网络训练时既采用理想信号又采用带噪声信号对网络进行计算，以提高网络的容错能力，获取一个好的权值，能够辨认出足够的未经学习的样本。训练基本流程如下：

（1）将输入层和隐含层之间的连接权值ω_{ij}，隐含层与输入层的连接权值v_{il}，阈值θ_j初始化，赋予[0,1]之间的随机值。指定学习系数 α、β 以及神经元的激励函数。

（2）将含有 $n\times n$ 个像素数据的图像作为输入 $X_k=(x_{1k},x_{2k},\cdots,x_{nn})$提供给网络，随机产生输入模式 $Z_k=(z_{1k},z_{2k},\cdots,z_{nn})$。

（3）用网络的设置计算输出层神经元的响应y_j为

$$\begin{cases} s_j = \sum_{i=1}^{n} \omega_{ij} x_i - \theta_j \\ y_i = f(s_j) \end{cases} \tag{7-11}$$

（4）用网络的设置计算输出层神经元的响应C_l为

$$\begin{cases} u_l = \sum_{j=1}^{p} v_{jl} y_j - \gamma_l \\ C_l = f(u_l) \end{cases} \tag{7-12}$$

（5）利用给定输出数据计算输出层神经元的一般误差 d_l^k 为

$$d_l^k = (z_l^k - C_l^k) f'(u_l) \tag{7-13}$$

（6）计算隐含层各神经元的一般化误差 e_j^k：

$$e_j^k = \left(\sum_{l=1}^{q} v_{jl} d_l^k\right) f'(s_j^k) \tag{7-14}$$

（7）利用输出层神经元一般化误差 d_l^k、隐含层个神经元输出 y_j 修正隐含层与输出层的连接权重 v_{jl}和神经元阈值γ 为

$$\begin{cases} \Delta_{v_{jl}} = \alpha d_l^k y_j^k，(0 < \alpha < 1) \\ \Delta\gamma_l = -\alpha d_l^k \end{cases} \tag{7-15}$$

（8）利用隐含层神经元的一般化误差 e_j^k、输入层各神经元输入 X^k，修正输入层与隐含层的连接权重 ω_{ij}，和神经元阈值 θ_j 为

$$\begin{cases} \Delta\omega_{ij} = \beta e_j^k x_i^k，(0 < \beta < 1) \\ \Delta\theta_j = -\beta e_j^k \end{cases} \tag{7-16}$$

（9）随机选取另一个数据组，重复步骤（3）～步骤（8），直到利用样本集完成一次学习。

（10）重复下一次学习过程，直到网络全局误差小于设定值或学习次数达到设定值。

训练之后的网络进行性能测试，检查识别效果是否符合要求。

步骤（3）和步骤（4）为正向传播，步骤（5）～步骤（8）是误差逆向传播过程，反复的训练和修正中，神经网络收敛至能正确反映客观过程的权重因子数值。

7.3.2 人脸识别技术

人脸识别是一种基于人类面部特征进行身份识别的技术，是计算机视觉领域最为典型且应用最为广泛的一个实例。许多公司、学校、小区安装了人脸识别门禁来保障安全，一些城市已经开始使用人脸识别检测闯红灯的行人，一些 App 也采用了人脸识别来确定用户是否为本人。

人脸识别技术简单来说就是建立一个包含大量人脸图像的数据库，将需要识别的人脸图像同数据库中的图像进行比对，计算相似度，从数据库中筛选出与目标图像匹配的图像数据。常见人脸识别系统流程如图 7-24 所示。

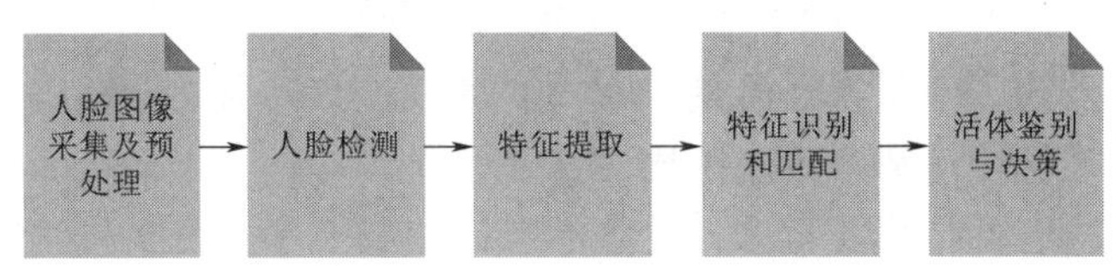

图 7-24 常见人脸识别系统流程

1. 人脸图像采集及预处理

在已有人脸数据库的情况下，一般会选用调用摄像头对人脸图像进行拍摄和抓取，再将采集到的图像进行旋转、切割、过滤、降噪、放缩甚至光线的调整，使图像更加符合人脸特征提取的标准。常用预处理手段有灰度调整、滤波降噪、尺寸归一化等。

2. 人脸检测

在图像中精准定位人脸的位置和大小，剔除其他多余图像最终展现包括五官的矩形框区域。主流方法是基于统计理论方法的 Adaboost 学习算法、基于机器学习的通用目标检测算法。强大的人脸检测算法甚至可以从有数千张脸的群体图片中精准检测到图中的每一张人脸。图 7-25 是世界上人数最多的自拍合影之一，共有 1151 人参与了拍摄，每个黄色矩形框出的区域即为定位的人脸区域。

图 7-25 世界上自拍人数最多的合影之一

3. 特征提取

为了区分出不同的人，需要提取一个人独特的面部特征，如瞳孔中心、鼻孔、嘴角等都可以作为关键特征点，特征提取便是人脸识别最为核心的部分。

图片的特征会被转化为一个特征向量，举一个简单特征的例子：

如图 7-26 所示，假设提取出一张人脸的五个特征为脸部长度、脸部宽度、平均肤色值、嘴角间距、鼻长。

脸部长度/cm	脸部宽度/cm	平局肤色值RGB	嘴角间距/cm	鼻长/cm
22.5	15.1	（225，223，187）	5.1	4.2

图 7-26 面部特征数据

这组数据可以转化为一个特征向量（22.5，15.1，255，223，187，5.1，4.2），这样处理后图片的特征就会变得清晰，易于比对。

然而人脸上所包含的特征非常多，复杂的特征类似于鼻子长度和颧骨最宽处间距之间的比例，这些复杂特征很难一一提取出来，采用机器学习算法自动标注特征和衍生特征极大的方便了这个过程。

传统的人脸识别方法对特征进行提取作特征变换，对主成分进行分析，而如今更为常用的则是基于深度学习的方法，如采用卷积神经网络（Convolutional Neural Networks，CNN）进行训练识别特征。基于卷积神经网络的识别可以挖掘出数据的局部特征，提取全局训练特征和分类，赋予不同特征以不同的权值进行计算，得到一个更为精准的相似度。现如今使用 CNN 模型进行识别的项目人脸识别正确率已经达到 99.84%，而人眼识别正确率也仅有 97.52%。

4. 特征识别匹配

在这一阶段会对两幅图像的特征向量进行相似度计算，对其特征进行距离度量。常用的距离度量方式是欧氏距离，相似度计算多采用余弦相似度。

5. 活体鉴别和决策

有了之前计算出的相似度或距离，可以设定一个阈值，当计算出的相似度或距离超出某个阈值的时候，判定为相同的人。当需要同一个大的人脸数据库进行比对时，很可能得到多个超出阈值的图像数据，这时还要对相似度进行排序，或者采用其他的策略进行判别。

在实际的系统中，有时还需要判别目标图像是否来自真是生物体，对其生物特征进行识别，鉴别打卡签到的是照片还是本人，进行操作的是恶意的图片盗用者还是用户本人。因此这一类系统会要求用户进行转头、眨眼等动作，进行活体鉴别。

7.4 计算机视觉发展历程

计算机视觉发展历程可以分为图 7-27 所示的 5 个阶段。

近十多年来，计算机视觉技术在硬件算法和深度学习的双重驱动下蓬勃发展，已成为人工智能技术在当下生活中最为广泛的实践。如果说人工智能技术推动了计算机视觉的发展，那么如今的视觉技术的应用早已在倒逼人工智能技术继续进步。图像识别的准确率不断提升，已经超越了人眼，但在语义理解、常识推断等方面，计算机视觉算法还远未达到人类水平。如何让计算机从“认得”到“理解”，如何更好地推动技术应用于实际，依然亟待探索。

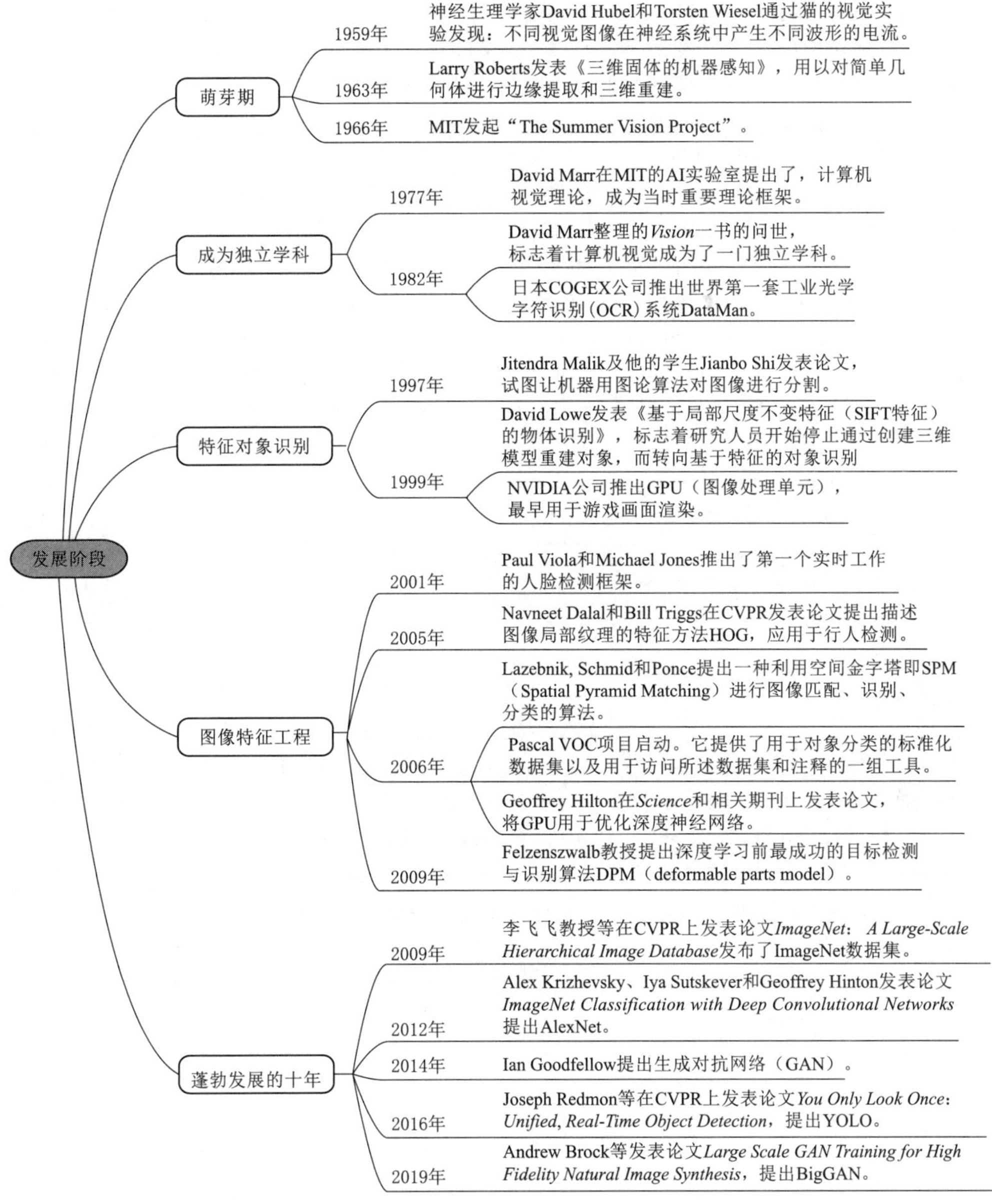

图 7－27　计算机视觉发展历程

参　考　文　献

［1］ Marr D. Vision：A Computational Investigation into the Human Representation and Processing of

Visual Information [M]. Cambridge: MIT Press, 2010.

[2] Szeliski R. Computer vision: algorithms and applications [M]. Berlin: Springer-Verlag, 2010.

[3] Prince S J D. Computer vision: models, learning, and inference [M]. Cambridge: Cambridge University Press, 2012.

[4] 陈兵旗. 机器视觉技术 [M]. 北京：化学工业出版社，2018.

[5] 张广军. 机器视觉 [M]. 北京：科学出版社，2005.

[6] 孟琭. 计算机视觉原理与应用 [M]. 沈阳：东北大学出版社，2012.

[7] Canny J. A computational approach to edge detection [J]. IEEE Transactions on pattern analysis and machine intelligence, 1986 (6): 679-698.

[8] Shi J, Malik J. Normalized cuts and image segmentation [C] //1997 IEEE Computer Society Conference on Computer Vision and Pattern Recognition. IEEE, 1997: 731-737.

[9] Lowe D G. Object recognition from local scale-invariant features [C] //Proceedings of the seventh IEEE international conference on computer vision. IEEE, 1999, 2: 1150-1157.

[10] Dalal N, Triggs B. Histograms of oriented gradients for human detection [C] //2005 IEEE computer society conference on computer vision and pattern recognition. IEEE, 2005, 1: 886-893.

[11] Fei-Fei L, Fergus R, Perona P. Learning generative visual models from few training examples: An incremental bayesian approach tested on 101 object categories [C] //2004 conference on computer vision and pattern recognition workshop. IEEE, 2004: 178-178.

[12] Lazebnik S, Schmid C, Ponce J. Beyond bags of features: Spatial pyramid matching for recognizing natural scene categories [C] //2006 IEEE Computer Society Conference on Computer Vision and Pattern Recognition. IEEE, 2006, 2: 2169-2178.

[13] Felzenszwalb P F, Girshick R B, McAllester D, et al. Object detection with discriminatively trained part-based models [J]. IEEE transactions on pattern analysis and machine intelligence, 2009, 32 (9): 1627-1645.

[14] Deng J, Dong W, Socher R, et al. ImageNet: A large-scale hierarchical image database [C] // 2009 IEEE conference on computer vision and pattern recognition. IEEE, 2009: 248-255.

[15] Ren S, He K, Girshick R, et al. Faster r-cnn: Towards real-time object detection with region proposal networks [J]. Advances in neural information processing systems, 2015, 28: 91-99.

[16] Redmon J, Divvala S, Girshick R, et al. You only look once: Unified, real-time object detection [C] //Proceedings of the IEEE conference on computer vision and pattern recognition. 2016: 779-788.

第 8 章

电力智能机器人

8.1 智能机器人的关键技术

智能机器人的发展主要围绕移动机器人、人形机器人、人机交互等细分领域的研究展开，其中 移动机器人和人形机器人一直是大多数研究者的主攻方向，近期学者对 AI 关键技术人机交互、路径规划、控制系统和强化学习的研究愈发引起人们关注。通过机器人技术研究的趋势变化可以清晰地感受到机器人技术的飞速变化。我们将对目前机器人的核心技术感知与学习、规划与决策、动力学与控制、人机交互等进行逐一介绍。机器人的发展历程见表 8 - 1。

表 8 - 1　机器人的发展历程

发展阶段	时　间	机器人名称	发　展　历　程
启蒙阶段	西周时代（公元前 1066—公元前 771 年）	歌舞机器人	巧匠偃师献给周穆王一个艺妓——歌舞机器人
	春秋时代（公元前 770—公元前 467 年）后期	空中机器人	鲁班利用竹子和木料制造出一个木鸟。它能在空中飞行，“三日不下”，这件事在古书《墨经》中有所记载，这可称得上世界第一个空中机器人
	三国时期的蜀汉（公元 221—263 年）	木牛流马	诸葛亮成功地创造出“木牛流马”，可以运送军用物资，可成为最早的陆地军用机器人
	1495 年	发条骑士	由莱昂纳多·达·芬奇发明，它能够坐直身子、挥动手臂以及移动头部和下巴
	1738 年	机器鸭	由杰克·戴·瓦克逊发明，这只机器鸭会嘎嘎叫，会游泳和喝水，还会进食和排泄。本意是想把生物的功能加以机械化而进行医学上的分析
	1768—1774 年	雅克德罗（Jaquet Droz）的书写者、绘图员、音乐家机器人	瑞士钟表名匠皮埃尔·雅克德罗和他的儿子及养子三人设计制造出三个像真人一样大小的机器人——书写者、绘图员、音乐家。它们是由凸轮控制和弹簧驱动的自动机器。18 世纪雅克德罗就以机械玩偶闻名，所制作的钟表艺术珍品在欧洲宫廷及皇家广受赞誉，得到欧洲王室及中国乾隆皇帝青睐，故宫博物院现有多件藏品

续表

发展阶段	时 间	机器人名称	发 展 历 程
起步阶段	1801年	自动织机	法国丝绸织工兼发明家约瑟夫·雅卡尔发明了一种可以通过穿孔卡片控制的自动织机
	1893年	安德罗丁	加拿大摩尔设计的能行走的机器人“安德罗丁”，是以蒸汽为动力的
	1897年	最早的遥控装置	这是世界上第一个实践性的导弹控制装置，后来世界的设备中，无线遥控系统无论是在机器人还是其他领域都得到普及性应用
	1920年	罗萨姆的万能机器人	原捷克斯洛伐克剧作家卡雷尔·凯培克在他的科幻情节剧《罗萨姆的万能机器人》中，第一次提出了“机器人”（robot）这个名词，被当成了机器人一词的起源。在捷克语中，“robot”这个词是指一个赋役的奴隶
	1950年	机器人三定律	美国著名科学幻想小说家阿西莫夫于1950年在他的小说《我是机器人》中，首先使用了机器人学（robotics）这个词来描述与机器人有关的科学，并提出了有名的“机器人三守则”
发展阶段	1959年	Unimate	乔治·德沃尔和约瑟·英格柏格发明了世界上第一台工业机器人，命名为Unimate（尤尼梅特）。意思是“万能自动”。英格伯格负责设计机器人的“手”“脚”“身体”，即机器人的机械部分和完成操作部分；由德沃尔设计机器人的“头脑”“神经系统”“肌肉系统”，即机器人的控制装置和驱动装置。1961年，Unimation公司生产的世界上第一台工业机器人在美国特伦顿（新泽西州首府）的通用汽车公司安装运行。这台工业机器人用于生产汽车的门、车窗把柄、换挡旋钮、灯具固定架，以及汽车内部的其他硬件等
	1966年	Shakey	斯坦福大学人工智能研究中心开始了Shakey机器人的研发工作，这是第一台移动机器人，它被赋予了有限的观察和环境建模能力。在受到媒体广泛关注后，将机器人带入到公共意识中
	1967年	Versatran机器人	AMF公司研制工业机器人Versatran主要用于机器之间的物料运输、采用液压驱动。该机器人的手臂可以绕底座回转，沿垂直方向升降，也可以沿半径方向伸缩
	1969年	Stanford Arm	Victor Scheinman发明了世界上第一台由计算机控制的机器人手臂——斯坦福机械臂，一种全电动6轴关节机器人，能够在计算机控制下精确地跟踪空间中的任意路径，并将机器人的潜在用途扩展到更复杂的应用，例如装配和电弧焊接，这是机器人领域的一大突破
	1979年	Stanford Cart	这是一辆四轮漫游者，它的眼睛是摄像头，通过分析以及对自己的路线进行编程，它能够在一个满是椅子的房间里绕开障碍物行进

续表

发展阶段	时 间	机器人名称	发 展 历 程
发展阶段	1984 年	IRB 1000	瑞典 ABB 公司生产出当时速度最快的装配机器人
	1985 年	Z 形机械臂	德国库卡公司（KUKA）开发出一款新的 Z 形机器人手臂，它的设计摒弃了传统的平行四边形造型
	1993 年	Dante	它由研究人员在美国远程操控探索南极洲的埃利伯斯火山，具有里程碑意义，开辟了机器人探索危险环境的新纪元
	1997 年	Sojourner Rover	小个头的“旅居者”探测器（sojourner rover）开始了自己的火星科研任务，它的最高行走时速为 0.02 英里，这台机器人探索了自己着陆点附近的区域，并在之后 3 个月中拍摄了 550 张照片
成熟阶段	1999 年	AIBO	SONY 发布了 AIBO 的第一款产品 ERS－110。AIBO 的 ERS－110 和 ERS－111 都拥有先进的人工智能系统，这个系统令 AIBO 能够跟外界沟通，建立个性及培养习惯，而且更可发展喜、怒、哀、乐等感情表现，就像真实的宠物狗一样。同时，AIBO 还有惊异、恐惧、厌恶等各种不同的情绪表现，它还有感情、探索、运动、食欲等如同真实动物一样的本能。就像一般的动物一样。AIBO 也需要能量来活动，所以也会有饥饿感觉。当 AIBO 的电力快要耗尽时，它会摆出特别的姿势提醒主人是时候替自己充电了
	2000 年	ASIMO	本田汽车公司出品的人形机器人 ASIMO 身高 1.3m，能够以接近人类的姿态走路和奔跑。它被设计为个人助理，可以理解语音指令、手势，并与周围环境交流
	2002 年	Roomba 真空保洁机器人	1990 年麻省理工学院的机器人专家怀着让实用机器人成为现实的愿景创立了 iRobot 公司，其发布的 Roomba 扫地机器人是商业史上最成功的家用机器人
	2004 年	SpiritRover	美国宇航局（NASA）的“勇气号”探测器（SpiritRover）登陆火星，开始了探索这颗星球的任务。这台探测器在原先预定的 90 天任务结束后继续运行了 6 年时间，总旅程超过 7.7km
	2011 年	WATSON 机器人	沃森是能够使用自然语言来回答问题的人工智能系统，由 IBM 公司的首席研究员 David Ferrucci 所领导的 DeepQA 计划小组开发
	2012 年	Baxter	axter 工业机器人由 Rethink Robotics 公司研发，这是一款与传统工业机器人不同的创新人机互动机器人颠覆了人们对工业机器人的认知
	2012 年	机器宇航员 R2	“发现号”航天飞机的最后一项太空任务是将首台人形机器人送入国际空间站。这位机器宇航员被命名为“R2”，它的活动范围接近于人类，并可以执行那些对人类宇航员来说太过危险的任务。美国宇航局表示，“随着我们超越低地球轨道，这些机器人对美国宇航局的未来至关重要。”

续表

发展阶段	时 间	机器人名称	发 展 历 程
成熟阶段	2017年	Sophia	索菲亚是由中国香港的汉森机器人技术公司（Hanson Robotics）开发的类人机器人，是历史上首个获得公民身份的机器人。索菲亚看起来就像人类女性，拥有橡胶皮肤，能够表现出超过62种面部表情。索菲亚“大脑”中的计算机算法能够识别面部，并与人进行眼神接触
	2013年至今	SpotMini、Atlas、Handle、Spot、LS3、WildCat、Bigdog、SandFlea、RHex等	波士顿动力公司（Boston Dynamics）是一家美国的工程与机器人设计公司，成立于1992年。创始人和CEO是Marc Raibert。在2013年12月13日，波士顿动力公司被Google收购。2017年6月9日软件银行集团以不公开的条款收购谷歌母公司Alphabet旗下的波士顿动力公司。2020年的6月，在软件银行集团的推波助澜下，波士顿动力公司旗下的机器人Spot实现了商业化。2021年6月22日，现代汽车集团宣布完成对波士顿动力公司的收购，现代汽车集团目前拥有波士顿动力80％的股份，而软件银行集团则通过其附属公司之一拥有剩余的20％股份。资料显示，除波士顿动力公司保留的测试款产品外，目前已运行的Spot已经达到了100台，每台售价为74500美元，也就是说波士顿动力公司一年的营收超过了745万美元
	2021年	CyberDog	CyberDog搭载小米自研高性能伺服电机，身兼澎湃算力与强劲动力，内置超感视觉探知系统和AI语音交互系统，支持多种仿生动作姿态，是一个来自未来的“科技伙伴”

8.1.1 感知智能：机器人与环境的和谐问题

机器人对环境的感知智能，即移动机器人能够根据自身所携带的传感器对所处周围环境进行环境信息的获取，并提取环境中有效的特征信息加以处理和理解，最终通过建立所在环境的模型来表达所在环境的信息。

移动机器人环境感知技术是实现自主机器人定位、导航的前提，通过对周围的环境实现有效的感知，移动机器人可以更好地自主定位、环境探索与自主导航等基本任务。环境感知技术是智能机器人自主行为理论中的重要研究内容，具有十分重要的研究意义。随着传感器技术的发展，传感器在移动机器人中得到了充分的使用，大大提高了智能移动机器人对环境信息的获取能力。

人类和高等动物都具有丰富的感觉器官，能通过视觉、听觉、味觉、触觉、嗅觉来感受外界刺激，获取环境信息。机器人同样可以通过各种传感器来获取周围的环境信息，传感器对机器人有着必不可少的重要作用。传感器技术从根本上决定着机器人环境感知技术的发展。目前主流的机器人传感器包括视觉传感器、听觉传感器、触觉传感器等，而多传感器信息的融合也决定了机器人对环境信息感知能力。

1. 视觉感知

视觉系统由于获取的信息量更多更丰富，采样周期短，受磁场和传感器相互干扰影响小，质量轻，能耗小，使用方便经济等原因，在很多移动机器人系统中受到青睐。

视觉传感器将景物的光信号转换成电信号。目前，用于获取图像的视觉传感器主要是数码摄像机。

在视觉传感器中主要有单目、双目与全景摄像机3种。其中：单目摄像机对环境信息的感知能力较弱，获取的只是摄像头正前方小范围内的二维环境信息；双目摄像机对环境信息的感知能力强于单目摄像机，可以在一定程度上感知三维环境信息，但对距离信息的感知不够准确；全景摄像机对环境信息感知的能力强，能在360°范围内感知二维环境信息，获取的信息量大，更容易表示外部环境状况。

但视觉传感器的缺点是感知距离信息差、很难克服光线变化及阴影带来的干扰并且视觉图像处理需要较长的计算时间，图像处理过程比较复杂，动态性能差，因而很难适应实时性要求高的作业。

2. 听觉感知

听觉是人类和机器人识别周围环境很重要的感知能力，尽管听觉定位精度比视觉精度低很多，但是听觉有很多其他感官无可比拟的特性。听觉定位是全向性的，传感器阵列可以接受空间中的任何方向的声音。机器人依靠听觉可以工作在黑暗环境中或者光线很暗的环境中进行声源定位和语音识别，这是依靠视觉不能实现的。

目前听觉感知还被广泛用于感受和解释在气体（非接触感受）、液体或固体（接触感受）中的声波。声波传感器复杂程度可以从简单的声波存在检测到复杂的声波频率分析，直到对连续自然语言中单独语音和词汇的辨别，无论是在家用机器人还是在工业机器人中，听觉感知都有着广泛的应用。

3. 触觉感知

触觉是机器人获取环境信息的一种仅次于视觉的重要知觉形式，是机器人实现与环境直接作用的必需媒介。与视觉不同，触觉本身有很强的敏感能力，可直接测量对象和环境的多种性质特征，因此触觉不仅仅只是视觉的一种补充。触觉的主要任务是为获取对象与环境信息和为完成某种作业任务而对机器人与对象、环境相互作用时的一系列物理特征量进行检测或感知。机器人触觉与视觉一样基本上是模拟人的感觉，广义的说它包括接触觉、压觉、力觉、滑觉、冷热觉等与接触有关的感觉，狭义的说它是机械手与对象接触面上的力感觉。

机器人触觉能达到的某些功能，虽然如视觉等其他感觉也能完成，但具有其他感觉难以替代的特点。与机器人视觉相比，许多功能为触觉独有。即便是识别功能两者具有互补性，触觉融合视觉可为机器人提供可靠而坚固的知觉系统。

4. 环境信息融合

机器人主要通过传感器来感知周围的环境，但是每种传感器都有其局限性，单一传感器只能反映出部分的环境信息。为了提高整个系统的有效性和稳定性，进行多传感器信息融合已经成为一种必然的要求。

婴儿之所以能够学会走步是因为他们能够意识到哪种动作和位置将造成身体不适并学习避免发生这类情况。在斯坦福人工智能实验室，计算机科学教授奥萨玛·卡提布和他的研究小组试图利用这种原理赋予机器人同时并顺利执行多种任务的能力。“如今，具有人类特点的机器人可以行走并挥手示意，但他们不能与环境互动，”卡提布说：“我们正在开发能够用身体接触、推动并移动物体的机器人。”

现阶段研究的移动机器人只具有简单的感知能力，通过传感器收集外界环境信息，并通过简单的映射关系实现机器人的定位和导航行为。

智能移动机器人不仅应该具有感知环境的能力，而且还应该具有对环境的认知、学习、记忆的能力。未来研究的重点是具有环境认知能力的移动机器人，运用智能算法等先进的手段，通过学习逐步积累知识，使移动机器人能完成更加复杂的任务。

8.1.2 运动智能：机器人与运动的和谐问题

美国MIT著名机器人科学家认为自主机器人导航应该回答三个问题，“Where am I?”“Where I am going?”“How should I go there?”，分别描述了机器人定位，规划和控制三个问题，机器人运动规划是解决机器人导航的三个核心问题之一。

运动规划问题作为机器人学核心问题之一，是解决机器人与人类如何共存的根本技术。运动规划主要解决机器人如何在不与物理世界发生意外碰撞的情况下完成指定动作的问题。

对机器人运动规划的研究是20世纪60年代出现的。1978年Lozano-Perez和Wesley首次引入位姿空间（C—空间）的概念构造规划器，对于现代的运动规划问题是一次划时代的革命。在C—空间中，每一个位姿代表着机器人在物理空间中的唯一位置和姿态，机器人在位姿空间中被抽象为一个点，从而使运动规划问题变成在位姿空间中寻找一条从起始位姿点到目标位姿点的连续路径，大大简化了规划问题的计算。1987年，J.P.Laumond将机械系统中的非完整性引入到机器人运动规划中解决自动泊车问题。自此，非完整运动规划成为一个新的研究热点一直延续到今天。

移动机器人路径规划可以当作运动规划的一个简单特例。所谓“路径”是指在位姿空间中机器人位姿的一个特定序列，而不考虑机器人位姿的时间因素；而“轨迹”与何时到达路径中的每个部分有关，强调了时间性。机器人运动规划就是对“轨迹”的规划，按照环境建模方式和搜索策略的异同，可将规划方法大致上分为基于自由空间几何构造的规划、前向图搜索算法，近年兴起的以解决高维姿态空间和复杂环境中运动规划为目的的基于随机采样的运动规划以及其他智能化规划方法。

基于几何构造的规划方法有可视图、切线图、Voronoi图以及精确（近似）栅格分解等方法。路径规划是搜索的过程。不管何种规划算法，最终都将归结到在某个空间中搜索一条满足某准则的连续路径问题。利用几何构造的手段描述环境的自由空间，一般都会构成图（栅格被当作一类特殊的图），最终完成轨迹的规划需要图搜索这个很重要的步骤。前向图搜索算法是从起始点出发向目标点搜索的算法，常用的包括贪心算法、Dijkstra算法、A^*算法、D^*算法（Dijkst ra算法的变种）以及人工势场法等等。

上述算法的计算复杂度与机器人自由度成指数关系，不适合于解决高自由度机器人在复杂环境中的规划，而且也不适合于解决带有微分约束的规划。基于随机采样的规划始于1990年Barraquand和Latombe提出的随机潜在（Randomized Potential Planner，RPP）算法，用于克服人工势场法存在的局部极小和在高维姿态空间中规划时存在的效率问题。

1994 年概率路标法（Probabilistic Roadmap Method，PRM）和 1998 年快速探索随机树（Rapidly-exploring Random Tree，RRT）两种基于随机采样的运动规划方法的出现，掀起了一股对机器人运动规划研究的新热潮。这些算法适合于解决高自由度机器人在复杂环境下的运动规划问题。

路径规划是环境模型和搜索算法相结合的一种技术，规划过程既是搜索的过程，也是推理的过程。人工智能中的很多优化、推理技术也被运用到移动机器人运动规划中来，如遗传算法、模糊推理以及神经网络等在移动机器人运动规划中起到很大的作用。遗传算法求解路径规划问题是将路径个体表达为路径中的一系列中途点，并转换为二进制串。首先初始化路径群体，然后进行遗传操作，如选择、交叉、复制、变异。经过若干代的进化以后，停止进化，输出当前最优个体作为路径下一个节点。模糊规划器是利用反射式导航机制，将当前环境障碍信息作为模糊推理机的输入，推理机输出机器人期望的转向角和速度等。神经网络规划器的基本原理是将环境障碍等作为神经网络的输入层信息，经由神经网络并行处理，神经网络输出层输出期望的转向角和速度等，引导机器人避障行驶，直至到达目的地。这些智能化推理方法与基于几何构造的方法类似，随着机器人自由度的增加和环境复杂度增强，都存在效率问题。

一般来说，好的规划算法通常具有合理性、完备性、最优性、实时性、环境变化适应性、满足约束等特性。然而，无论机器人路径规划属于哪种类别，采用何种规划算法，基本上都要遵循以下步骤：①建立环境模型，即将机器人所处的现实世界进行抽象后建立相关的模型；②搜索无碰路径，即在某个模型的空间中寻找合乎条件的路径的搜索算法。截至目前，求解运动规划问题的难点主要包括：困难区域问题，动态环境问题，实时规划、随时规划问题，最优规划问题，以及比较特殊的覆盖路径规划问题等。

移动机器人的运动规划算法是伴随着移动机器人的发展为满足机器人的需要而发展，当今无人地面、水下、空中机器人发展迅速，足球机器人比赛如火如荼，并且机器人正朝着微小型化和多机器人协作方向发展。随着星球探测和无人战争的需要，对机器人的研究也越来越注重于在崎岖地形和存在着运动障碍的复杂环境中自主导航。为了满足移动机器人发展的需要，运动规划正在并且将会向高维自由度机器人、多机器人协调、动态未知环境中的规划发展。基于随机采样的运动规划方法联合其他运动规划方法的智能化规划方法将是研究的重点和热点。

对通用规划算法的比较可见，对移动机器人运动规划的研究和应用，应着重注意以下方面：

（1）自由度较少的机器人在简单环境，如室内、室外平地、平直道路等，或者过程起伏的越野环境中低速导航时，可不必考虑机器人的动力学特征，基于自由空间几何构造和图搜索相配套的算法效率更高，实用性较强，算法在合理性方面的缺陷可通过控制策略弥补。

（2）自由度较少的机器人在复杂环境，比如崎岖的越野地形、复杂的水下环境中，高速导航时，如军事应用、野外营救等，对导航的实时性要求很高，而且必须考虑机器人的运动动力学特征。

（3）自由度较高的机器人，如火星车、航天飞机等，在复杂环境中自主导航时，对算法的完备性要求相对不高，在规划失败时，可以允许重新规划。为了保证算法的执行效率，确定性算法并不适用，基于随机采样的规划算法解决此类问题的能力更强。但在保证算法效率的前提下，尽可能提高算法的完备性，以实现更加可靠的规划。

（4）应该寻求智能规划器与基于几何构造和随机采样算法相结合的策略，以减少规划算法的参数选择和规划过程的人工干预，并且优化算法使其达到或接近某项指标（如时间、距离、能量消耗等）的最优。

8.1.3 交互智能：机器人与人类的和谐问题

机器人走进人类日常生活，将人类从或繁重、或危险、或单调的日常劳动中解放出来是人们长期追求的梦想。目前的机器人主要适合于在大型车间等结构化生产环境下从事规范、重复和高精度的操作，难以适应人类的日常生活环境和任务要求。因此，研究机器人与人之间的行为交互是实现“机器人走进人类日常生活”的关键课题。机器人与人的行为交互应体现自主性、安全性和友好性等几个重要特征。自主性避免机器人对服务对象的过分依赖，可以根据比较抽象的任务要求，结合环境变化自动设计和调整任务序列；安全性是指通过机器人的感知和运动规划能力，保证交互过程中人的安全和机器人自身的安全；友好性则体现了人作为服务对象对机器人系统提出的更高要求，即通过自然的，更接近与人与人之间交流的交流方式来实现人机对话。

2011 年 6 月 24 日，美国总统奥巴马宣布了一项国家计划，被一些媒体称为“美国制造业振兴计划”。包括四个领域，其中之一是“新一代机器人”，定义为与人共同工作的机器人。实际上，这个定义来自美国 11 所大学向美国国会提交的“美国机器人学路线图”。此前，在联合国和国际机器人联盟 2002 年机器人年报中，机器人被划分为工业机器人、专业服务机器人和个人服务机器人三大类。两类服务机器人的共同特点是辅助人类工作，这里的“辅助”（assist）体现了“服务”的基本内涵。根据这个分类和定义，服务机器人不限于应用于服务业的机器人，而应用于工业的机器人未必就是工业机器人，分类的关键在于是否辅助人工作，即是否与人互动。可见人机互动（Human - Robot Interaction，HRI）是服务机器人的本质特征。“人机互动”与“人机交互”（Human - Computer Interaction，HCI）的根本区别在于，前者不仅包含人机之间的信息交流，还包括物理空间中的行为互动，以及这两种交互的集成。

作为一种智能系统，人工智能的一般性挑战也存在于服务机器人之中。同时，服务机器人还存在一些特有的挑战问题。尤其值得注意的是，在很多研究者心目中，人工智能研究中的一些重大问题实际上是以智能机器人为主要背景的，其中有以下重要的挑战性问题：

（1）行动。机器人与其他智能系统的最大区别之一是其行动能力，即在物理世界中执行任务、改变现实世界物理状态的能力。行动的种类包括移动和其他操作（如“端茶倒水”）。根据目前的技术进展（例如美国的“大狗”），机器人移动和其他操作能力有望在短期内满足多种复杂应用的实际需要。然而，物理动作能力不是行动的全部内涵，挑战还来自机器人物理动作所依赖的其他能力，特别是感知和通常所谓的决策能力。机器人决策的核心问题之一是规划（Planning），即机器人在行动之前自主设计一个行动计划，通过执行该计划以达到用户指定的目标。为了能够进行规划，机器人必须拥有外部世界的内部模型和自身行动的知识描述，以及利用它们的规划器。这就对知识表示和推理提出了很高的要求。在忽略感知的情况下，规划的研究内容与其他领域有很大的重叠。

(2) 场景性。场景性（Situatedness）是服务机器人的另一个重要挑战（某些其他系统也在一定程度上涉及），因为服务机器人与其环境和用户的互动不能脱离现实场景。因此，与人协同工作的机器人有时需要自主观察其人类同伴的行为及其后果（所引起的环境改变），特别是当用户不向机器人通报的时候；而非场景性计算机系统对其“环境”的感知完全依靠用户输入，对于用户不通报的环境改变没有自主感知的责任和能力。一方面场景性与行动直接相关，通常默认服务机器人的行动发生在具体的场景中，并依赖于对场景的主动感知。另一方面，场景性对人－机器人之间的信息交流（人机对话）具有重大影响，导致与传统自然语言理解的根本性区别，带来新的发展方向和机遇。

(3) 多用性。在人工智能中，General-purpose 通常被翻译并理解为“通用”，而通用智能系统的困难和争论是人所共知的。在智能服务机器人中，这个概念的实际含义为“多用”，即“非专用”。如果一个机器人只能完成某项特殊的任务，或者为了完成不同的任务需要编写不同的程序（例如工业机器人），则不是“多用的”。典型的个人服务机器人是多用的，不是专用的。多用性的困难远远低于通用性，但仍然是一个挑战。目前，“面向任务的编程”（Task-oriented Programming，TOP）仍是机器人领域最常见的做法，但这种做法很难实现多用性，根本原因在于多用服务机器人的运行不是“可预测的”，设计者无法预测实际运行中可能出现的一切情况，或者可以忽略非预期情况的出现。

目前，绝大多数面向终端用户的机器人还是纯功能型的。从能够空中运输的无人机到自动吸尘器，绝大多数机器人被设定成为人服务的机器，而没有考虑与人交流的问题。未来五年，机器人与人类交流将成为现实。现在类似苹果 Siri 这样的个人助理应用程序已经使人们习惯用自然语音的方式来交流。随着与 Siri 类似的语音识别软件被机器人行业广泛采用，这些面向消费者的功能机器人将很快具有社会陪伴功能。2015 年已经有很多社会机器人上市。上个月 RoboKind 公司上市了一款“Milo”的机器人，这个机器人可以陪伴有自闭症的儿童，帮他们来适应社会交往。今年 Indiegogo 在众筹网站筹集了超过 220 万美元，来开发一款名为“Jibo”的机器人，一个家庭用的自动帮手。虽然这些项目听起来还有点像科幻小说，但是伴随着物联网的成长，消费类机器人将很快来到现实生活。全球现在有 250 亿个联网设备，像 Jibo 这样的机器人可以与周围的联网设备进行交互，构筑一种社交场景。更多的设备（当然最好是机器人）加入到网络以后，这些机器将会变得更智能。随着服务机器人提上议事日程，人机互动成为一个重要课题，大型智能服务机器人系统研发条件日趋成熟，为人工智能研究提供了新的机遇和动力。

8.2 电力智能机器人

自 20 世纪 70 年代起，国内外先后开展了电力机器人的研究工作，在发电、输电、变电、配电、用电等领域，均有相关研究成果，变电站巡检机器人、输电线路巡视无人机等已经大规模推广应用，有力保障了电网设备安全稳定运行。

日本是最早将机器人应用在变电站巡检中的，1980 年日本成功研制出变电站巡检机器人，该机器人可以在路边轨道上前进，并能够对图像进行采集；20 世纪 90 年代，日本开始进一步研究应用于 500kV 变电站的有轨巡检机器人。日本研制的“PhaseⅡ”半自动带电作业机器人可在驾驶室内通过控制面板操作机械手臂进行高压输电线路的带电维护操作。D. A. Carnegie 等摈弃了传统的轨道导航技术，开始尝试采用 GPS 定位系统、惯性测量单元、激光雷达等多种定位传感器融合的方式进行导航，提高了定位精度。

我国电力机器人的发展可以追溯到 1999 年，国家电网公司山东电科院开始进行变电站巡检机器人的研究，并于 2002 年成立电力机器人实验室。山东电科院在 2004 年研制出第一代样机，之后在国家高技术研究发展计划（863 计划）支持下，山东电科院智能公司研制出基于移动机器人的变电站设备巡检机器人，该巡检机器人配备有红外热成像仪、可见光摄像头、高指向性拾音器等多种传感器，能够以自主导航或者远程遥控的方式，在变电站对室外高压电气设备进行自动检查，可及时发现变电站设备的声音异常、温度过高、异物悬挂等异常现象和其他类型的故障隐患。

中科院沈阳自动化研究所在 2012 年成功研制了针对变电站巡检工作的轨道式机器人，该巡检机器人能在恶劣的天气下完成变电站巡检的任务。同年，郑州 110kV 牛砦变电站中开始启用慧拓变电站智能巡检机器人对变电站进行巡检，并运行成功，慧拓变电站智能巡检机器人可以实现对设备开关以及仪表设备等的分析，并会将分析的视频传送回变电站的检测系统中，通过分析还可以针对设备的异常情况进行预警功能。随后巴南 500kV 变电站也成功运行了变电站巡检机器人，实现变电站彻底的无人值班的监控。后来，在 2014 年的时候，瑞安变电站也成功运行了变电站巡检机器人。

华北电力大学的吴华团队从 2010 年开始研究电力智能运维机器人技术，2011 年获批全国首个研究全自主电力巡检的自然科学基金并提出了基于数字三维地图的自主巡检理论与技术。为了推动自主巡检的理论快速应用于工业生产，团队在行业技术攻坚中积累的经验撰写成了多项中国电力行业标准。为此，吴华及其团队于 2015 年获得了中电联电力标准化先进个人的殊荣。团队自主研发的嵌入式低功耗高性能变电站自主导航 SLAM 系统成为全国首个成功应用变电站巡检机器人的全自主无轨式巡检系统。作为全自主巡检理论的提出者和技术发展的引领者，团队深耕智慧运维领域，经过长期的技术研究和实践创新，于 2018 年发布了国内首个全自主无人机巡检平台——龙巢。该平台集自主巡检路径规划、高精度导航、巡检缺陷智能分析于一体，实现了全球首套全无人智能输电巡检运维系统。该平台也获得了国家电网青创比赛的金奖。综上所述，团队正在通过感知导航、缺陷识别和智能决策等核心技术创新来引领行业的数字化转型。

随着我国电能传输需求的持续增加和电力系统规模的不断扩大，电力系统的安全和稳定问题日益显著，这对电力设备运行的可靠性提出了较高要求。以输电线路为例，截止 2017 年年底，国家电网有限公司仅 110（66）kV 及以上架空输电线路总计超过 94 万 km，其中 500kV 及以上架空输电线路长度超过 18 万 km。然而，电力基层运维人员的数量并没有成比例增长，据不完全统计，仅输电线路的巡线运维人员缺员率就高达48%。

线路巡检和设备运维工作日益繁重，迫切需要自动化、现代化、高效率的巡检、服务、作业等技术手段，以机器人为核心的新一代智能巡检体系是未来发展的必然选择。

按电力机器人本体机构的不同，统一分析现有电力行业发、输、变、配、用各个环节的机器人，可大致分为无人机、轮式机器人、轨道机器人、巡线机器人、多臂协作机器人和多关节机器人，详见表8-2。

表8-2　电力机器人分类

分类	发电	输电	变电	配电	用电
飞行机器人	风电机组叶片巡检飞行机器人、光伏发电站巡检飞行机器人、盘煤飞行机器人	线路巡检飞行机器人	变电站巡检飞行机器人	配电网巡检飞行机器人	—
轮式机器人	发电站巡检轮式机器人	隧道检测轮式机器人	变电站巡检轮式机器人	配电室巡检轮式机器人	营业厅服务轮式机器人
轨道机器人	—	输电隧道巡检轨道机器人	变电室巡检轨道机器人	配电室巡检轨道机器人	—
多臂机器人	—	输电线路巡检多臂机器人	—	配电线路巡检多臂协作机器人、配电管道内巡检多臂机器人	—

8.2.1　发电场景

在发电场景，电力机器人的应用比较广泛，如风电机组叶片巡检飞行机器人（图8-1)、光伏电站巡检飞行机器人（图8-2)、盘煤飞行机器人（图8-3）和电站巡检机器人（图8-4）等。

图8-1　风电机组叶片巡检飞行机器人

图 8－2　光伏电站巡检飞行机器人

图 8－3　盘煤飞行机器人

图 8-4 电站巡检机器人

8.2.2 输电场景

在输电场景，电力机器人的应用非常广泛，有输电线路巡检飞行机器人、输电线路巡检多臂机器人、输电隧道巡检轨道机器人和绝缘子串巡检多臂机器人等。

1. 输电线路巡检飞行机器人

巡线无人机作业方式主要有两种：一种是操作人员在巡线周围，通过控制手柄遥控无人机进行巡检（图 8-5），这种通过人工手动遥控无人机进行巡检的方法，相较于传统人工目测和航测法，提升了巡检效率，降低了巡检成本，但是需要培训专业的飞手来操控手柄，技术难度较大，而且人工遥控无人机时，对无人机和输电线之间的距离把控不准，容易产生碰撞，飞手需要近距离观测是否存在碰撞危险，再适时调整距离，飞手长时间观测会出现眩晕现象，这都容易导致事故的发生；另一种方式是通过事先采集的输电线路三维模型，来规划巡检航迹，让无人机按照规划好的航迹进行巡检，工作人员只需要通过指令控制无人机起飞和降落即可，这种方法基本脱离人工操作，提高了巡检效率，同时保障了工作人员的安全，降低了操作巡线无人机的技术难度和劳动强度。两种作业方式的主要区别在于，一个主要依赖于人工遥控手柄进行无人机巡线，另一个基本上能实现无人机自主巡检。巡线过程中常使用的无人机包括固定翼无人机和多旋翼无人机，其基本结构包括动力系统、飞行控制系统、导航系统、测距系统、地面控制系统。

图 8-5 巡线无人机

线路巡检飞行机器人（图8-6）搭配红外热成像仪和可见光相机，从导线的侧方或侧上方，按事先设定的路径和速度沿输电线路飞行，对杆塔的损坏、变形、被盗、绝缘子的破损和污秽、线夹松脱、销钉脱落、异物悬挂、导线断股、接头接触不良、局部热点等故障进行检查，并将实时的可见光视频与红外视频展示到后台软件，并以AI驱动人工智能计算为巡检人员提供事故隐患的相关分析。

图8-6　线路巡检飞行机器人

2. 输电线路巡检多臂机器人

在输电线路上通过多臂悬挂方式附着在输电线路进行巡检的机器人（图8-7），搭载WIFI模块、前后伺服电机驱动控制模块，高清摄像头。通过高清摄像头拍摄线路是否有损坏，并通过WIFI模块将数据传送回地面。

此外，图8-8中的多臂机器人带有破冰设备，清除高压线路上的冻冰。该类破冰机器人应选用防水材料。

图8-7　多臂巡检机器人

图8-8　输电线路破冰巡检机器人

采用机器人对输电线路进行作业这一技术可追溯到20世纪80年代，具有代表意义的是日本东京电力公司在1988年研制出光纤复合架空地线巡检移动机器人，如图8-9（a）所示。该机器人利用一对驱动轮和一对夹持轮沿地线爬行，碰到障碍时采用仿人攀援机理：首先展开机器人弧形手臂，手臂两端勾住线塔两侧的地线构成一个导轨；然后本体顺着导轨滑到线塔的另一边；待机器人夹持轮抱紧线塔另一侧的地线后，将弧形手臂折叠收起，以备下次使用，能顺利跨越地线上防震锤、螺旋减震器等障碍物。机器人携带的损伤检测元件采用涡流分析法探测光纤复合架空地线（OPGW）铠装层的损伤情况，并把探测数据记录到磁带上。

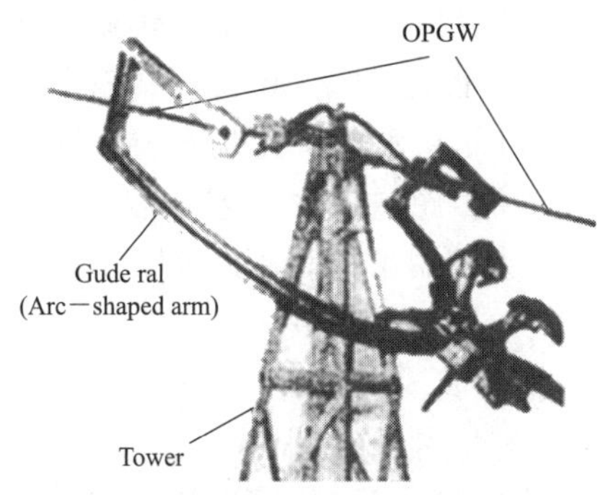

（a）东京电力公司光纤地线巡检机器人

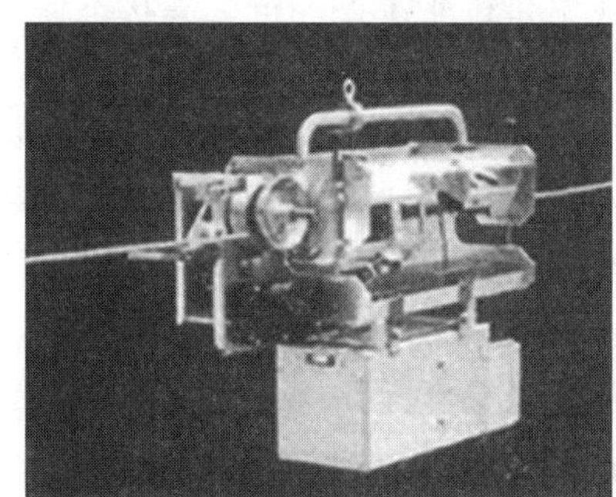

（b）日本电气列车馈电电缆巡检机器人

（c）美国TRC公司研制

（d）加拿大魁北克水电研究院研制

图 8－9　各国多臂机器人

1990 年，日本法政大学的 Hideo Nakamura 等开发了电气列车馈电电缆巡检机器人，如图 8－9（b）所示。机器人采用多关节小车结构和“头部决策，尾部跟随”的仿生控制体系，以 10cm/s 的速度沿电缆平稳爬行，并能跨越分支线、绝缘子等障碍物。当机器人遇到分支线、绝缘子等障碍物时，每对小车上磁锁系统中的电磁铁通电，顺次将磁锁打开，机器人再改变两侧旋转关节的关节角，使左右小车分开。小车依次通过障碍物后，控制两侧旋转关节使左右小车合拢，电磁铁断电，磁锁再次锁紧，机器人恢复正常行走状态。

1989 年美国 TRC 公司研制了一台悬臂自主控制原型巡线机器人，如图 8－9（c）所示。该机器人可以沿架空导线长距离爬行，执行各项检查任务。例如，执行电晕损耗、绝缘子、结合点、压接头等视觉检查任务，对探测到的线路故障数据预处理后传送给地面人员。当遇到障碍时，利用手臂仿人攀援的方法从侧面越过杆塔，但其结构庞大，不方便挂线和下线操作。

2000 年，加拿大魁北克水电研究院开始了巡线机器人的研制，并在 2000 年 ESMO 会议上提出了 HQ LineRover 遥控小车，如图 8－9（d）所示。遥控小车开始用来清除输电线地线上的积冰，后来发展成输电线路巡检、维护等多用途移动平台，在这一原型上，继续研制了第三代巡线机器人，第三代巡线机器人结构紧凑（23cm×17cm×12cm），质量约25kg，驱动力大，抗电磁干扰能力强，能爬52°的斜坡，通信距离可达公里级，可采用远程遥控装置操作运行。整机采用模块化结构，本体可安装不同的工作头，可完成架空输电线的视觉和红外检查、压接头状态评估、导线清扫和除冰等带电作业，已在电流为800A、电压315kV输电线上进行了多次现场测试，但是HQ LineRover机器人无越障能力，只能工作在塔间的输电线上，2010年以后，魁北克水电研究院不断对巡线机器人进行改进，实验表明，目前研究组已开发出具有越障能力的输电线路移动机器人，新型HQ LineRover能在无人干预的情况下跨越障碍物，大大扩展了原有巡检范围。

3. 输电隧道巡检轨道机器人

输电隧道巡检轨道机器人如图8-10所示。搭载高清摄像机，红外热成像仪，实现隧道实时监控与红外热成像诊断。有害气体、烟雾、光照度、温湿度等传感器以及定位装置和语音对讲系统。使用户实时掌控隧道环境信息，并通过监控平台实现对巡检机器人的控制，数据接入、存储、统计、GIS定位以及立体展示。

图8-10　输电隧道巡检轨道机器人

4. 绝缘子串巡检多臂机器人

如图8-11所示，多关节机器人多搭载高清摄像头和红外热成像仪，用于检测电缆通道里的输电线路是否有损坏以及温度是否过高。

图8-11　绝缘子攀爬多关节机器人

8.2.3　变电场景

在变电场景，电力机器人的应用非常广泛，有变电站巡检机器人和变电站巡检飞行机器人等。

1. 变电站巡检机器人

变电站巡视机器人如图8-12所示。搭载红外热成像仪和可见光摄像机，一般搭载高清可见光摄像机，定位装置，避障装置。对巡检区域的指针表计、数显表、翻版液位计、轴承油位、避雷器动作次数、电气开关和阀门位置等进行数据自动识别、上传、自动生成报表和趋势曲线，并判断报警。搭载激光测振仪、定位装置和声压计。实现巡检区域转机轴系振动测量和声音重现功能，实现转动机械的非接触式振动测量、内部声音采集及相关数据分析等功能。自主导航定位装置使其可以在巡检区域行进，避障装置使其避免发生碰撞。

图 8-12 变电站巡视机器人

2. 变电站巡检飞行机器人

变电站巡检飞行机器人。如图 8-13 所示，搭配红外热成像仪和可见光相机，检测是否有温度过高、结构异常或有异物等情况。利用飞行机器人视角灵活的优势，飞至站内关键设备上方附近俯视采集设备顶部影像，实现变电站多视角全覆盖式的自主化智能化巡检。相比移动机器人或者固定摄像头而言，飞行作业的视角灵活，覆盖面更全。因此变电站的飞行巡检将会成为电力工业安全生产的重要方法。

8.2.4 配电场景

在配电场景，电力机器人的应用广泛，有带电作业多臂协作机器人、配电室巡检轮式机器人、配电网巡检飞行机器人、配电室巡检轨道机器人和配电管道内巡检多臂机器人等。

1. 带电作业多臂协作机器人

带电作业机器人（图 8-14）机身多为金属，执行带电作业过程中，在手臂前端增加

图 8-13 变电站巡检飞行机器人

绝缘材料。携带摄像头和红外线定位仪。采用摄像头，对作业对象进行实时观测，采用红外线定位仪，用来观测机械爪工作情况；红外线定位仪，提高机械爪抓取精度。

图 8-14 带电作业机器人

美国电科院（EPRI）于 1985 年着手开始 TOMCAT 带电作业机器人的研究工作，其第一代产品采用操作人员在地面遥控的方式，单机械臂的主从控制机器人，仅装有液压驱动的机械臂，机械性能较差，且主要用于 50～345kV 架空线路作业。现在已经研制出了第二代半自主机器人，如图 8-15 所示升降平台上安装两台液压机械臂，并且在绝缘防护水平上有所突破，支持在极端恶劣的天气下进行带电作业。

图 8-15 美国半自主带电作业机器人

加拿大 Hydro－Quebec 研究所在 20 世纪 80 年代中期开展了高空带电作业机器人的研究，他们研制的带电作业机器人的机械臂也是液压驱动，如图 8－16 所示。操作人员在升降机构末端的绝缘斗内进行遥控作业，该机器人的绝缘等级为 25kV。

图 8－16　加拿大高压带电作业机器人

法国带电作业机器人项目的研究是在 20 世纪 90 年代由法国电力公司（EDF）支持进行的，但受限于技术难题和科研经费有限，最终中途搁置。直到 90 年代末期，受到日本安川电机与九州电力株式会社的支持，欧洲综合电机制造厂家 Thomson－CSF 着手开展研究，并顺利完成了机器人样机（图 8－17）。

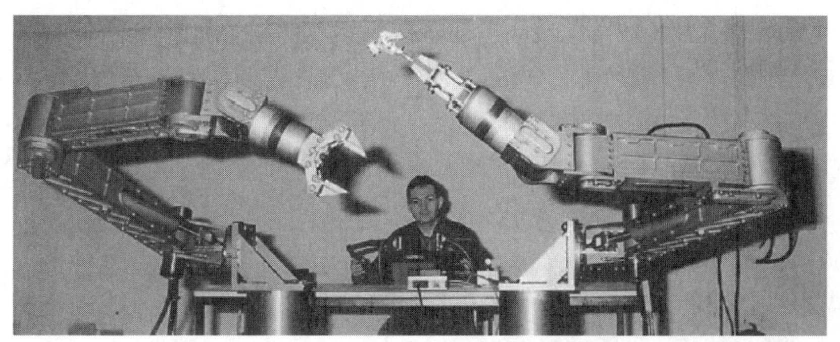

图 8－17　主从式仿生机械臂研发（法国）

西班牙则在 20 世纪 90 年代初开始研制带电作业机器人，1994 年完成初步研发，主要参照日本第二代带电作业机器人，以半自主控制方式，辅以视觉定位等技术，完成该国 69kV 及以下的电力网络带电作业，其样机如图 8－18 所示。该机器人升降平台上安装两个 6 自由度机械臂作为作业机械臂，同时安装一个三自由度机械臂作为辅助臂。控制室内装有两个主手，对应操作两个作业机械臂。主控系统和前端作业平台之间通过光纤通信，和图像采集系统之间通过 VME（Versa Module Eurocard）总线通信。

中国在机器人方面的研究，开始于 20 世纪 80 年代中后期，由国家高技术研究发展计划（863 计划）专项支持，得到了极大发展，已成为世界上研究机器人的主要国家之一。从我国已经形成的研究体系看，基本形成了工业机器人和特种机器人两大主要门类，尤其是特种机器人的研究已成为国内的研究热点。特种机器人主要是指工作极限环境和危险

图 8-18　西班牙带电作业机器人

环境及危害人身健康环境的机器人，由于这些环境对机器人要求的必要性和迫切性强，因而市场前景好。带电作业机器人就是很有代表性的特种机器人，鉴于带电抢修作业需求的迫切性，我国科技部和电力相关部门一直积极推动我国自主产权的带电作业机器人的研制。

从 20 世纪 90 年代末开始，我国的一些高等院校和研究机构开始了带电作业机器人的研究，并研制出了多种带电作业机器人样机。1999 年，山东电力研究院在国家电力公司的科研项目支持下，开始与山东鲁能智能技术有限公司一起研究带电作业机器人。至今，先后研制了四代样机，全部为主从式机械臂作业，用于 10kV 及以下的配电线路。

图 8-19　第四代高压带电作业机器人

第四代高压带电作业机器人如图 8-19 所示，采用主从式双向力反馈液压机械臂技术，可以夹持专用智能工具完成剥皮、断引线、安装引流线夹等任务；在 7 自由度机械臂基础上增加基座伸缩绝缘冗余自由度，使机械臂能够进入复杂线路环境，进行精细作业。同时加装了大持重辅助机械臂系统，可以实现更换横担、变压器等重载作业任务；可解决带电作业机器人作业内容较为单一（断线、接线、安装遮蔽罩）、不能涵盖全部配电网带电作业项目、机器人不能在复杂线路环境下开展作业、与配电网带电作业的生产实际存在差距等问题。但仍未很好地解决操作人员安全性、操控便利性、人机系统稳定性等问题。

2. 配电室巡检轮式机器人

搭载可见光相机，检测配电室内各仪表的状态，如图 8-20 所示。

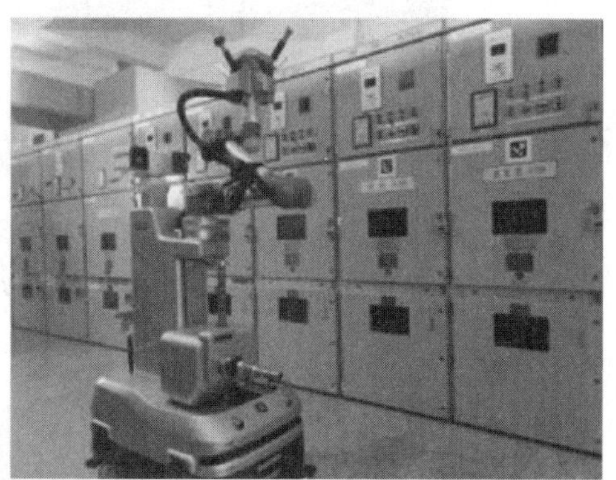

图 8-20 配电巡检轮式机器人

3. 配电网巡检飞行机器人

飞行机器人搭配红外热成像仪和可见光相机，检测是否有温度过高和结构破损的情况。搭配避障传感器，避免碰撞线路，如图 8-21 所示。

4. 配电室巡检轨道机器人

配电室巡检机器人如图 8-22 所示，安有高清摄像头，和伸缩臂，便于观察各个高度不同的仪表柜状态。

配电站室内轨道式巡检机器人涉及机械、电力电子、自动化、计算机、图像处理、无线通信等多学科领域，属于典型的特种服务机器人。根据工作现场环境铺设专用行走轨道，机器人根据预先定义的任务，自动沿轨道行走，通过精确定位实现和自动化控制策略，完成变电站室内设备的视频拍摄、图像状态分析、红外线测温、超声波局放检测等。

图 8-21 配电网巡检飞行机器人

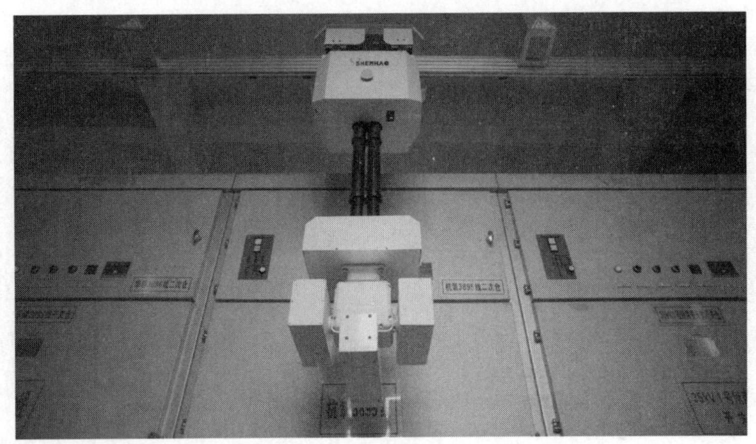

图 8-22　配电室巡检机器人

图 8-23　营业厅服务机器人

8.2.5　用电场景

在用电场景，电力机器人也有一定应用，有营业厅服务轮式机器人，如图 8-23 所示。营业厅服务机器人是一种半自主或全自主的机器人，多采用拟人化的外观设计，根据各个营业厅的不同，搭配上不同的系统，能够实现智能迎宾，业务导览、咨询、办理，具备智能语音互动、智能叫号、智能巡讲等功能。服务机器人的系统里基本囊括了该营业厅所有的日常业务，以及常见问题解答。

目前国内营业厅服务机器人发展十分迅速，由之前的单独显示屏到现在的拟人化机器人，设计更加精美亲民，功能更加丰富。许多城市的供电营业厅中都设有服务机器人，人们可以通过和机器人的交流来咨询查询用电信息，交付电费以及施工报修等工作，大大缩减了人员开支。营业厅服务机器人有两方面有点。减少了人力资源的损耗，节省成本；外观设计方面更加亲民，先进的交互方式给人新鲜感。

参　考　文　献

[1]　张臣雄．AI 芯片：前沿技术与创新未来 [M]．北京：人民邮电出版社，2021．

[2]　陈黄祥．智能机器人 [M]．北京：化学工业出版社，2012．

[3]　陆建峰，王琼．人工智能：智能机器人 [M]．北京：电子工业出版社，2020．

[4]　国家能源局．变电站智能机器人巡检系统通用技术条件：DL/T 1610—2016 [S]．北京：中国电力出版社，2016．

[5]　国家能源局．架空输电线路无人直升机巡检系统：DL/T 1578—2016 [S]．北京：中国电力出版社，2016．

［6］ 国家能源局．架空输电线路无人机巡检作业技术导则：DL/T 1482—2015［S］．北京：中国电力出版社，2015．
［7］ 国家能源局．电缆隧道机器人巡检技术导则：DL/T 1636—2016［S］．北京：中国电力出版社，2016．
［8］ 国家能源局．变电站机器人巡检技术导则：DL/T 1637—2016［S］．北京：中国电力出版社，2016．
［9］ 国家能源局．架空输电线路机器人巡检技术导则：DL/T 1722—2017［S］．北京：中国电力出版社，2017．

附录 1

AlphaGo 简 介

近年来，随着科技革命和产业变革的风起云涌，人工智能在人类智力游戏的各个领域不断攻城略地。棋牌类运动是人类智慧的结晶，人们把战场的金戈铁马，自然的风起云涌，人生的跌宕起伏等都融入其中，在方寸之间运筹帷幄，斗智斗勇，棋牌体现出无穷的魅力，国际象棋和围棋都是其中的佼佼者，深得人们喜爱。

1997 年 5 月，由国际商业机器公司（IBM）研发的世界上第一台超级国际象棋电脑 Deep Blue（深蓝）以 3.5∶2.5 的比分战胜了国际象棋特级大师加里·卡斯帕罗夫，使得卡斯帕罗夫成为了第一个被计算机击败的国际象棋冠军，顿时震惊了世界，标志着计算机在智力领域正式对人类吹响了挑战的号角，这场对弈也被称为“人类智力的最后一道防线”。

20 多年来，尽管计算机早就战胜了国际象棋的顶尖高手，但在围棋领域，由于其复杂和难易程度远远超过象棋，人工智能迟迟未取得突破性进展。和国际象棋相比，围棋规则十分简洁，棋盘上纵横 19 道，361 个交叉点，没“气”的点不允许落子。从理论上来说，一手棋后，对方的应对，可以有三百余种可能。双方交替落子，这意味着围棋总共可能有 10^{171} 种可能性。

然而，AlphaGo 的横空出世，横扫了人类围棋高手，使得曾经被认为是机器最难攻陷的人类智慧领地——“围棋”屡屡失守，人工智能开始在围棋领域向人类智慧发起进攻。2016 年 3 月，AlphaGo 与韩国顶尖棋手之一的李世石展开了激烈的博弈，最终 AlphaGo 以 4∶1 的总分获胜，引发科技圈和围棋界轰动，也吸引了全球大多数人的关注。2017 年 1 月，AlphaGo 以 Maser 为化名的网络棋手身份，60 连胜碾压一堆中日韩顶尖职业高手。2017 年 5 月，在中国乌镇围棋峰会上，AlphaGo 与排名世界第一的世界围棋冠军柯洁对战，以 3 比 0 的总比分获胜，再次轰动世界，引发了人们对人工智能空前的研究热潮。

AlphaGo 是谷歌旗下公司 DeepMind 所研发的一款围棋计算机程序，集成了深度学习、强化学习、蒙特卡洛树搜索等技术，通过训练形成策略网络和价值网络，分析局面形势，确定最佳策略。作为人工智能的主体，AlphaGo 与人类棋手进行围棋对弈，根据围棋的规则以及对手的行为和策略，制定最佳策略来取得胜利。

从技术上看，AlphaGo 是一个人工智能软件，可运行于不同的硬件平台。围棋棋盘上可能出现的局面数量之多，有“千古不同局”之说。超级强大的运算能力帮助 AlphaGo 应对围棋中的各种变化，并实时评估每一步棋的价值。这个系统主要由 4 个部分组成：一是走棋网络（policy network），给定当前局面，预测/采样下一步的走棋；二是快速走子（fast rollout），目标和“走棋网络”一样，但在适当牺牲走棋质量的条件下，速度要比 1 快 1000 倍；三是估值网络（Value Network），给定当前局面，估计是白胜还是黑胜；四是蒙特卡罗树搜索（Monte Carlo Tree Search，MCTS），把前面三个部分连起来，形成一个完整的系统。

AlphaGo 的胜利无疑成了人们关注的焦点，但在这背后最大的赢家实际上是人工智能和谷歌，人机大战最大的胜利是为人工智能打造了一场全球性的科普，也代表了以谷歌为首的高科技企业，对人工智能技术充满“野心”的宣告：过去的人工智能只是存在于实验室的智慧探索；而未来的科学技术，人工智能将是基础，是推动商业与社会发展的强大动力。在人工智能领域，人类所知的也许只是冰山一角，但 AlphaGo 引领的这次人工智能的突破，将如旭日东升，喷薄而出，开启一个崭新的时代。

附录 2

兰 德 公 司 简 介

兰德公司（RAND Corporation），是美国最负盛名和影响力的综合性智库之一，其全称是研究与开发公司，是一家致力于通过研究与分析来改善政策和决策的非营利性研究机构。成立之初，主要为美国军方提供调研和情报分析，其后，在半个多世纪的发展中，兰德公司逐渐发展成为一个研究政治、军事、经济科技、社会等各方面的综合性思想库，现在与一些政府部分、盈利组织和大学研究机构保持着合作关系，被誉为现代智囊的“大脑集中营”“超级军事学院”。

兰德公司具有全美一流的调查研究团队，在过去 60 多年里，它在国际关系、军事战略、科技装备等方面都取得了令世人瞩目的成就，对战后美国政府和军方内外政策的形成产生了重大影响。兰德公司跨学科、综合性的研究工作也开创或拓展了系统分析、博弈论、数学规划、计算机仿真等多种科学方法，为人们研究解决复杂问题提供了崭新的研究思路和手段，引领了学术研究潮流。此外，兰德公司通过收集信息和数据分析来促进公共利益，帮助全球范围包括亚太地区的个人、家族、和社区获得更安全、健康和繁荣的未来。

兰德按学科和专业分为四大学部：行为和政策科学（behavioral and policy sciences）、国防和政治科学（defense and political sciences）、经济、社会与统计（economics，sociology，and statistics），以及工程与应用科学（engineering and applied sciences）。学部的主要职能包括行政管理、项目审查和控制、学科建设和人才培养、设置跨学部的研究方法中心。在不同学部的统筹下，兰德对政策领域进行了明确划分，以聚焦相关领域的研究，具体包括儿童和家庭、教育与艺术、能源与环境、健康与卫生保健、基础与交通运输、国际事务、法律与商业、国家安全、人口与老龄化、公共安全、科学技术、恐怖主义与国土安全。

兰德下设六大研究方法中心，依靠每个中心特定的研究方法和研究工具，为决策过程提供研究支持，包括应用网络分析与系统科学中心（RAND Center for Applied Network Analysis and System Science）、质性和混合研究方法中心（RAND Center for Qualitative and Mixed Methods）、博弈研究中心（Center for Gaming）、因果推断中心（Center for Causal Inference）、不确定型决策中心（Center for Decision Making Under Uncertainty）、扩展计算与分析中心（RAND Center for Scalable Computing and Analysis）。

博弈研究中心旨在增强整个组织的方法论知识，提倡在研究中运用博弈，采用实战演练模拟方法改善不同政策领域的决策水平。它支持博弈的创新应用，新博弈工具和技术的发展，以及现有形式和方法的演变。一个博弈可以被视为具有5个特征的交互过程：①多个独立的决策者；②为实现目标而竞争；③在不断变化的环境中，根据其相互作用而变化；④受一套规则约束；⑤相互作用的结果不会直接影响世界的状况。诺贝尔经济学奖得主、兰德大学校友托马斯·谢林（Thomas Schelling）写道："无论一个人的分析多么严谨或者想象多么完美，有一件事是他无法做到的，那就是列出一系列他永远不会想到的事情清单"。而博弈创造了思考其他事情的机会。

一个典型的案例就是如何提高空降兵的作战能力，研究结果形成了一本报告——*Enhanced Army Airborne Forces：A New Joint Operational Capability*。在报告中，陆军空降兵能够通过运输飞机从美国大陆快速部署到世界各地，包括深入内陆、海上部队无法到达的目标等。他们的目的是缴获和确保大规模毁灭性武器，保护飞地或防止种族灭绝。兰德公司的一个项目侧重于空降部队在未来的重要任务中，特别是对抗混合威胁和反访问环境中可以发挥的关键作用。

为了提高空降部队的作战能力，以应对未来日益复杂的反访问威胁，在研究中分析了未来3～5年内空降部队的潜在优势，并且通过增加轻型装甲步兵来增强空中力量，这些步兵可通过降落伞空降或在机场空降到达目标区域，该方案为空降部队提供了更快的速度、更高的机动性、更大的生存能力以及战斗力。之后，研究团队针对该方案进行了全面的分析，与专家进行了一系列桌面练习，探讨在各种场景中如何使用该方法。

近70年来，兰德公司一直处于博弈领域的前沿。在20世纪50年代，它率先使用政治军事危机博弈来研究核威慑。美苏热线的"红色电话"让美国总统和苏联总统在危机时刻能够直接、安全地进行沟通，这个想法就源于1961年的兰德博弈。20世纪90年代，该组织发展了一种创新的"后天"方法来探索核扩散的后果，该平台随后被用于全球变暖和网络犯罪等多方面。除此之外，兰德公司目前正在利用博弈来研究国家医疗保险法规即将发生的变化、美国在全球国家安全战略中的关键问题以及动荡地区的政治转型等。

兰德充分利用社会化媒体的特征和影响力，采用多样化的社交媒体平台，通过文字、音频和视频等多种表现形式，增加在政策制定者、公众和同行等人员面前的产品呈现，大力宣传其研究成果，进一步提升在政策制定过程中的影响力，稳固着国际一流智库的形象和地位。

附录3

兵棋推演简介

从军事游戏、参谋部的沙盘再到计算机程序，兵棋推演在人类历史中不断变幻形态，但其模拟真实战场、为打赢未来战争服务的内核从未改变。自20世纪80年代我国开始探索现代兵棋以来，国内兵棋推演已发展到兵棋类游戏、推演系统、人工智能等诸多领域，近年来国内各地举办的兵棋类比赛以及基于兵棋推演的各类网络游戏大量出现，使得“兵棋推演”逐步揭开其神秘的面纱，极大地推动了学术界对于兵棋推演的认识，呈现出前所未有的局面。

兵棋，英文译为war game（战争游戏），它可以理解为是一种为了模拟实战制定的相关规则的军兵种战棋类游戏。一般认为，现代兵棋是由普鲁士战争顾问冯·莱斯维茨(Von Reisswitz) 于1811年所创立。兵棋由地图、棋子和规则三个部分组成。地图，一般是一种带比例尺的六角格网格化地图，反映的是兵棋对抗的地理空间；棋子，代表了一定作战单位或者战场事件，棋子布局反映了对抗双方的力量配置和动态战场环境；规则，用来明确可以做什么，不可以做什么并裁决最后结果，主要包括作战顺序规则、机动规则和战斗结果裁决规则。

兵棋推演是人类战争实践的产物，是一种模拟演绎战争的工具，被誉为“导演战争的魔术师”。推演者可充分运用统计学、概率论、博弈论等科学方法，模拟战争进程和结局，辅助研究军事领域决策，提升战场指挥能力。兵棋推演的意义就在于，它把战争搬进沙盘和计算机，构设虚拟战场，通过尽可能接近实战的模拟，令军队在未来战争中获得更大胜算。

二战时期，德国率先研究兵棋推演，并将其推广应用于作战运筹的精确分析以及新武器、新装备以及新战法的研究。在德军之后，各国军队掀起了兵棋推演的热潮。美军陆续研制了联合战区级仿真系统（JTLS)、联合作战系统（JWARS）和联合仿真系统(JSIMS）等。在人员训练、装备采办、战略决策和实战前方案分析等方面发挥了重要作用。近年来，我军着力于研制作战指挥类计算机兵棋系统，如国防大学的“联合战役指挥训练模拟系统”，原石家庄陆军指挥学院的“作战指挥兵棋推演系统”，进行了多场次演练，取得了良好的效果，创新了我军“实战化”训练的方法与手段。

随着计算机技术的迅猛发展，兵棋推演成为了现代战争模拟不可或缺的技术平台和提升作战效能的重要途径。兵棋推演与围棋、象棋等传统棋类游戏一样，本质上都是一种对弈过程。对弈双方先后走棋，每走一步，不仅要选择己方行动，而且要考虑到对方的不确定性因素以及对方可能的应对行动。从博弈论的角度来说，这就是一系列的博弈过程，更多的是心理上的博弈，实则虚之，虚则实之，对弈双方都深知一着走错满盘皆输，因此斗智斗勇，充分发挥各自的智谋，力图在局面上占据优势，进而战胜对方。

兵棋推演也是如此，推演双方就如同对弈双方，属于一对一博弈的类型，也可以发展为多对多的博弈模拟。在现代化作战中，战场态势的瞬息万变，复杂的作战环境已对指挥员提出越来越高的要求。兵棋推演作为一种作战模拟，实质上相当于仿真系统，用于实际问题的仿真模拟、推演计算，为指挥员进行决策提供分析方法和依据，并且在提高指挥人员谋略水平、辅助作战决策、进行战术战法研究与验证等方面发挥越来越重要的作用。目前，以美军为代表的北约军队重振兵棋推演，国内众多科技公司也掀起研发兵棋系统的热潮，特别是人工智能取得突破性进展等等，都使得兵棋推演焕发出新的活力。

图　索　引

表　索　引